生态之路

——中新天津生态城五年探索与实践

崔广志◎主编

人民出版社

《生态之路》编委会

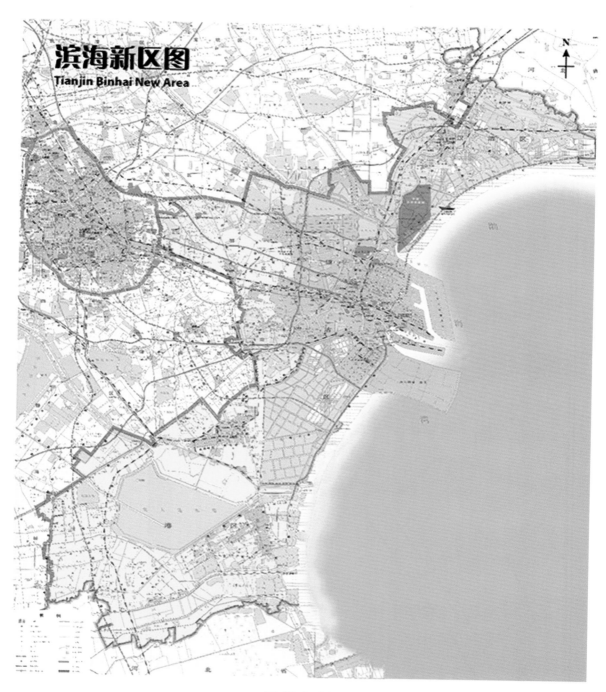

滨海新区图
Tianjin Binhai New Area

N

区 域 位 置

区域交通分析图

区 域 交 通

中新天津生态城现状影像图
CURRENT STATUS IMAGE OF SINO-SINGAPORE TIANJIN ECO-CITY

区 域 四 至

原 始 面 貌

用 地 规 划

门　区

门　区

永定洲公园

慧 风 溪

清 净 湖

故 道 河

动 漫 园

动 漫 园

光 伏 发 电

风 力 发 电

公屋展示中心

动漫园能源站

商 业 街

第三社区中心

生态城一小（滨海小外）

艾毅幼儿园

杰美思学校

目　　录

序一　建设生态城是实现新型城镇化的有效途径

住房和城乡建设部副部长　　仇保兴

　　城市化浪潮在全球范围内不断加速,带来严峻挑战,交通拥堵、资源紧张、环境恶化、气候变暖等问题日益加剧。据联合国估计,全球有一半人口居住在城市,到 2050 年,城市人口将达 90 亿,比例上升至 70%。我国正处于工业化、城镇化、信息化和农业现代化快速发展时期,到 2020 年,预计人口将达到 14 亿,城镇化率将达到 60%。世界银行估计,我国今后 20 年城市人口将再增加 3.5 亿。这种大规模城镇化,在人类历史上是前所未有的,这条路走好了,不仅造福中国人民,对世界也是巨大的贡献。

　　住房和城乡建设部积极探索城乡规划管理改革,以城乡规划引导和调控城镇化健康发展,坚定不移地鼓励生态城市建设,寻求可持续的城市发展道路。目前,我国生态概念城市超过 200 个,大有"星火燎原"之势。但其中不少生态城虚有其名,缺少实质内容。我认为,新建卫星城式"生态城"至少应具备 6 个硬件条件,即:用地紧凑混合,每平方公里居住人口 1 万人以上;可再生能源利用率达到 20% 以上;绿色建筑比例大于 80%;步行、自行车、公共交通等绿色交通比例大于 65%;无高能耗、高排放、高污染的工业项目;生物多样性。严格来说,仅有这些指标仍不够,还应结合地方实际增加关键要素和生态指标。

　　作为天津生态城的中方牵头部门,住房和城乡建设部包括我个人深入参与了天津生态城选址、规划、建设和发展的全过程,一直关注、支持生态城的建设。我们之所以将生态城项目放在天津滨海新区的一片盐碱荒滩,是要凸显资源约束条件下建设生态城市的示范意义。如果能把这片盐碱荒滩改造成宜居宜业的沃土,那么,这种模式和经验就可以在更大范围内复制推广,这也是中新两国建设生态城的初衷。

实践证明，这是一个可以期待的目标。经过中新双方工作团队的辛勤耕耘，这片盐碱荒滩已然面貌一新，绿色新城初显雄姿。我们看到，天津生态城围绕绿色发展，针对城市规划、建设、运营、管理中的症结，采取了资源利用和节能减排的新举措，集成应用了大量经济适用技术，创新了开发模式、体制机制和制度标准。实践证明，这些创新和实践是行之有效的，是极具参考价值的。

天津生态城在开工建设五周年之际，出版《生态之路》一书。这是国内第一部完整意义上的生态城市理论和实践总结。我相信，她的珍贵价值超越了区域界线，将随着我国城镇化建设日益深入愈发闪烁着灿烂的光辉；她的借鉴作用将能动地助推城镇化建设的进程。从这个意义上说，她是天津生态城的，也是全国的，乃至世界的。

我希望，天津生态城依托自身先发优势，坚持绿色发展，突出生态文明，率先建成一座真正意义的生态城市，成为"全国首个绿色发展示范区"，为城镇化的健康发展探索可行路径，为"中国梦"的实现增添新的动力，为全球城市可持续发展贡献一份独特力量。

谨为序。

序二　天津生态城是新中合作的里程碑

新加坡国家发展部兼贸易及工业部高级政务部长　李奕贤

中新天津生态城项目标志了中新两国坚实且持续良好发展的双边关系。作为继苏州工业园的第二个国与国之间的战略性项目,天津生态城验证了中新多方面与紧密的合作,同时也提供了一个让两国领导和官员交流经验的平台。

中国正在进行人类有史以来规模最大、速度最快的城市化进程,而推进生态城市的建设已构成城市化进程的重要内容。天津生态城不仅展示了中新两国对可持续发展与环境保护的决心,此项目更重要的意义在于提供中国一个可持续发展的模式,用以应对城镇化与工业发展所带来的挑战。

天津生态城"三和"与"三能"的发展理念,体现了其将一片未开发之地打造成一座社会和谐、环境友好、资源节约、可实行、可复制、可推广的城市的理想和追求。

值此之际,我想祝贺那些为生态城辛勤付出的中国和新加坡官员。经过五年的努力,昔日的盐碱荒地蜕变成绿意盎然的城市绿洲;道路两侧绿树成荫,住宅小区景观怡人,商业与产业活动也相继启动。天津生态城的建设紧遵双方制定的总体规划,如今起步区近乎完成,而后期建设也有序进行。

为确保天津生态城能符合中国日趋不同的发展需要、并处于生态城市建设的最前沿,天津生态城必须实施符合经济效益与实用的绿色设计与技术。在针对环境污染与城市拥挤等问题上,生态城也必须起到一个模范卫星城市的作用,供中国其他城市借鉴。

天津生态城自 2008 年 9 月奠基仪式以来就取得了良好的进展。我相信,在两国领导的支持下,两国官员同心同德、群策群力,天津生态城在未来必能取得更骄人的成绩!

序三 盐碱荒滩上崛起的生态之城

天津市副市长、滨海新区人民政府区长 宗国英

在全球共同应对气候变化、探索可持续发展之路的新形势下,中国和新加坡两国从长远发展出发,把共同建设的生态城项目放在天津滨海新区,这不仅是两国政府的重大战略选择,也是天津加快推进滨海新区开发开放,实现生态城市定位的重大契机。

中新天津生态城的规划建设,始终秉持了国际化视野。作为中新两国政府继苏州工业园之后合作的新亮点、全球第一个国家间共同开发建设的生态城市,她的示范意义是显而易见的。生态城确立了人与人和谐共存、人与经济活动和谐共存、人与环境和谐共存以及能复制、能实行、能推广的"三和"、"三能"发展目标,努力为中国乃至世界其他城市提供可持续发展的样板,为生态理论创新、节能环保技术应用和展示先进的生态文明提供国际交流平台,为我国今后开展多种形式的国际合作提供示范。

时光飞逝,转瞬间生态城开发建设已经走过了5个年头。在中新两国领导人的高度重视下,在双方工作团队的密切配合下,生态城各项建设进展顺利,昔日的盐碱荒滩面貌一新,一座现代化的生态城市已经在天津滨海新区崛起,积累了生态治理、产业发展、资源利用、社会建设等方面的宝贵经验,得到了中新两国领导人的高度赞赏。

天津市十分重视生态城建设,把它作为全市推进生态文明的重大载体,作为探索新型城镇化道路的试验田,作为滨海新区先行先试的桥头堡,与新方开展了卓有成效的合作,全力推动各项规划建设工作。在政策支持上,赋予了生态城统一的市级管理权限,安排了地方财力十年留用的政策,组织编制了指标体系和总体规划,协调组建了市场化的开发主体,并在大交通、大能源、

大环境、大改革、大项目等方面予以配套支持。新时期新阶段,天津市将继续以生态城建设为重要抓手,全方位探索绿色循环低碳的城市建设之路,率先建成首个国家绿色发展示范区,为建设美丽中国,加快转变发展方式积累宝贵经验,切实承担起国家赋予的重任。

在绵绵的历史长河中,5年只是短暂的瞬间;在广袤的国土上,30平方公里只是极小的空间。中新生态城用艰辛的探索、丰富的实践跨越了时空的束缚,正在成为备受国际关注的亮点。《生态之路》一书,真实地记录了这段不平凡的建设历程,用大量客观详实的事例和数据证实了生态城的建设经验是完全可以复制推广的。这本书的意义,不仅仅在于留下了珍贵的历史记录,更在于从对历史的梳理中凝练出了宝贵的精神财富。

我坚信,只要我们以海纳百川的胸怀、敢于探索的勇气,坚定不移地推动生态城开发建设,就一定能够百尺竿头更进一步,打造一个全球瞩目的可持续发展样板。

谨向中新天津生态城的建设者们致以诚挚的敬意!

是为序。

序四　这里将诞生我理想中的生态城

[芬兰]艾洛·帕罗海墨

　　"生态城"的建设,寄托着全世界关于城市和谐发展、人类与大自然共荣的梦想。

　　当今世界正面临环境危机:自然资源正在枯竭,过度的二氧化碳和甲烷排入大气层,气候变暖,海洋被污染,未开垦的土地越来越少,其他问题也逐步暴露出来等等。必须采取严肃的措施,来消除世界环境危机。

　　建立"生态城"是一种有效地解决环境危机的方案。世界需要"生态城",一个与现有的传统城市完全不同的新型城市。

　　18年前,我出版了《欧洲的未来》一书。在书中,我阐述了心中"理想的生态城"——一座"未来之城"的完整架构。那是一座没有污染、自给自足、不会对环境造成任何影响的"生态城"。生态城到底是个什么样子? 从1971年生态城的概念提出至今,生态城市的规划建设实践已经遍布世界各大洲。德国、英国、芬兰、巴西、日本、阿联酋等国家相继开展了生态城市规划建设的研究与实践,并取得了诸多成功经验。近几年,我走访考察了全球多个生态城市,我始终认为,"生态城"应该是按照生态学原则建立的社会、经济、自然和谐发展,物质、能量、信息高效利用,技术、文化、景观充分融合,人与自然的潜力得到充分发挥,居民身心健康,生态持续,和谐发展的集约型人类聚居地。它必须符合三个基本条件:第一,不污染环境;第二,节约地使用自然资源;第三,建筑必须要与自然相融合。

　　我与天津结缘,始于2007年4月在天津市滨海新区召开的"居住明天——芬兰高科技生态城研讨会"。那时,芬兰设想同中国开展合作,应用先进的环保技术在中国天津兴建一座小型生态城市。在那次会议上,我介绍了对这座拟建的生态城的设想。那次研讨会后,我又多次去过天津。2008年3月,我到天津拜访的时候,参加了天津生态城总体规划国际专家咨询会,第一次看到天津生态城的宏大目标和远景规划,并了解到规划和建设已经在同时进行,整个工作是以每周7天、每天24小时进行的,进展之快让人惊讶。2010、2011年和2012年,我又三次参加了天津滨海国际生态城市论坛,并有幸到天津生态城现场参观考察。每次到生态城,其建设速度和进展,都让我感到震惊,我坚信,中国能够最有效地建成真正的生态城,天津已经在这条道路上坚定地前行。

在天津生态城建设5周年之际,我欣喜地看到,"生态城"已完全不再是科幻概念,其建设进程正在高速推进。同时,可能是世界首套完整的生态城指标体系和总体规划、城市设计都已付诸实施,生态城市建设取得重大进展。我了解到,天津生态城起步区内实现了可再生能源、清洁能源和传统能源的充分高效科学耦合,已建设了560万平方米绿色建筑,一体化规划建设了水处理、交通等市政基础设施,有效地解决了传统城市建设运营中的主要弊病,提供了可供其他城市复制的城市生态解决方案。

生态城怎么建设? 这是一道人们正在积极求解的难题。《生态之路》一书提供了通往生态城市之路的一整套方法。本书展现了天津生态城五年创新发展的历程和现状,对生态城市所需的绿色产业、绿色能源、绿色建筑、绿色交通、封闭水处理、垃圾处理与回收再利用等关键项目的建设经验进行了系统总结,并从理念、方法、技术、政策等方面都进行了深入思考。阅读本书,人们可以得到生态城市建设的经验、信息和数据。这为人们将现存的城市改造得更加环保或规划建造新的"生态城",提供了最具榜样力量的示范与样本。

当然,生态城是不能简单地克隆的,不能把一个生态城从一个地方照搬到另一个地方。每个生态城都是一个独立的整体,都有它自身的特点,因而不同的地方建设生态城还必须从自身的现状出发。但是,一个生态城市的基本经验是可以复制推广的,这也是天津生态城的初衷和理想。从目前来看,天津生态城已朝正确方向迈出了一大步,是最接近我"理想中的生态城",也是最有可能会成为世界上第一个真正意义上的生态城。

我深信,天津生态城在未来的发展过程中,一定会继续为中国乃至世界开展生态城市建设做出最具价值的实践和探索,成为中国应对全球气候变化、展现给全世界的新窗口!

序五　生态城管委会副主任崔广志访谈录

记者: 今年9月,生态城建设将迎来5周年。我们闻知生态城推出了《生态之路》一书,您作为该书的倡导者、策划者和组织者,对其有何初衷和设想?

崔: 一位哲人说过,最好的纪念是学习。出版此书的宗旨,在于通过全方位、全过程的学习和总结,回顾生态城开发建设5年来的探索历程,系统总结取得的主要成就和基本经验,初步向世人回答"什么是生态城、如何建设生态城"的问题。在书的编撰过程中,我们力求行文简洁,内容客观充实,观点明确深邃,图文并茂,以图彰文,内行读得透,外行读得懂,既成为5年历程的一个缩影,也成为外界了解生态城的一个窗口。应该说,这本书有较强的"资政"、"存史"、"教化"价值,是实现中新两国政府确定"能复制、能实行、能推广"目标的一个重要载体。

记者: 大家都知道,生态城是中国、新加坡两国政府继苏州工业园之后合作的又一新亮点。新时期新阶段,两国政府对生态城有什么期望和要求?

崔: 天津生态城与苏州工业园是中新两国政府间的重大合作项目,它们诞生于中国改革开放的伟大进程中,都在深化两国合作上扮演着重要角色,但这两个项目分处中国经济社会发展的不同阶段,使命不同,要求有别。

国务院批复要求苏州工业园致力于发展以高新技术为先导、现代工业为主体、第三产业和社会公益事业相配套的现代化工业园区,其经济功能是第一位的。温家宝总理签署生态城项目合作协议时强调:生态城建设起点要高,设计要高瞻远瞩,符合人民节约资源、能源和保护环境的愿望,成为留给后人的一笔财富。这表明,中国历经30年的改革开放,经济社会发展已取得巨大成就,单纯发展经济已不是生态城的目标,而是要突出经济、社会、环境统筹协调发展,突出生态环境保护,处理好人与人、人与经济活动、人与自然环境的关系，成为我国城市可持续发展的样板。其中最为重要的是，生态城要改变过去"先污染、后治理"的老路，在发展经济的同时，要充分考虑资源环境的承载能力，不但要避免不当开发对环境的破坏，而且要保护、修复原有的恶劣环境，让天空更蓝、大地更绿、河流更净、空气更清新，寻找到一条经济发展与环境保护相辅相成的新道路，为我国经济转型升级做出积极探索。

目前，巴西、德国、法国等很多国家都在建生态城，国内也有200多个城市和区县把建设生态城作为目标。通过考察，我发现大家对何谓生态城有着不同的理解与认识，做法也各有千秋、各具特色。天津生态城作为两国政府合作的项目，必须高人一筹、领先一步，对我国其他城市可持续发展具有示范作用。为此，我们提出了"你无我有、你有我优，不求最大、但求最佳，博采众长、独树一帜，中国领先、世界先进"的工作标准，并认真按照这一标准开展工作，努力建设一个具有国际先进水平的生态新城，向两国政府和人民交出一份有说服力的答卷。

记者：作为生态城开发建设的主要决策者、实施者，通过这5年的建设实践，您对"生态城市"有什么样的认识和体会？

崔：实话说，我刚来生态城工作时，对什么是生态城还只有模糊的认识。虽然我多年从事建设工作，但要承担一个两国政府合作的、全新的生态城市建设项目，确实有很大的压力和挑战。不过，通过这5年的探索和实践，生态城市的形象在我心里越来越立体，方向越来越清晰，心里越来越踏实，信心越来越足。

我理解，生态城的核心要求是可持续，主要是城市化和产业化要可持续，形成两个相互依托、相互促进的轮子，实现协调发展；一个基本要求是环境优美，适宜居住，对人们有很强的吸引力，人们愿意到这里居住；同时还要具备以下几个特征：一是消耗要少，居民生活方式是绿色健康的，产业不是传统工业而是楼宇经济和知识经济，生产和生活消耗更少的水和能源；二是排放要小，主要是排放更少的二氧化碳、生活污水，产生更少的垃圾，对环境的影响要降到最低；三是要大规模地开发使用可再生能源和非传统水资源，减少对常规能源和淡水的依赖；四是生态技术的研发应用能力强，有技术支撑能力；五是在这里生活的居民能够享受到生态城市建设的成果，教育、医疗、住房等公共服务优质均等,人与人之间的关系融洽。总体来看,生态城应该是资源节约、环境友好、经济蓬勃、社会和谐的城市。这就是中新两国政府对我们提出的明确要求。

记者: 请您谈一谈,在中新双方共同努力下,生态城的开发建设主要取得了哪些方面的成就,是否达到了您的预期目标?

崔: 生态城原始地貌是盐碱荒滩、废弃盐田、污染水面各占三分之一。两国政府特意选择在这么一个自然条件比较恶劣的地方来建设生态城市,以凸显示范意义,但这也加大了我们改造环境的难度。经过中新双方的努力,我们确实取得了一些成绩,特别是以前到过这片土地的人,对这里已经发生的巨大的变化,会有更明显的感受。一是盐碱荒滩变了样,积存40多年工业污染的污水库变成了清净湖,盐碱荒滩上有了310多万平方米的绿化景观;二是展现了生态城市的初步形象,建设了560万平方米的生态住宅、公共建筑、商业设施、产业园区,而且这些建筑都是绿色建筑;三是形成了以现代服务业为主导的产业发展态势;四是建设了纵横交错的绿色交通网络、较大规模的可再生能源工程、水资源循环利用体系和垃圾处理体系;五是社区中心、幼儿园、小学、商业街等陆续投入使用,形成了基本的生活配套设施;六是一批批居民陆续入住,形成了人口加速聚集的态势;七是有了一定规模的地方财力,摆脱了建设初期借钱起步和融资建设的局面,为后续开发建设奠定了经济基础。更为重要的是,我们在建设的过程中,探索建立了一系列制度、法规、政策、标准、技术,生态节能环保的理念逐步深入人心,全体工作人员都能自觉地将是否生态环保作为工作的一个重要标准,这些软件的成果更加长久、更加宝贵。

这些成绩,得到了两国领导人的高度肯定,温家宝总理称赞"生态城走出了一条有别于传统工业化和城镇化模式的新路";吴作栋国务资政则认为生态城创造了奇迹,令人震撼。两国高层领导对生态城的发展还是充分肯定的,我们很受鼓舞。但是,我们始终保持清醒的认识,对照两国要求,还有很长的路要走,不能轻易满足,必须坚持高标准,要在下一个5年使生态城的建设再上一个新的台阶。

记者: 您的描述让我们深感振奋,生态城所取得的成绩确实有目共睹。俗话说:事非经过不知难。在短短5年的建设过程中,生态城主要采取了哪些措施？

崔：正如你所说，生态城所走过的这5年确实不容易。之所以取得这些成绩，主要得益于以下六个方面：一是在建设之初，两国就建立了副总理级的中新联合协调理事会和部长级的联合工作委员会机制，成立了政府引导、市场运作的中方投资公司和中新双方合作的合资公司作为开发建设的主体，汇聚了双方的优势。我认为，这是生态城最大的优势。二是两国组织顶尖专家团队，联合编制了世界上第一套生态城市指标体系，确定了100%绿色建筑、20%可再生能源、50%非传统水源利用率等世界领先的城市建设指标，并依据指标体系编制了总体规划，从而形成了指标引领、规划控制的城市建设新模式。三是始终坚持"先规划、后建设，先设计、后施工，先地下、后地上"的基本思路，遵循生态、节能、环保、自然、宜居、和谐的总体要求，把握功能性、观赏性、生态性、经济性四个要素，彰显平中见实、平中见细、平中见巧、平中见奇四个特点，确保生态城建设站在高起点、抢占制高点、达到高水平。四是突出生态优先理念，迅速启动污水库的治理和生态修复，在较短时间内很快改变了区域形象，为基础设施和项目建设创造了条件。五是高度重视招商引资，尽快形成税收来源，增加财政收入，为生态城的滚动式开发和区域活力的形成创造有利条件。六是两国政府集中了一批具有较为丰富的管理运营经验、综合素质较强的人才队伍投入生态城的开发建设。这支队伍经过5年的历练，取得了成绩，形成了创新、水平、速度、细节、拼搏、合作的生态城精神。

一言以蔽之：我们有高规格的合作机制、高效率的市场运作、高水平的指标规划、高效能的管理体制、高素质的工作团队。这些构成了生态城事业发展的根基。

记者：经过5年的实践后，你认为生态城的规划建设有哪些不一样的地方呢？

崔：到一个城市看什么？我觉得一看路、二看树、三看建筑。结合中国地少人多的国情和选址区域的自然条件，我想生态城的城市风格既不同于欧美的低密度、低层多，也不同于新加坡、香港的高密度、高层高，而是要规模适度、体量合理，形成海滨城市临海亲水的独有城市风格。总的要求是"现代、简约、大气、融合"，总体来说一是设计要新颖大气。高层住宅以欧式为主，公建以现代为主,低层高端住宅则中西结合,也建设一定规模的中式建筑,包括徽派、闽南派、川派及明清建筑等。二是立面要生动丰富,朝向要阳光,窗墙比要合理,使建筑立面具有较强的观赏性。三是顶部以坡型为主,高低起伏,错落有致,并通过总体规划和控制规划,力求形成中间高、两边低坡度递减的城市天际线,用一条生态谷将整个城市串联起来。四是色彩以浅色、暖色为主色调,形成米黄色、驼色、砖红色、白色四大主色调,禁用、少用黑色和灰色等重色、暗色调,形成清新、靓丽的城市色彩。五是注重生态元素的体现,严格执行绿色建筑标准,积极推广和应用技术上成熟可靠、价格上合理可控的新技术、新材料、新能源,实现100%绿色建筑的目标。

记者:来过生态城的人都说,一过彩虹桥就感觉这里与别的地方就是不一样,环境整洁有序,到处郁郁葱葱、绿意盎然。天津生态城的环境建设有哪些诀窍呢?

崔:生态城先天条件很差,有两大“拦路虎”:一是盐碱荒滩,生态治理和绿化难度大;二是有一个近3平方公里的污水库,水体污染极其严重,生态功能完全丧失。2010年,时任国务院副总理的王岐山曾指出,生态城建设的重点和难点在于“生态”二字,要解决好盐碱土地改良、水资源匮乏两个大问题。要成为名副其实的生态城市,我们的首要任务就是解决好这两大难题。

生态城开工建设伊始,我们就立即着手攻克这两大难题。经过3年努力,治理工程基本完成,还取得了多项国家专利。此外,绿化是生态城的一大亮点。我们要求做到:四季常绿、三季有花,以树为主、乔灌结合,高低起伏、错落有致,美观自然、经济有效。具体做法一是抬起来,解决排盐问题,利于植物生长,又形成了立体绿化;二是多植被、多种树,道路、街角、桥梁、场站、围墙、屋顶都要绿起来,做到公园全绿、小区有绿、道路见绿、围墙透绿、墙体爬绿、屋顶增绿、见缝插绿、到处见绿、满眼是绿,把绿化做到淋漓尽致;三是尽可能加密、加厚,让它成片、成林。经过三五年,林荫道、小森林的效果就出来了。水的利用也是我们的重点,生态城总的水域面积有近5平方公里,要通过污水处理厂和必要的湿地净化等方法,让水清起来、动起来。并将中水、雨水和淡化海水,作为绿化景观补水,形成水资源循环利用体系,节约成本,为我国缺水地区探索可行的方法和途径。

记者:随着私家车的快速增长增加,国内外一些大城市均出现了交通拥堵问题,生态城在解决交通问题方面,采取了哪些好的措施?

崔:交通对于城市来说至关重要。交通问题,除了人口规模、城市规划、交通管理、公民素质等原因外,最重要的原因是人车混行、机非混行。我们很多人去过新加坡、香港等国家和地区,他们的路并不宽,但混行少,交通组织也比我们高效。现在有的城市为了应对拥堵,一味地拓宽,由4车道变6车道、8车道,建两三层的立交桥,但瓶颈问题没解决,治标不治本。

因此,我们还对解决城市交通问题进行了认真系统的思考:一是关于架与不架,是道路架还是小区架;二是关于限与不限,是否限制机动车;三是关于立交与不立交;四是关于单向与双向。归根结底,生态城的新型交通模式要体现以人为本,实现人车分离、机非分离、动静分离。

目前,我们初步形成了城市交通的一些特色。主要包括:道路断面用三条绿化带分隔机动车道与非机动车道,加大人行和自行车专用绿道的宽度,体现人车分离、人行优先;尽可能加密路网,减少左转;大力发展公交,开通免费的区内公交路线;建设智能交通系统,提高交通组织效率等。同时,在道路建设上也采用了一些新的做法,如:将雨水收集并置于道路两侧,所有道路无井盖;将各种管网敷设在道路两侧绿化带内,不仅便于维修,而且避免了"开拉链"现象;大面积增加道路绿化,绿化占道路宽度的50%。今后我们将进一步完善和实施新的交通模式,努力把绿色交通打造为生态城建设的一大亮点和特色。

记者:按照规划,生态城仅有4平方公里产业用地。仅靠这有限的产业用地,如何支撑一个30平方公里、35万人口新城的发展?

崔:这确实是摆在我们面前的一个重大课题。回顾起步区和国家动漫园快速开发的全过程,我们更加感到,凭借4平方公里产业用地,要实现30平方公里、35万人规模城市的运转,难度非常大,必须解放思想,创新发展路径。

我们必须用好用活有限的土地资源,向城市立体空间要效益,向高精尖的楼宇经济、现代服务业要效益,向投资强度更好的大项目好项目要效益。我们将大力发展文化创意、节能环保、科技研发、信息传媒现代服务业等。国家动漫产业园、国家3D影视园已经落户生态城,文化产业已经形成初步聚集效应。生态城在推广绿色建筑、新型能源、绿色交通、智能城市等方面,有较大的市场需求,通过市场换项目,既解决自身建设对技术产品的需求,又为产业培育提供了空间。实践已证明,伴随着中国转变发展方式的大趋势,没有污染、少耗资源和能源的现代服务业有着巨大的发展潜力,我们要围绕生产型、生活型服务业,与商业地产结合起来进行策划包装,打造教育、医疗、商业、旅游、娱乐、养老等综合体,通过楼宇经济、总部经济、都市型工业,撑起整个区域的绿色发展,为生态城的可持续发展提供强有力的经济支撑。

记者:假如我现在就是一名即将迁入生态城新居的居民,我很想知道在生态城的生活会是怎样的,您能否帮我畅想一下?

崔:我体会一座城市建设的最终目标,就是要提升人们的生活品质和幸福指数,让人民切实分享改革开放的成果。生态城是一个新的城市,要在民计民生上高起点、高水平,做到学有优教、劳有应得、病有良医、老有善养、住有宜居,让居民在这里生活得很快乐、很方便、很健康、很环保、很幸福。

去年下半年,随着一系列教育、商业、公交的投入运行,生态城具备了基本的配套能力,越来越多的居民开始入住。如何加快居民入住,尽快迈过"规模人口"门槛,关键在于针对影响入住的关键环节,提出更好、更全面、更让居民理解和满意的措施,提供更贴心、更周到、更人性化的服务,让他们切身感到以居住在生态城为荣。

我们今年把加快吸引居民入住、尽快形成生态城的人气和活力,作为各项工作的重中之重,进一步加快社区中心、美食城、体育公园、健身中心、南部医院、老年中心、图书档案馆、生态规划馆、少年科技馆、文化中心等公建和商业项目建设。针对满足居民基本生活必需品的商业配套项目,给予较大幅度的减免和补贴等优惠支持政策,增加区内外的公交车,切实解决好初期入住居民日常生活和交通不便的问题。我们还将逐步探索实施教育、医疗、卫生、公交等多方面不收费、少收费的举措,包括:为居民提供"十二年制"义务教育,引进天津市最好的学校和医疗资源,为每个家庭配备免费的家庭医生,建设标准化、综合化、规范化的社区服务中心等。我们要推出一系列实实在在的便民惠民措施,真正把生态城打造成一座幸福之城、快乐之城、和谐之城。

记者:党的十八大把生态文明建设纳入"五位一体"的总体布局,这对于生态城有着怎样的意义？生态城又将怎样落实？

崔：党的十八大后,生态文明建设成为全国上下的一致行动,生态城市建设越发被大家所关注。今年5月份,习近平总书记到生态城视察,对生态城建设取得的成绩给予充分肯定。他指出,生态城要兼顾好先进性、高端化和能复制、可推广两个方面,在体现人与人、人与经济活动、人与环境和谐共存等方面做出有说服力的回答,为建设资源节约型、环境友好型社会提供示范。

总书记的重要指示给我们巨大的鼓舞和鞭策。生态城作为两国政府合作的标志性项目,我们将认真贯彻落实,抓住创建全国首个绿色发展示范区的契机,进一步加快开发建设步伐,着力推进绿色经济、绿色建设、绿色环境、绿色生活"四大工程",努力建设成为生态文明先导区、绿色制度创新区、绿色思想策源地,始终站在生态城市建设的潮头,引领未来城市的发展。大家都知道,中央提出"中国梦",其本质上就是"中国人幸福生活的梦",建设生态城也是为百姓圆一个幸福生活的梦。

综　述

人类社会在经历 200 余年工业文明洗礼后,传统发展模式日益受到资源、能源、环境的制约而难以为继。应对全球气候变化愈加严峻和急迫,绿色发展已然成为国际社会新的共识,对于可持续发展新路的探索势在必行,工业文明向生态文明过渡的步伐正在加快。

2007 年 11 月 18 日,国务院总理温家宝与新加坡总理李显龙签署在中国天津滨海新区建设生态城市的框架协议。建设中新天津生态城,是温家宝总理与新加坡国务资政吴作栋共同倡议并积极推动的,是中新两国政府继苏州工业园之后的又一重大合作项目,是我国探索新型城镇化、推进经济转型升级的重要试验载体,是我国应对全球气候变化、节约资源能源、保护环境的重大战略部署。

5 年来,天津生态城按照两国确定的"成为其他城市可持续发展样板"的历史使命,围绕生态环境、生态经济、生态社区、生态文化、生态技术等重点领域,突破资源环境束缚,勇于创新,大胆实践,由无到有,从小至大,在盐碱荒滩上呈现了一座具有未来意义的生态新城,初步探索了一条可持续发展的城市化和产业化新路,初步回答了什么是生态城和如何建设生态城这一重大课题。

一、基本情况

(一)区域位置

天津生态城位于国家发展的重要战略区域——天津滨海新区,地处塘沽、汉沽之间,毗邻天津经济技术开发区和天津港,东临渤海,西至蓟运河,南至永定新河入海口,北至津汉快速路,总面积 30 平方公里。距北京 150 公里,距天津中心城区 45 公里,京津塘高铁、津滨轻轨和京津塘、京津、津滨、沿海、唐津、津晋等多条高速公路从周边穿过,交通十分便利,区位优势明显。

（二）自然条件

天津生态城位于华北平原东北部，属典型的海积平原，主要地形地貌为淤泥质海滩、滨海低地、潜碟形洼地、平地、河滩地。地势低平，海拔均在 5 米（大沽水准）以下，绝大部分在 3 米以下。原始用地为盐碱荒地，土壤盐渍化程度高，区域水体主要有蓟运河及其故道和汉沽污水库，水质污染严重，属水质性缺水地区，生态环境严重恶化。年平均温度 11.9℃，一月最冷，月平均气温为-4.4℃；七月最热，月平均气温为 26.2℃。受季风环流支配，风向季节转换明显，冬季多西北风，夏季多东南风，全年平均风速为 3.6 米/秒。年平均降水量为 572.7 毫米，冬季降水量最少，夏季降水量多集中在 7—8 月份。年平均相对湿度为 66%，7 月份相对湿度最大达 79%，4、5 月份相对湿度最低为 60%。年平均日照时数为 3100.2 小时，5 月份日照时间最长，12 月份日照时间最短。

（三）历史文化

这片满目疮痍的土地，曾经拥有底蕴丰厚的历史文化。这里诞生了中国封建社会第一座成规模的盐场，"盐母"神话传说成为中国海盐文化的摇篮。蜿蜒穿过全城的蓟运河在三国时期是漕运古道。元明两代，大批建材从关东和海上通过蓟运河漕运直达蓟州，元朝每年漕运军饷 60 万石输往边关，运粮河的名字从辽代就载入典籍。蓟运河下游生产的贡盐砖、银鱼、芦席等都曾是纳贡的佳品。清初，蓟运河梁城出了一位盛世宰相杜立德，将蓟运河下游这片沃土特设为工部地，为朝廷生产芦苇、食盐、银鱼等特贡物品。19 世纪 50 年代，军垦建成占地 5 平方公里的"八一盐场"。这里还有一个有着上百年历史的小渔村——青坨子村，村民自古以来主要靠渔船出海谋生，具有独特的民俗文化。随后的几十年，这片土地仿佛被世人遗忘。21 世纪初，中新两国选择在这里建设新型生态城市，才使她焕发出了久违的生机。

二、战略定位

（一）两国要求

中新两国框架协议确定，天津生态城要建设成为一个"资源节约、环境友好、社会和谐"的生态城市，"成为中国其他城市可持续发展样板"。努力实现"三和三能"，即：人与人和谐共存、人与经济活动和谐共存、人与自然环境和谐共存，能实行、能复制、能推广。两国补充协议进一步细化了生态城的建设目标，主要包括：建设环境生态良好、充满活力的地方经济，为企业和创新提供机会，为居民提供良好的就业岗位；促进社会和谐和广泛包容的社区的形成，社区居民有很强的主人意识和归属感；建设一个有吸引力的、高质量的居住环境;采用良好的环境技术和做法,促进可持续发展;更好地利用资源,产生更少的废物;改善居民的总体生活状况;为中国其他城市生态保护与建设提供管理、技术、政策等方面的参考。

（二）区域定位

综合性的生态环保、节能减排、绿色建筑、循环经济等技术创新和应用推广的平台,国家级生态环保培训推广中心,现代高科技生态型产业基地,"资源节约型、环境友好型"的宜居示范新城,参与国际生态环境建设的交流展示窗口。

（三）经济定位

国际生态环保理念与技术的交流和展示中心;国家生态环保技术的试验室和工程技术中心的集聚地;国家生态环保等先进适用技术的教育培训和产业化基地;国际化的生态文化旅游、休闲、康乐区。

三、发展阶段

（一）选址落户阶段（2007 年 4 月—11 月）

1.合作项目动议。2007 年 4 月 25 日,国务院总理温家宝会见来访的新加坡国务资政吴作栋,商议在中国合作建设一座资源节约型、环境友好型、社会和谐型的生态城市。

2.确定选址原则。7 月 9 日,国务院副总理吴仪访问新加坡,提出中新合作建设生态城要体现"四项要求":必须突出资源节约型和环境友好型;符合中国有关法律法规和国家政策要求;有利于增强自主创新能力;坚持政企分开。明确选址过程中要把握"两条原则":要体现资源约束条件下建设生态城市的示范意义,特别是要以非耕地为主,在水资源缺乏地区;要靠近中心城市,依托大城市交通和服务优势,节约基础设施建设成本。并将乌鲁木齐、包头、天津、唐山作为备选城市推荐给新方。

3.开展选址论证。7 月—9 月,天津市市委书记张高丽和天津市市长戴相龙就争取生态城项目落户天津,先后会见了建设部部长汪光焘和新加坡副总理兼内政部长黄根成、国家发展部部长马宝山和政务部长傅海燕、吉宝集团董事长林子安等。戴相龙主持召开双方工作会谈,并陪同考察生态城选址现场。天津市专门成立了由市规划局、外办、建委、商务委、国土局、地税局、国税局、滨海新区管委会等单位组成的生态城项目领导小组,推进项目谈判。9 月初,经中新双方多次实地考察和协商,确定天津滨海新区、唐山为候选城市。经天津多方努力,国务院秘书二局于 9 月 29 日转来国务院领导对《关于天津滨海新区需要国务院有关部门帮助解决的问题》的批示,原则支持在天津滨海新区建设生态城。11月7日,中国新加坡联合工作委员会在北京举行会议,讨论确定生态城选址。11月14日,建设部部长汪光焘主持召开会议,向天津市反馈了各部委和新方意见,正式确定项目选址天津滨海新区。

4.签署框架协议。11月18日,国务院总理温家宝与新加坡总理李显龙签署《中华人民共和国政府与新加坡共和国政府关于在中华人民共和国建设一个生态城的框架协议》(简称《框架协议》),建设部部长汪光焘与新加坡国家发展部部长马宝山签署《框架协议》的补充协议(简称《补充协议》),标志着生态城项目落户天津滨海新区。

(二)前期准备阶段(2007年11月—2008年9月)

1.建立管理体制。框架协议明确,在中新双方联合委员会下成立副总理级的"中新天津生态城联合协调理事会"(简称"联合协调理事会")和部长级的"中新天津生态城联合工作委员会"(简称"联合工作委员会"),共同研究确定生态城开发建设的重大事项。目前,中新双方已召开5次联合协调理事会,确定了生态城可持续发展的目标,并召开4次中方协调理事会议,协调推动国家相关部委赋予生态城财力补助、建设绿色发展示范区等系列支持政策;召开了5次联合工作委员会,分别审议通过了生态城指标体系、总体规划、起步区修建性详细规划、城市设计、指标体系分解方案,确定了生态城开发建设系列重要文件。2008年1月9日,天津市组建中新天津生态城管理委员会(简称"生态城管委会"),市委组织部宣布市委关于组建生态城管委会领导班子的决定,崔广志任生态城管委会党组副书记、副主任,主持全面工作;蔡云鹏、张彦发、蔺雪峰任生态城管委会党组成员、副主任。9月17日,天津市政府第13号令颁布《中新天津生态城管理规定》(简称《管理规定》),授权生态城管委会代表天津市政府对生态城实施统一行政管理。

2.成立开发主体。2007年12月24日,泰达控股有限公司、国家开发银行等6家企业,联合成立天津生态城投资开发有限公司,作为中方投资联合体(简称"投资公司"),负责土地整理储备,基础设施和公共设施的投资、建设、运营、维护。新加坡吉宝集团及有关企业成立新加坡天津生态城投资控股有限公司,作为新方投资联合体,双方投资联合体于2008年7月1日,签署《中新天津生态城投资开发有限公司合资经营合同》,联合组建中新天津生态城投资开发有限公司(简称"合资公司"),中新双方各占50%股份,中方以土地入股,新方以现金入股。2009年5月18日,商务部批复合资公司合同和章程,同意合资公司经营城市综合开发业务,主要承担基础设施建设和商业开发。

3.编制指标体系。生态城在建设之初,创造性地制定了世界上第一套生态城市建设指标体系——《中新天津生态城指标体系》(简称《指标体系》)。2007年底,在建设部指导下,中新两国组建指标体系联合编制团队,根据生态城资源、环境、人居现状,借鉴世界先进经验,制定了一套涵盖生态环境健康、社会和谐进步、经济蓬勃高效和区域协调融合4个方面的指标体系,包括22个控制性指标和4个引导性指标,这些指标均达到或超过先进国家水平。2008年1月31日,联合工作委员会第一次会议审议并原则同意生态城指标体系;9月,住房和城乡建设部批准指标体系。

4.制定总体规划。2007年年底,在住房和城乡建设部指导下,中新双方组成总体规划联合编制团队,启动总体规划编制。2008年3月底,完成总体规划报审稿。4月8日,联合工作委员会第二次会议审议并原则同意生态城总体规划。9月24日,天津市政府印发《关于中新生态城总体规划(2008—2020年)的批复》(津政函〔2008〕106号)。

5.启动环境治理。2008年4月,生态城在大量环境本底调查基础上,组织开展"一泥三水"(包括污水库受污染底泥和水体、蓟运河、蓟运河故道)环境治理。5月,污水库治理工程正式启动,生态城组织多家科研院所开展布点采样分析和调查研究,确定了污水库污染范围、程度和分布状况,为治理工程顺利实施创造了条件。

6.开展土地储备。2008年年初,启动3平方公里起步区填土,填垫土方350万立方米,形成开发建设基础。6月,启动二期土地平整,利用天津市水务局清淤永定新河河道的有利时机,直接将河道淤泥吹填至汉北路以西、蓟运河闸附近水坑,吹填土方约350万立方米,平整土地约1.5平方公里。

7.启建基础设施。2008年3月,生态城首个绿化景观项目——汉北路及门区绿化景观项目开工建设。8月,起步区一期道路施工开标,标志着起步区市政基础设施建设全面启动。9月,起步区奠基道路竣工,彩虹大桥历经5个月的紧张施工全面完成改造,门区区碑、叠水、绿化景观全面完成,门区形象焕然一新。

8.建成服务中心。2008年2月,作为中新两国领导人出席生态城开工奠基仪式的接待场所——生态城服务中心开工奠基,各建设单位交叉施工、昼夜兼作,8月建成交付使用,创造了半年时间建设1.5万平米建筑的"生态城速度"。9月28日,国务院总理温家宝和新加坡国务资政吴作栋专程莅临生态城,听取生态城总体规划汇报,随后出席生态城开工奠基仪式。

(三)全面建设阶段(2008年9月——至今)

1.实施百天会战。开工奠基后,生态城开发建设全面提速。紧锣密鼓地组织实施征地拆迁、环境治理、基础设施、产业园区、生态住宅、公建配套等方面的工程建设,迅速改变了区域形象,开发范围逐步从3平方公里起步区拓展到8平方公里南部片区。2008年11月,为应对全球金融风暴,加快建设步伐,生态城实施了以规划设计、工程建设、征地拆迁、产业招商、环境治理为主要内容的"百天会战"。至2009年2月下旬,共完成16

项专项规划、12 项专题设计、9 项方案设计;完成 16 平方公里土地征收、3.4 平方公里填土和近 10 公里道路;完成污水库治理项目科研和专家论证,污水厂一期项目开工建设;制定了《产业发展促进办法》,注册成立 10 家公司,产业发展开始起步。"百天会战"激发了全体建设者的工作热情,培育了"5+2"、"白加黑"的工作作风,并在实践中,进一步塑造了"创新、水平、速度、细节、拼搏、合作"的生态城精神,为全面推进起步区开发建设奠定了坚实基础。"百天会战",既升扬了集中人力、物力、财力攻坚克难的历史经验,又注入了规划先行、指标引领、科学组织等现代元素,不仅是适时的,也是有效的。

2.实现九通一平。2009 年 6 月,起步区首条展现新设计理念、新能源利用、新建设模式的道路——和旭路竣工。2010 年 5 月,首个雨水泵站——青坨子雨水泵站投入使用;12 月污水处理厂试运行。2011 年 5 月,国家动漫园能源站投入使用,成为国内首个可再生能源和清洁能源耦合的微网能源站;9 月全国规模最大的区域性智能电网示范工程建成投入使用。2012 年 11 月,中部热源厂开始向区域供热。至 2013 年 6 月 30 日,完成 16 平方公里土地整理,累计完成 12 平方公里的基础设施和 61.5 公里道路,敷设 703 孔公里管网,11 个水、电、气、热场站,两座桥梁,南部片区实现"九通一平"。

3.加快生态修复。2011 年年底,完成污水库彻底治理,治理污泥 385 万立方米、污水 215 万立方米,并取得多项专利,为国内污染场地治理提供了一整套成熟的技术标准。2009 年 10 月,蓟运河故道示范段生态修复工程启动建设。至 2013 年 6 月 30 日,永定洲公园、蓟运河故道示范段工程、慧风溪公园、动漫园公园、生态谷(一期)等工程相继竣工,完成 310 多万平方米绿化,公园、道路、街角、小区到处是绿、满眼是绿,生态修复取得阶段性成果,盐碱荒滩面貌一新。

4.促进招商引资。2009 年 3 月,天津市和文化部签署战略合作协议,市、部合作重点项目——国家动漫产业综合示范园落户生态城,系生态城首个国家级项目。2010 年 5 月,国家广电总局将中国天津 3D 影视创意园选址生态城,强化了生态城在滨海新区乃至全市文化产业方面的领军地位。至 2013 年 6 月 30 日,注册企业已达 1000 多家,初步形成文化创意、节能环保、信息技术、金融服务等产业聚集发展态势。

5.建设产业园区。2009 年 7 月,首个产业园区——国家动漫园开工奠基。2010 年年底,动漫园一期 35 万平方米建筑工程竣工,2011 年 5 月正式开园。2009 年 6 月,生态科技园开工奠基。同年 12 月,生态产业园一期标准厂房开工建设。2011 年 5 月,国家影视园开工建设。2012 年年底,生态信息园开工建设。随着 5 个产业园区的相继建设,形成了产业发展载体布局和项目落户条件。

6.推进住宅开发。2009 年 12 月,首个商品房项目——嘉铭红树湾桩基施工。随后,美林园、季景华庭、万科锦庐、万通新新家园、世茂鲲玉园、远雄兰苑等住宅项目陆续开工。2011年年底，红树湾项目竣工交付使用。至2013年6月30日，生态城已建和在建住宅项目285万平方米，已上市157.61万平方米，已销售83.41万平方米，交付使用7367套。这些住宅全部精装修，并按绿色建筑标准设计、建设，7个项目达到国家绿色建筑三星级标准。

7.完善公共配套。2009年7月，为建设工人专门兴建的"建设公寓"竣工投入使用。2011年5月，启动教育、医疗、文化、体育、社区、养老等17个民生工程建设，总投资20多亿元。2012年年初，首批居民入住，对生活配套提出迫切需求，标志着生态城开发建设由规划建设为主向建设管理并重阶段过渡。2012年7月，首个综合性商业设施——天和·新乐汇商业街开街。2012年9月，首个幼儿园、天津外国语大学滨海小外（一年级）和中学（七年级）开学。至2013年6月30日，派出所、交管楼、消防站相继建成投用，第三社区中心封顶，南部片区综合医院、第一中学、南开中学、公安大楼、健身中心、图书馆、规划馆完成规划设计，即将全面开始建设。随着这些公建项目陆续投入使用，生态城配套设施将逐步完善。

四、主要成就

经过5年的开发建设，生态城既在基础设施、环境治理、公共设施、产业园区、生态住宅等方面进行了积极探索，打造了一系列"看得见的生态"，也在制度、政策、技术、标准、指标等方面大胆创新，形成了一系列"看不见的生态"，取得了初步的示范引领效应。2013年3月2日，国务院正式批复生态城建设首个"国家绿色发展示范区"，既肯定了生态城5年建设成就，又寄予了新的更大期望。

（一）确立了以可持续发展为核心内涵的生态城市建设目标

结合选址区域的环境、地质、气候、人文等因素，突出经济、社会、环境的可持续发展，形成了"四三二一"生态城市建设目标和基本内涵，即：四个领域，生态环境、生态经济、生态科技、生态文化协调发展；三个和谐，实现人与人、人与经济活动、人与环境和谐共存；两个轮子，实现新型城市化和产业化相辅相成、相互促进；一条道路，努力走出一条可持续发展的生态城市建设发展道路。这为中国乃至其他国家城市建设发展提供了全新模式，并已在全国形成示范带动效应。

（二）创造了指标引领规划控制的生态城市规划建设新模式

制定了世界上首套生态城市指标体系，形成以量化指标为导向的新型城市规划、建设、管理模式。坚持生态优先，在编制总体规划前，首先对环境承载力和区域建设进行适宜性评价，在此基础上划定禁建区、限建区、可建区，设置生态保护区，规划生态走廊，构建生态格局。采取同步编制城市总体规划、环境保护规划和经济社会发展规划的"三规合一"新方法，将经济社会发展和环境保护落实到空间布局和资源配置上，实现了城市规划与环境保护、经济社会发展的协调统一。

（三）建立了中新合作、政企分开、市场运作的开发建设体制机制

坚持政企分开、市场运作的开发建设原则，建立了生态城中新联合协调理事会、联合工作委员会两个高层协调机制，以及三方沟通、双方会谈、四方联席会议等多个层面的工作机制；新加坡方面组建了由六个部门组成的部长级委员会，以加强对生态城建设的协调推动。天津市颁布《中新天津生态城管理规定》，授权生态城管委会代表市政府统一行使行政管理职能。组建股份制、市场化、专业化的投资公司和合资公司，两个开发主体逐步形成"生态城市实践者"和"区域综合开发商"的定位。针对生态城建设重点领域，中新双方先后组成规划、招商、环境、社区等工作组，以专题形式联合开展工作。中新双方目标一致、分工明确、合作紧密，为开发建设提供了强有力的体制机制保障。

（四）完成了盐碱荒滩的生态修复和环境治理

坚持生态优先，全面推进区域环境建设。完成30平方公里征地拆迁和土地平整，积极实施盐碱地治理和土壤改良，大量栽种本地适生植物，大规模实施绿化景观工程，城区绿化覆盖率达50%。彻底治理了积存40年工业污染的污水库，污染底泥处理技术获得国家专利，3平方公里污水库已变成"清净湖"。曾经的盐碱荒滩已初步变成适宜人居的生态新城。在2012年的联合国可持续发展大会上，生态城与巴西库里蒂巴、法国南特等城市一道被评为"全球绿色城市"。

（五）形成了以现代服务业为主导的绿色产业聚集态势

按照发展定位和建设目标要求，大力发展节能环保、文化创意、科技研发、现代服务等无污染、低能耗、高附加值产业。规划建设国家动漫园、国家影视园、信息园等五个产业园区，形成了产业发展载体。建立并不断完善招商政策体系，先后制定了产业发展促进办法和针对动漫、新能源、生活商业等产业促进政策。整合内部审批流程，为企业提供一站式、并联式、保姆式的审批服务。建立了动漫产业公共技术服务平台，并与"天河一号"超级计算机进行连接，渲染能力达到国际领先水平。借助中新合作品牌和自身优势，全力开展招商引资，至2013年6月30日，累计注册企业930家，注册资金750亿元，纳税总额40余亿元。

（六）构建了土地、垃圾、水、能源综合开发和循环利用体系

坚持节约集约利用土地资源,采用河塘污泥吹填技术,减少客土使用。全面推行垃圾分类收集、气力输送、集中处理,垃圾无害化处理率达100%,回收利用率达62.7%。出台了综合水务管理导则,实施分质供水,建成屋顶、道路、小区、广场、绿地全覆盖的雨水收集系统,建成日处理能力10万吨的污水厂,充分利用中水和雨水作为景观用水,基本形成水资源循环利用系统。多渠道开发利用新能源,建成17兆瓦的太阳能和风能发电机组,建成我国首个城市智能电网综合示范工程,大面积推广使用风光互补路灯,所有住宅全部安装太阳能热水器,大部分公建采取地热供暖制冷,应用面积达75万平方米。住建部批准生态城为国家首批"可再生能源应用示范区"。

（七）构建了交通、建筑、产业统筹推进的节能减排体系

按照绿色出行比例达90%的目标,规划了以轻轨、清洁能源公交、绿道为主的绿色交通体系,南部片区基本形成独立的自行车和步行道网络。按照绿色建筑100%的目标,制定了高于国家标准的绿色建筑设计评价标准,对规划、设计、建设、运营实行全过程管理,已建公共建筑、居民住宅全部达到国家绿色建筑标准,住宅项目节能率超过70%,公建项目节能率超过55%,均优于国家和天津市地方节能标准。按照每百万美元GDP碳排放强度不超过150吨的目标,严格实施产业准入门槛,限制传统制造业项目,致力发展消耗少、排放低、附加值高的现代服务业。加强节能环保技术研发转化和应用推广,成立1个博士后工作站,承担5项国家级科技项目和18项省部级科技项目,初步形成了政府支持、企业主体的低碳技术应用推广体系。

（八）确定了政府主导、社会参与的公共服务和社会管理体系

按照"大部制"要求,优化机构功能和人员配置,创建统一、协调、精简、高效、廉洁的行政管理新体制。依托生态城特殊的三级居住模式,建立了贴近居民服务的社区管理新模式。建立了涵盖市容、环卫等大部分政府管理权限的"大城管"模式,搭建了居民参与城市管理的平台和渠道。积极推进惠及中低收入者的公屋建设,首期569套公屋交付使用。教育事业成功起步,首所幼儿园和小学、中学已开学,南开中学加快建设。启动南部片区综合医院和社区卫生服务中心建设。推行建设工人集中居住模式,建成我国第一个"建设公寓",配置了食堂、浴室、商店、文体等设施,改善了生活条件。启动起步区3个社区中心建设,集中配置社区管理、医疗、商业、文化、体育等设施,形成400米半径生活服务圈。生态城居民将拥有和分享更为丰富的公共服务资源。

（九）构成了政企互补、市场运作的资金循环体系

根据两国协议,建立了投资公司、合资公司先行垫资建设,管委会以财政收入后期按

项目回购或补贴的资金循环体系。按照"不予不取、自我平衡、积极探索、以利推广"原则,精心测算建设期间投入产出,建立财政收支平衡模型,以地方财政收入为主、国家和天津市政策支持为辅,构建了动态平衡、综合平衡的资金平衡机制。取得中央财政每年定额财力补助和多项专项资金扶持。积极发挥投资公司和合资公司两个开发主体的积极性和能动性,拓宽融资渠道、广泛筹措资金、加快开发建设,形成以市场化为基础的良性循环的资金链。

(十)成为了我国生态建设事务对外交流展示的窗口

积极参与国际交流合作,多次与联合国环境规划署(UNEP)、世界银行和全球环境基金组织(GEF)等国际组织合作交流。协办天津(滨海)国际生态城市论坛,多次应邀参加达沃斯、中国城市绿色发展大会、新加坡水资源周等国内外论坛,扩大了国际影响。世界各地的政府部门、专家学者、科研院所、集团企业、中外嘉宾纷至沓来,至 2013 年 6 月 30 日,到生态城考察人次突破 15 万,中外媒体宣传报道突破 10 万条。生态城在国内外的知名度、影响力与日俱增。

五、基本经验

生态城 5 年的实践证明,必须坚持"环境、资源、经济、社会"可持续发展,坚定不移地走绿色发展道路,锐意改革,大胆创新,勇于实践,引进消化吸收并创造生态建设理念、技术和文化,才能完成生态城市建设的光荣使命。

(一)坚持绿色、低碳、循环发展理念,不断丰富生态城市的内涵

从党的十七大报告明确提出建设生态文明以来,我国各地逐步掀起生态文明建设实践和理论研究的热潮。天津生态城作为我国第一个国际合作的生态城市,应责无旁贷、勇挑重担,打造生态文明理论创新和绿色发展思想的策源地,引领全国生态文明建设。

(二)坚持走中新合作、互利共赢之路,始终凝聚双方智慧和力量

中新合作是生态城的特殊优势,中新双方合作的顺畅和紧密程度事关兴衰成败。必须坚持"尊重、沟通、协作、双赢"的原则,充分利用高层协调机制和工作会商机制,及时协调沟通,拓宽合作领域,深化合作层次,实现互利共赢。实践证明,通过合作走向共赢,加强沟通形成共识,是新时代经济和区域发展必不可少的重要因素。

(三)坚持市场化开发体制,不断深化市场经济体制

发挥国家综合配套改革试验区——滨海新区的政策优势,坚持市场化、社会化、专业化方向,坚持政企分开、市场运作体制机制充分,发挥合资公司和投资公司的能动作用,广泛吸引外部资金,聚合各方力量,营造公开、公平、竞争的市场化机制,为深化社会主义市场经济体制做出积极探索。

（四）坚持指标引领,不断完善城市规划、建设、运营的量化管理新模式

量化管理是世界管理方式的革命。坚持以指标体系为统领,将各项指标分解到政府、企业、居民等不同主体,分解到规划、建设、运营、管理各个环节,统筹推进、分头负责、狠抓落实,生态城建设才能不走样、不走偏,成为特征突出、名副其实的生态型城市,"指标引领"为特征的城市开发建设新模式才能得以确立并复制推广。

（五）坚持生态优先理念,努力营造有吸引力的人居环境

环境优美是生态城市的基本要求。针对环境脆弱、污染严重和土地盐化的自然本底现状,必须严格落实生态规划控制,强化保护修复,持续开展生态修复和环境治理工程,打造宜居、宜业的区域环境,为我国生态蜕化区域持续探索行之有效的经验。

（六）坚持绿色产业发展方向,努力探索一条可持续发展的产业化道路

适应全球范围绿色发展总体趋势和我国经济转型升级总体要求,按照党的十八大确定的"五位一体"战略布局和我国"十二五"规划要求,努力推进现代服务业的发展,走出一条以现代服务业为主体的绿色经济发展新路,为生态城运营管理奠定坚实的经济基础,为我国经济转型升级和其他城市经济可持续发展提供参考。

（七）坚持集约、节约、循环利用资源,不断强化节地、节水、节能、节材等生态特征

资源节约和节能减排是生态城的基本特征。生态城应面对在自然资源条件较差地区开展建设的现实,持续推进土地、水、能源、垃圾等资源集约节约循环高效利用,不断强化产业、交通、建筑等领域节能减排,为解决城镇化面临的资源能源瓶颈做出卓有成效的探索。

（八）坚持广泛应用经济适用的生态技术,不断提升生态技术的支撑能力

生态城市建设是一项庞大而复杂的系统工程,建设生态城市需要各种生态技术的综合运用,从而实现可持续发展目标。必须坚持集成创新,在土壤改良、生态环保、绿色交通、绿色建筑、水处理、新能源等领域,大量应用推广先进、经济、适用技术,强化技术攻关,不断提升技术的经济性和成熟性,形成一套比较完整的生态技术支撑体系,为我国生态技术研发转化做出贡献。

（九）坚持以人为本,让广大居民充分分享生态城市建设成果

构建和谐社会是生态城建设的出发点和落脚点。必须加大民生事业财政投入,优先保障民生工程,为广大居民提供优质、丰富、均衡的文化、教育、卫生、体育、住房等服务,

为解决"上学难、就医难、住房难"问题探索有效途径。全面创新社区管理服务体制机制,为居民提供周到、便捷、贴心的管理服务,实现经济社会协调发展。

(十)坚持改革创新,夯实绿色发展制度保障

生态城市建设是全新的任务,需要新体制、新机制、新方法、新技术、新文化的支撑。必须解放思想,针对阻碍绿色发展的重点环节和关键领域,敢于改革、善于创新、勇于实践,形成绿色发展制度体系,不断创造制度财富,为生态城市的蓬勃发展提供制度基础。

六、发展远景

2015 年,天津生态城将全面完成基础设施建设和环境治理。南部片区形成成熟社区,中部片区和生态岛片区基本建成,北部片区和东北部片区启动建设。注册企业达到2000 家,税收达到 36 亿元,地区生产总值达到 100 亿元,成为全国文化创意产业重要发展基地,形成节能环保、信息技术产业等现代服务业产业集群。区内常住人口达到 5 万人,形成比较完善的基本生活配套设施。基本建立水、能源、垃圾集约节约循环利用体系和建筑、交通、产业节能减排体系。初步构建节能环保技术研发转化平台。生态环保理念和绿色生活方式深入人心,绿色发展思想原创力进一步提升。资源节约、环境友好特征更加突出,成为全国生态城市建设的先锋和龙头,示范引领作用更为显著。

2020 年,生态城将基本完成 30 平方公里开发建设。全区绿化覆盖率达到 50%,形成湖水、河流、湿地、水系、绿地构成新的复合生态系统,贯穿全城的"生态谷"成为城市标志性的综合功能主轴和景观带。成功探索出一条以现代服务业为主导的产业化新道路,注册企业 5000 家,形成税收贡献 100 亿元,地区生产总值达到 300 亿元。广泛使用地热、太阳能、风能等新能源,可再生能源使用率达到 20%;全面建成轨道交通、清洁能源公交、慢行体系相结合的绿色交通网络,绿色出行比例达到 90%;建成全区域的雨水收集和中水回用设施,非传统水资源达到 50%;建成一系列国家级生态技术研发中心和工程中心,成为我国生态环保领域研发、检测、认证、培训的中心和展示我国生态技术创新、应用的国际平台。形成以"一站式"社区中心为基础的社区服务网络,居民将享受"400 米半径生活圈"的便利服务。全面建成教育、卫生、文化、体育、休闲、商业、金融等生活配套设施,居民将充分享受到均衡、优质、公平的公共资源与服务。常住人口达到 20 万人左右,节能环保理念深入人心,绿色生活方式成为全体居民的自觉行动。届时,天津生态城将全面建成"全国绿色发展示范区",成为全球人居环境建设、资源循环利用、绿色经济发展和绿色生活方式的典范,成为全国绿色思想策源地、绿色制度创新区、生态文明先导区,在人与人、人与经济、人与环境的和谐共存方面做出有说服力的回答,圆满完成中新两国赋予的历史使命。

人生就像一段旅程。生态城市建设也是一段充满意趣的探索之旅。人类曾经拥有与大自然和谐共存的生活方式,城市建设应该让我们的生活更自然、更和谐、更美好,而不是由"城市病"、"都市病"构建的病态发展方式。沿着绿色发展之路披荆斩棘、奋勇前进,天津生态城将加快走出工业文明与生态文明的交叠期,率先铸就生态文明的鸿篇巨制,为人类的幸福和发展做出积极的贡献。

第一章　中新合作:走向共赢之路

中国和新加坡合作源远流长,双方合作建设天津生态城是一个历史性创举。中新双方在建设之初即构建了高层级的协调推动机制,为生态城开发建设奠定了坚实基础、创造了特殊优势。

一、政府合作

天津生态城借鉴苏州工业园开发建设经验,建立了高层级的协调推动机制,主要包括副总理级的联合协调理事会和部长级的联合工作委员会。在此基础上,中新双方建立了联合工作委员会中方办公室、新加坡国家发展部天津生态城办事处、天津生态城管委会,形成了多层次的工作机制(见图1-1)。具体如下:

中新联合协调理事会　负责协调推动天津生态城开发建设重大事项(见图1-2、图1-3、图1-4、图1-5、图1-6)。

中新联合工作委员会　实行定期会晤机制,就天津生态城发展目标与要求、具体指标、合作方式等进行协商,向联合协调理事会报告工作(见图1-7、图1-8、图1-9、图1-10、图1-11)。

中新联合工作委员会中方办公室　由住房和城乡建设部规划司、天津市规划局、天津生态城管委会三方有关领导组成。

新加坡国家发展部天津生态城办事处　新加坡国家发展部为天津生态城项目增设的司局级部门,专门负责天津生态城项目的协调推动。

天津生态城管委会　代表天津市政府统一行使相关职能,协调推动天津生态城的开发建设。

中新合作体制机制具有既全面合作又相对独立、既相互支撑又相互监督的显著特征,形成了以下合作机制:

高层参与机制　除联合协调理事会、联合工作委员会以外,双方在工作层面还建立

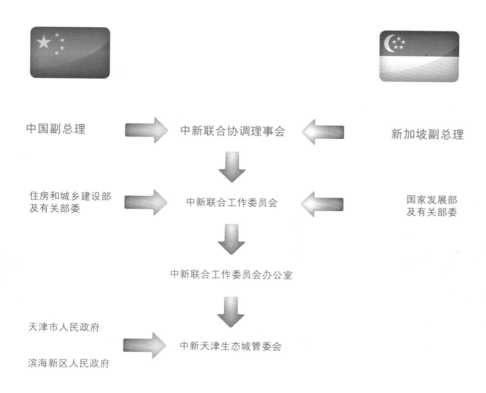

图1-1:中国—新加坡政府合作机制示意图

图1-2:中新天津生态城联合协调理事会第一次会议

了相应的高层参与机制。2009年上半年,应新加坡政府要求,经天津市委报中组部批准,由时任市委副书记、滨海新区工委书记的何立峰任合资公司董事长。经董事长提名,由生态城管委会副主任崔广志任合资公司董事长办公室主任,代表董事长协调处理日常工作。

监督促进机制 生态城陆续建立健全了双方会谈、三方沟通、四方联席会议及管委会与投资公司、合资公司之间的定期沟通机制。目前,由生态城管委会副主任崔广志、新

图1-3：中新天津生态城联合协调理事会第二次会议

图1-4：中新天津生态城联合协调理事会第三次会议

图 1-5：中新天津生态城联合协调理事会第四次会议

图 1-6：中新天津生态城联合协调理事会第五次会议

图1-7：中新联合工作委员会第一次会议

图1-8：中新联合工作委员会第二次会议

加坡国家发展部副常任秘书郑锦宝主持，定期召开双方工作会议，听取建设进展情况汇报，协调解决日常工作中遇到的具体问题。至2013年6月30日，双方已先后召开了30次双方工作会议，就用地规模、轨道交通、城市设计、指标体系分解、新型交通模式、公屋

图 1-9：中新联合工作委员会第三次会议

图 1-10：中新联合工作委员会第四次会议

图 1-11：中新联合工作委员会第五次会议

建设等进行了深入的沟通协商。

政策推动机制 联合协调理事会机制的设立,为争取两国政府的政策支持创造了有利条件。中新联合协调理事会会议召开前,中方主席主持召开联合协调理事会中方会议,听取开发建设情况汇报,协调推动相关部委赋予天津生态城支持政策。至2013年6月30日,生态城已获得创建全国首个"绿色发展示范区"、每年定额财力扶持、"意愿结汇"试点、"金太阳"示范工程、绿色生态城区、发行企业债券等政策。新加坡政府有关部门也给予了支持新加坡企业到天津生态城投资的补贴政策。

自生态城项目启动以来,中新双方已召开五次联合协调理事会会议、五次联合工作委员会会议、四次联合协调理事会中方会议(见表1-1、表1-2、表1-3)。

表1-1:中新天津生态城历届联合协调理事会会议情况表

届次	时间	地点	主持人	主要内容
第一次	2008年9月3日	天津	王岐山 黄根成	要在资源利用、生态环境和发展模式等方面实现可持续。
第二次	2009年8月24日	新加坡	王岐山 黄根成	坚定信心,共同将天津生态城建设成为继苏州工业园区之后又一个亮点。
第三次	2010年7月23日	北京	王岐山 黄根成	解决好水污染治理、盐碱地改良等问题,共同探索未来城市发展之路。
第四次	2011年7月27日	新加坡	王岐山 张志贤	强化技术创新和体制机制改革,降低成本,成为可复制、可推广、可持续的示范项目。
第五次	2012年7月6日	苏州	王岐山 张志贤	支持天津生态城创建绿色发展示范区,努力走出一条生态、经济、社会协调发展的新路,为城市可持续发展树立榜样。

表1-2:中新天津生态城历届联合工作委员会会议情况表

届次	时间	地点	主持人	主要内容
第一次	2008年1月31日	天津	汪光焘 马宝山	审议并原则通过天津生态城指标体系。
第二次	2008年4月8日	新加坡	仇保兴 马宝山	审议并原则通过天津生态城总体规划。
第三次	2008年7月1日	天津	仇保兴 傅海燕	审议天津生态城起步区详细规划初步方案。
第四次	2009年6月3日	天津	仇保兴 马宝山	听取天津生态城工作情况报告,审议城市设计方案。
第五次	2010年5月5日	天津	仇保兴 马宝山	听取天津生态城工作情况报告,审议指标体系分解方案。

表 1-3：中新天津生态城历届协调理事会中方会议主要情况表

届次	时间	主持人	主要内容
第一次	2009 年 8 月 17 日	王岐山	推动新加坡加大对天津生态城开发建设的支持力度,督促新方的资金和项目及时到位;突出特色,着力学习利用新加坡在城市规划管理、水循环利用、低碳经济等方面的技术,防止以生态城建设为名变相搞房地产开发;考虑到天津生态城建设的特殊性,请财政部牵头研究适当扶持的财税政策措施。
第二次	2010 年 7 月 16 日	王岐山	原则同意给予以下八项政策支持:给予生态城一定期限内定额专项补助;支持生态城投资公司发行 12 亿元中期票据;核准生态城投资公司保险债券投资计划;支持生态城建设全国转变经济发展方式综合性示范区;支持生态城作为绿色建筑奖励示范区;原则同意将天津生态城智能电网工程列入国家"十二五"重点项目;原则支持在天津生态城建立国家级生态技术工程中心或研究院;原则同意将人民银行、外汇局增补为中新天津生态城联合协调理事会中方理事单位。
第三次	2011 年 7 月 19 日	王岐山	支持生态城建设"国家绿色发展示范区";优先核准生态城投资公司发行 12 亿元企业债券;给予生态城智能电网试点工程政策支持。要求生态城加强软环境建设,完善具体政策措施,并请相关部门给予大力支持,按程序办理。
第四次	2012 年 6 月 26 日	王岐山	支持生态城建设国家绿色发展示范区;支持生态城"绿色建筑群建设设计研究与示范"项目核准出库。

二、企业合作

《框架协议》及《补充协议》签署后,按照"政企分开、市场化运作"的原则,经两国政府有关部门、天津市政府协商,双方分别组建了具体负责推动天津生态城开发建设的企业主体(见图 1-12)。

2007 年 12 月,由泰达投资控股有限公司、国家开发银行、天津市房地产开发经营集团有限公司等作为股东,联合成立中方投资联合体——投资公司,负责土地收购、整理储备和基础设施、公共设施的投资、建设、运营、维护。新加坡吉宝集团及有关企业组成新方投资联合体,成立新加坡天津生态城投资控股有限公司。2008 年 7 月,双方投资联合体签署《中新天津生态城投资开发有限公司合资经营合同》,联合组建中新合资公司。2009 年 5 月,合资公司合同和章程获得商务部正式批复。同年 8 月 12 日,合资公司挂牌运营。按照章程,合资公司投资总额为 120 亿元,注册资本为 40 亿元。主要经营范围涵盖基础设施和市政工程的投资与建设、房地产开发、园林绿化工程、酒店、餐饮旅馆及娱

天津泰达控股有限公司 及国家开发银行等企业		新加坡吉宝集团 及有关企业
中方投资联合体		新方投资联合体

 中新天津生态城投资开发有限公司

图 1-12:中国—新加坡企业合作机制示意图

乐服务业等,经营期限为 70 年。

合资公司作为两国政府间的企业化合作平台,既要体现中新投资联合体的股东利益,也肩负着两国政府的战略目标。既是中新双方共同利益的载体,也是双方协调沟通整合的平台。形成了以下合作机制:

利益均衡分配机制 商业协议明确了管委会、投资公司、合资公司等不同主体的相关权益。中新投资联合体各持合资公司 50% 的股份,平等享有合资公司的权益。在合资公司决策上亦如此,公司高层领导按 1∶1 比例配备,董事长和总经理(CEO)由中、新双方轮流担任。

土地市场运作机制 天津生态城管委会将全部可开发土地出让给投资公司,投资公司根据合同约定,以土地使用权出资的方式将净地分步骤注入合资公司,新方联合体以货币出资方式根据土地价值将相应资金注入合资公司。由此,生态城土地全部最终权属将归入合资公司掌控,合资公司可采取自主开发、合作开发及转让给第三方开发,追求最大额度的土地增值收益。政府不掌控可开发土地资源,这是天津生态城开发建设的重要特点之一。

全面参与建设机制 合资公司区别于纯商业性合资开发企业,在获取土地收益的基础上,还承担环境、经济、社会等方面责任。商业开发与环境、经济、社会建设事务相辅相成、相互促进,进一步增强了合资公司全方位参与生态城开发建设的积极性。

多层协作交流机制 合资公司是目前国内唯一一家拥有新加坡政府公务员借调为

全职员工的公司。合资公司成立以来,新加坡政府委派了大量资深公务员到该公司任职,其中部分中、高级管理人员均有在苏州工业园工作的经历,这为天津生态城带来了新加坡在城市规划、园区开发、公共事业管理等方面的成功经验。

三、项目合作

随着开发建设的推进,双方工作团队组成多个联合工作组,在诸多领域进行了密集的研讨协商,并达成广泛共识,很好地推动了天津生态城的开发建设。

规划组 2008 年年初成立,生态城管委会分管领导和新加坡市区重建局领导牵头,建设局和市区重建局相关负责人参与,主要就生态城开发建设的规划事宜进行研究协商。2008 年上半年,双方主要讨论总体规划编制中的技术问题,下半年主要研究总体规划及控制性详细规划编制中的技术问题;2009 年,主要研究起步区城市设计和修建性详细规划问题;2010 年、2011 年,主要交流新加坡规划编制和规划管理方面的经验;2012 年,主要讨论城市中心设计竞赛及深化设计问题;2013 年上半年,主要讨论城市主中心城市设计和滨水文化设施设计工作。

经济组 生态城创建伊始,生态城管委会和新加坡国家发展部、国际企业局共同组成经济促进组,定期沟通招商信息,组织了多场联合招商活动。新加坡国际企业局专门推出了 I-PLATFORM 扶持计划,为所有到生态城投资的新加坡企业提供资金补贴,5 年内补贴资金总额为 950 万新币。至 2013 年 6 月 30 日,新加坡共在天津生态城投资设立 29 家外资企业,注册资金总计 8 亿美元,投资总额达 11.6 亿美元。

环境组 环境建设始终是中新双方关注的重点。2008 年开始,新加坡环境局就积极参与起步区生活垃圾气力输送系统建设模式的讨论。2010 年 6 月,天津生态城管委会向新方提议建立环境小组,7 月小组成立,由生态城管委会分管领导和新加坡国家环境局领导牵头,成员包括环境局、执法大队和新加坡环境局相关人员。小组已召开会议 10 余次,就 6 项环境指标的监测统计、数字环境、固废管理等进行了深入协商。

水务组 2009 年 9 月成立,由生态城管委会分管领导和新加坡公用事业局领导牵头,成员包括建设局(2011 年以前为环境局)和公用事业局相关工作人员。新方派遣专人常驻天津生态城推进日常工作(2009 年 9 月—2010 年 9 月)。双方就安全供水、污水处理、再生水处理、雨水管理等方面密切合作,共同编制了《天津生态城水务导则》。

公屋组 2008 年 6 月成立,由生态城管委会分管领导和新加坡建屋发展局领导牵头,成员包括建设局、法制局、投资公司、合资公司及新加坡建屋发展局相关人员。双方定期召开会议,就公屋政策、建设计划、销售政策及后期管理运营等进行讨论,研究制定了《中新天津生态城公屋管理暂行办法》及实施细则,确定了首期公屋的申请资格、销售政策等。目前,首期公屋已交付使用,首批住户已顺利入住,公屋二期建设也已展开。

社区组 2009年5月成立,由生态城管委会分管领导和新加坡生态城办事处领导牵头,成员由社会局、法制局、新加坡国家发展部相关人员组成。小组成立后,双方联合组成社会发展研究小组,邀请中新双方社会领域专家学者组成课题组,研究制定《天津生态城社会发展和管理新模式》,据此编制完成了教育、文化、卫生等专项规划。2012年,双方合作组织首批15名社工赴新加坡进行了为期3个月的培训。

附1:中新联合协调理事会成员名单

中方成员名单

第一、二、三次会议(2008年9月—2010年7月)

中方主席:王岐山　国务院副总理

成　　员:姜伟新　住房和城乡建设部部长

　　　　　黄兴国　天津市市长

　　　　　仇保兴　住房和城乡建设部副部长

　　　　　何亚非　外交部副部长

　　　　　解振华　国家发展改革委副主任

　　　　　马秀红　商务部副部长

　　　　　尚　勇　科技部副部长

　　　　　张少春　财政部副部长

　　　　　鹿心社　国土资源部副部长

　　　　　张力军　环境保护部副部长

　　　　　王　力　税务总局副局长

第四次会议(2011年7月)

中方主席:王岐山　国务院副总理

成　　员:姜伟新　住房和城乡建设部部长

　　　　　黄兴国　天津市市长

毕井泉　国务院副秘书长

仇保兴　住房和城乡建设部副部长

张志军　外交部副部长

解振华　国家发展改革委副主任

王　超　商务部副部长

曹健林　科技部副部长

张少春　财政部副部长

贠小苏　国土资源部副部长

张力军　环境保护部副部长

王　力　税务总局副局长

郭庆平　中国人民银行行长助理

李　超　国家外汇管理局副局长

何立峰　天津市委副书记、滨海新区区委书记

第五次会议（2012 年 7 月）

中方主席：王岐山　国务院副总理

成　　员：姜伟新　住房和城乡建设部部长

黄兴国　天津市市长

毕井泉　国务院副秘书长

仇保兴　住房和城乡建设部副部长

傅　莹　外交部副部长

解振华　国家发展改革委副主任

王　超　商务部副部长

曹健林　科技部副部长

张少春　财政部副部长

王世元　国土资源部副部长

张力军　环境保护部副部长

王　力　税务总局副局长

胡晓炼　中国人民银行副行长

李　超　国家外汇管理局副局长

何立峰　天津市委副书记、滨海新区区委书记

新方成员名单

第一、二次会议（2008 年 9 月—2009 年 8 月）

新方主席：黄根成　副总理兼内政部长

成　　员：马宝山　国家发展部部长

　　　　　林瑞生　总理公署部长

　　　　　傅海燕　国家发展部兼教育部高级政务部长

　　　　　李奕贤　贸易及工业部政务部长

　　　　　王文辉　贸易及工业部常任秘书

　　　　　陈继豪　国家发展部常任秘书

　　　　　陈荣顺　环境及水源部常任秘书

　　　　　陈燮荣　新加坡驻华大使

第三次会议（2010 年 7 月）

新方主席：黄根成　副总理兼内政部长

成　　员：马宝山　国家发展部部长

　　　　　林瑞生　总理公署部长

　　　　　傅海燕　国家发展部兼教育部高级政务部长

　　　　　李奕贤　贸易及工业部兼人力部政务部长

　　　　　吴凤萍　贸易及工业部第二常任秘书

　　　　　陈继豪　国家发展部常任秘书

　　　　　郭木财　环境及水源部常任秘书

　　　　　陈燮荣　新加坡驻华大使

第四次会议（2011 年 7 月）

新方主席：张志贤　副总理兼内政部长

成　　员：许文远　国家发展部部长

　　　　　林瑞生　总理公署部长

　　　　　傅海燕　环境及水源部兼新闻、通讯及艺术部高级政务部长

　　　　　李奕贤　国家发展部兼贸易及工业部高级政务部长

杨莉明　财政部兼交通部政务部长

陈燮荣　新加坡驻华大使

陈继豪　国家发展部常任秘书

第五次会议（2012 年 7 月）

新方主席:张志贤　副总理兼内政部长

成　　员:许文远　国家发展部部长

林瑞生　总理公署部长

傅海燕　环境及水源部兼新闻、通讯及艺术部高级政务部长

李奕贤　国家发展部兼贸易及工业政务部长

杨莉明　财政部兼交通部政务部长

罗家良　新加坡驻华大使

林双河　国家发展部兼国防部兼总理公署常任秘书

附2:中新联合工作委员会成员名单

中方成员名单

第一、二、三次会议（2008 年 1 月—2008 年 7 月）

中方主席:汪光焘　建设部部长

成　　员:仇保兴　建设部副部长

苟利军　天津市委常委、滨海新区管委会主任

唐　凯　建设部城乡规划司司长

杨　健　外交部亚洲司参赞

周长益　国家发展改革委环资司副司长

李志群　商务部外资司司长

靳晓明　科技部国际合作司司长

曾晓安　财政部经济建设司副司长

胡存智　国土资源部规划司司长

樊元生　环保总局污染控制司司长

杨元伟　税务总局法规司副司长

第四、五次会议（2009 年 6 月—2010 年 5 月）

中方主席：姜伟新　住房和城乡建设部部长

成　　员：仇保兴　住房和城乡建设部副部长

何立峰　天津市委副书记、滨海新区书记

唐　凯　住房和城乡建设部城乡规划司司长

杨　健　外交部亚洲司副司长

何炳光　国家发展改革委环资司副司长

李志群　商务部外资司司长

靳晓明　科技部国际合作司司长

曾晓安　财政部经济建设司副司长

胡存智　国土资源部总规划师

翟　青　环境保护部污染防治司司长

杨元伟　税务总局法规司副司长

新方成员名单

第一次会议（2008 年 1 月）

新方主席：马宝山　国家发展部部长

成　　员：傅海燕　国家发展部政务部长

陈继豪　国家发展部常任秘书

蒋财恺　国家发展部副常任秘书

李东阳　国务资政首席私人秘书

黄好游　贸易及工业部副常任秘书（贸易）

蔡君炫　市区重建局局长

张力昌　新加坡国际企业发展局局长

邱鼎财　公用事业局局长

姜锦贤　建设局局长

李源喜　国家环境局局长

第二次会议（2008 年 4 月）

新方主席：马宝山　国家发展部部长

成　　员：傅海燕　国家发展部兼教育部高级政务部长

　　　　　陈继豪　国家发展部常任秘书

　　　　　蒋财恺　国家发展部副常任秘书

　　　　　李东阳　国务资政首席私人秘书

　　　　　黄好游　贸易及工业部副常任秘书（贸易）

　　　　　蔡君炫　市区重建局局长

　　　　　张力昌　新加坡国际企业发展局局长

　　　　　邱鼎财　公用事业局局长

　　　　　姜锦贤　建设局局长

　　　　　李源喜　国家环境局局长

第三次会议（2008年7月）

新方主席：马宝山　国家发展部部长

成　　员：傅海燕　国家发展部兼教育部高级政务部长

　　　　　陈继豪　国家发展部常任秘书

　　　　　蒋财恺　国家发展部副常任秘书

　　　　　李东阳　国务资政首席私人秘书

　　　　　许琳聂　贸易及工业部副常任秘书（贸易）

　　　　　蔡君炫　市区重建局局长

　　　　　张力昌　新加坡国际企业发展局局长

　　　　　邱鼎财　公用事业局局长

　　　　　姜锦贤　建设局局长

　　　　　李源喜　国家环境局局长

第四次会议（2009年6月）

新方主席：马宝山　国家发展部部长

成　　员：傅海燕　国家发展部兼教育部高级政务部长

　　　　　陈继豪　国家发展部常任秘书

　　　　　蒋财恺　国家发展部副常任秘书

　　　　　李东阳　资政首席私人秘书

　　　　　许琳聂　贸易及工业部副常任秘书（贸易）

蔡君炫　市区重建局局长

张力昌　新加坡国际企业发展局局长

邱鼎财　公用事业局局长

姜锦贤　建设局局长

陈国强　国家环境局局长

第五次会议（2010 年 5 月）

新方主席：马宝山　国家发展部部长

成　　员：傅海燕　国家发展部兼教育部高级政务部长

陈继豪　国家发展部常任秘书

郑林兴　国家发展部副常任秘书（发展）

李东阳　国务资政首席私人秘书

许琳聂　贸易及工业部副常任秘书（贸易）

蔡君炫　市区重建局局长

张力昌　新加坡国际企业发展局局长

邱鼎财　公用事业局局长

姜锦贤　建设局局长

陈国强　国家环境局局长

第二章 指标体系:用数字说话

开创性的事业激发创造性的工作。生态城在建设之初就编制了世界上第一套生态城市指标体系,并分解为由核心要素、关键环节、控制目标、具体措施和统计方法构成的实施路线图,建立了以量化指标为导向的新型城市规划、建设和管理模式。

一、指标体系解读

2007 年年底,中新双方组成由中国城市规划设计研究院、天津市环境保护科学研究院、新加坡市区重建局等单位组成的指标体系联合编制团队,在建设部的指导下,按照科学性与操作性相结合、定性与定量相结合、特色与共性相结合、可达性与前瞻性相结合的原则,制定了包括生态环境健康、社会和谐进步、经济蓬勃高效和区域协调融合四个方面,包含 22 项控制性指标和 4 项引导性指标的指标体系(见表 2-1)。2008 年 1 月 31 日,中新天津生态城联合工作委员会在天津市召开第一次会议,审议并原则通过了生态城指标体系。同年 9 月,住房和城乡建设部正式批准实施。

指标选取 充分借鉴国内外先进经验,采用了通用性较强的国际标准、国家标准和国内外具有生态特点的城市指标,强化指标体系的标杆作用和示范作用。结合选址区域实际,突出循环经济、低碳经济、绿色能源、绿色交通、绿色建筑等特点,设置了新的指标。

指标值确定 按照示范性和可达性要求,在广泛征求国内外相关领域专家意见的基础上,确定了一套与世界先进水平相当的指标值,部分指标甚至超过发达国家水平。指标体系从资源、环境、经济、社会等方面诠释了生态城市开发建设的内涵,为生态城"能复制、能实行、能推广"的建设目标提供了量化标准。

资源类指标 着眼于资源的集约、节约、循环和高效利用,设置了 10 个控制性指标,分别是:水喉水达标率、绿色建筑比例、人均公共绿地、日人均生活耗水量、日人均垃圾产生量、垃圾回收利用率、绿色出行所占比例、危废与生活垃圾(无害化)处理率、可再生能源使用率和非传统水资源利用率。这些指标集中反映了我国城镇化面临的资源瓶颈问题,更符合生态城资源约束的实际。其中,绿色建筑比例达到100%,远高于我国到2015年年末城镇新建建筑绿色建筑比例达到20%的要求,处于全球领先水平。可再生能源使用率达到20%,与欧盟国家同期目标一致,高于我国《可再生能源发展"十二五"规划》提出的非化石能源占一次能源消费比重15%的目标。绿色出行所占比例达到90%,远高于我国目前平均水平,也高于北京提出的2015年绿色出行比例达到65%的目标。非传统水资源利用率达到50%,高于北京、天津现状水平。客观地讲,实现上述指标难度很大,具有很大的挑战性,也体现了生态城在资源能源利用方面的引领带动要求。

环境类指标 针对生态环境保护和修复,设置了区内环境空气质量、区内地表水环境质量、功能区噪声达标率、自然湿地净损失、本地植物指数5个控制性指标和自然生态协调1个引导性指标。其中,区内地表水环境质量达到 IV 类水体水质要求,对于生态城既有水体均为劣 V 类的现实而言是极大的挑战,且污水库底泥重金属污染严重。自然湿地净损失为零,这要求生态城在开发建设过程中,避免我国部分新城开发过程中人为地破坏自然湿地等原始生态环境的情况发生,明确划定并严格落实湿地保护区和禁建区,从规划阶段强调生态优先环境优先,对城市规划建设的生态化具有现实的示范借鉴意义。本地植物指数达到0.7,既体现了保护区域物种多样性,又体现生态城地方特色,避免出现高成本、难成活、物种单一的问题,对于盐碱地绿化具有示范借鉴意义。

经济类指标 着眼于经济发展的同时降低资源能源消耗和碳排放,提升科技含量和可持续发展能力,设置了单位GDP碳排放强度、每万劳动力中R&D科学家和工程师全时当量两个控制性指标和区域经济协调1个引导性指标。单位GDP碳排放强度低于150吨/百万美元,远高于我国当前和2020年减排目标水平,与巴黎(约112吨/百万美元)和东京(约146吨/百万美元)等发达城市相当。这就要求生态城大力发展低碳产业,走出一条绿色产业化之路。每万劳动力中R&D科学家和工程师全时当量大于50人年,这要求生态城经济成果更多来源于知识经济和科技进步,通过鼓励建立研发中心、工程中心等机构,将产、学、研充分融合,强化科技研发转化能力,形成高科技产业和知识密集型产业集群,改变传统粗放型、资源性消耗型经济发展模式,探索经济转型升级的绿色发展的有效途径。

社会类指标 着眼于构建便捷、公平、低碳、和谐社会,提升社会凝聚力,实现绿色生活方式,设置了步行500米范围内有免费文体设施的居住区比例、保障性住房占住宅总量的比例、就业住房平衡指数、市政管网普及率、无障碍设施率 5 个控制性指标和区域政策协调、河口文化突出两个引导性指标。步行 500 米范围内有免费文体设施的居住区比例达到100%,要求生态城加大财政投入,为每个社区居民提供免费、便利的文体设施服务,形成均衡布局的服务网络。保障性住房占住宅总量的比例达到 20%,与我国 2020 年规划目标一致,这要求生态城规划控制较大比例的保障性住房用地,建立可持续的保障性住房建设运营管理模式,切实解决中低收入人群住房问题,构建公平、和谐的社会氛围。就业住房平衡指数达到 50%,要求生态城采取居住和产业混合布局模式,发展"不扰民"经济,鼓励企业员工本地就业,就近入住,推动经济与居住融合发展,减少"钟摆式出行"带来的交通、环境和其他一系列社会问题。

指标体系体现了集约紧凑发展、节约利用资源、加强生态建设、地方特色突出、区域协调融合、创新体制机制等要求,具有科学性、前瞻性和创新性。毋庸置疑,生态城指标体系也是特定发展阶段的产物,还需在今后的实践过程中不断加以深化和完善。

表 2-1:指标体系

控制性指标						
	指标层	序号	二级指标	单位	指标值	时限
生态环境健康	自然环境良好	1	区内环境空气质量	天数	好于等于二级标准的天数≥310天/年(相当于全年的85%)	即日开始
				天数	SO_2和NO_x好于等于一级标准的天数≥155天/年(相当于达到二级标准天数的50%)	即日开始
					达到《环境空气质量标准》(GB3095—1996)	2013 年
	人工环境协调	2	区内地表水环境质量		达到《地表水环境质量标准》(GB 3838—2002)现行标准 IV 类水体水质要求	2020 年
		3	水喉水达标率	%	100	即日开始
		4	功能区噪声达标率	%	100	即日开始
		5	单位 GDP 碳排放强度	吨-C/百万美元	150	即日开始
		6	自然湿地净损失		0	即日开始
		7	绿色建筑比例	%	100	即日开始
		8	本地植物指数		≥0.7	即日开始
		9	人均公共绿地	平方米/人	≥12	2013 年

控制性指标					
社会和谐进步	生活模式健康	10	日人均生活耗水量	升/人·日	≤120	2013年
		11	日人均垃圾产生量	千克/人·日	≤0.8	2013年
		12	绿色出行所占比例	%	≥30	2013年前
					≥90	2020年
	基础设施完善	13	垃圾回收利用率	%	≥60	2013年
		14	步行500米范围内有免费文体设施的居住区比例	%	100	2013年
		15	危废与生活垃圾(无害化)处理率	%	100	即日开始
		16	无障碍设施率	%	100	即日开始
		17	市政管网普及率	%	100	2013年
	管理机制健全	18	经济适用房、廉租房占本区住宅总量的比例	%	≥20	2013年
经济蓬勃高效	经济发展持续	19	可再生能源使用率	%	≥20	2020年
		20	非传统水资源利用率	%	≥50	2020年
	科技创新活跃	21	每万劳动力中R&D科学家和工程师全时当量	人年	≥50	2020年
	就业综合平衡	22	就业住房平衡指数	%	≥50	2013年

引导性指标				
指标层		序号	二级指标	指标描述
区域协调融合	自然生态协调	1	生态安全健康、绿色消费、低碳运行	考虑区域环境承载力,并从资源、能源的合理利用角度出发,保持区域生态一体化格局,强化生态安全,建立健全区域生态保障体系。
	区域政策协调	2	创新政策先行、联合治污政策到位	积极参与并推动区域合作,贯彻公共服务均等化原则;实行分类管理的区域政策,保障区域政策的协调一致。建立区域性政策制度,保证周边区域的环境改善。
	社会文化协调	3	河口文化特征突出	城市规划和建筑设计延续历史,传承文化,突出特色,保护民族、文化遗产和风景名胜资源;安全生产和社会治安均有保障。
	区域经济协调	4	循环产业互补	健全市场机制,打破行政区划的局限,带动周边地区合理发展,促进区域职能分工合理、市场有序,经济发展水平相对均衡,职住比平衡。

注:18即保障性住房。

二、指标体系分解

指标体系确定之后,只有将其与城市建设管理的各项工作紧密结合,才能真正把各项指标的要求落实到位。2009年1月,生态城管委会下发了《关于贯彻落实生态城指标体系的实施意见》启动指标体系分解落实。生态城针对26项指标逐项研究,构建了由51项核心要素、129项关键环节、275项控制目标、723项具体措施构成的分解实施路线图,建立了政策、技术、机构在内的落实机制,全面构建了由管理者、建设者和居住者共同参与的指标体系实施体系,科学化、精细化地指导指标体系的实施。在此基础上,生态城将分解阶段成果进行总结和完善,出版了《导航生态城市——中新天津生态城指标体系实施模式》。

(一)构建技术路径框架

首先,对26项指标进行深度解读,在广泛调研、充分沟通、专家论证的基础上,严格定义指标的内涵和计算方法。深度解读指标体系,按照城市系统构架,将26项指标归纳为社会类、经济类、资源类和环境类共四大类。

其次,针对各项指标实施的技术路径进行分析,抓住主线,顺藤摸瓜从指标实施产生影响的各类因素中,提炼出具有决定性作用的关键点作为核心要素,并根据核心要素内容界定其涉及的关键环节和控制目标。

再次,根据确定的关键环节和控制目标,针对其在规划、建设和运营管理三个实施阶段中的不同特点,并借鉴国内外先进经验和成功案例,提出各阶段管理措施、执行标准,确保不同阶段、不同项目在实施中都能按照相应指标要求建设运行,并达到可监测、可统计、可评价的要求。

最后,根据确定的控制措施要求,明确政府、企业和公众作为实施主体的责任和义务。同时,为了强调政府落实指标体系的主导作用,明确了各职能部门在规划、建设、运营阶段的建议政策,形成了具体、规范、操作性强的操作指南(见表2-2)。

社会类指标 以保障性住房占住宅总量的比例为例,首先,确定了保障性住房质量、保障性住房数量两项核心要素,在保障性住房数量中,确定了土地供给、保障性住房配建比例两项关键环节,针对土地供给,提出了规划中保障性住房用地面积占居住用地面积20%以上的控制目标。该指标共给出了6项控制目标和制定保障性住房政策等18项控制措施。

经济类指标 以每万劳动力中R&D科学家和工程师全时当量指标为例,包含两项核心要素,即企事业单位和政企人才。在企事业单位方面,提出了调整产业结构、经济活动、人员配比、增加科技经费渠道等4项关键环节。针对增加科技经费渠道,提出了R&D经费

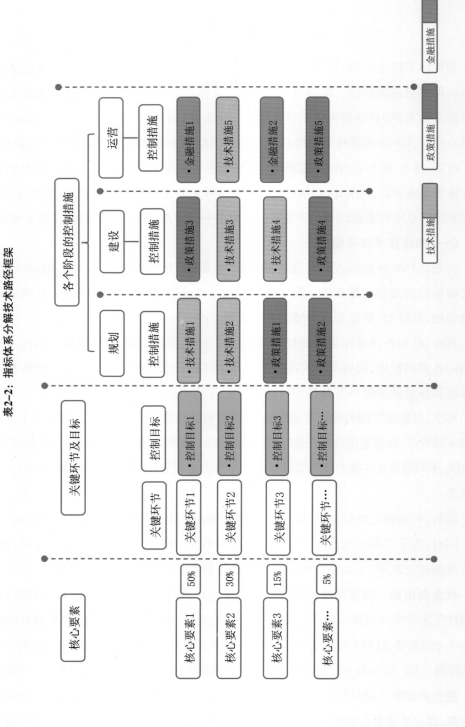

表2-2：指标体系分解技术路径框架

占 GDP 比例达到 1% 等 4 项控制目标。该指标共给出了 12 项控制目标和 23 项控制措施。

环境类指标 以区内地表水环境质量为例,生态城区域内存在着蓟运河、蓟运河故道、清净湖、慧风溪等地表水体,由于生态城处于蓟运河的下游,水体水质直接受上游的影响。另外,区内的营城污水处理厂既接纳周边两个区域的工业废水与生活污水,又处理区内产生的生活污水。因此,识别出影响该指标的核心要素包括两个,即区域协同管理和生态城管理。在区域协同管理方面,提出了入水水质管理为关键环节,确定了上游产业园区企业污水 100% 达标排放,实行河流流域管理、提高流域水质质量,实行蓟运河段生态修复等 3 项控制目标,明确了规划、建设和运行阶段的 9 项控制措施,例如上游产业园区应建立污水处理设施。在生态城管理方面,提出了 3 个关键环节、10 项控制目标和 22 项控制措施,以达到区内区外并重两手抓两水都要硬的效果。

资源类指标 以非传统水资源利用率指标为例。为达到 2020 年 50% 以上目标,首先确定了非传统水源供应和控制总用水量两个核心要素。在非传统水源供应方面,提出建设完善的污水收集处理、再生水利用、雨水利用和海水淡化系统等关键环节,并核定了各种水源的供给额度和比例。在控制总用水量方面,提出管网漏损降至 10% 以内、提高供水效率,全面推广节水器具等关键环节和控制目标。为此,提出编制节水导则、建立管网自动监测系统等 33 项具体措施,其中规划阶段 14 项、建设阶段 8 项、运营阶段 11 项,从而形成一系列的行动方案,渐进式引导指标的达成。

(二)划分三方实施主体职责

按照"共同但有区别责任"的原则,明确区分政府、企业、公众责任。政府将各项控制措施纳入政府的行政审批、过程监测、监督考核等工作中去,通过制定政策法规和技术标准体系、行政审批发挥主导作用;企业负责项目投资、建设和运营,落实相关标准;公众主动参与实践低碳生活、绿色消费、节能节水,成为落实指标体系的重要力量(见表 2-3)。

在规划阶段,政府起主导作用;在建设阶段,企业更多地承担了公共服务设施、市政基础设施、公建及住宅、道路及交通的建设,企业执行和政府监督并重;在运营阶段,企业和公众既是政策的受益者和执行者,又反馈和影响着政策的制定,公众尤其要成为能与政府及企业在城市决策时进行对话的社会力量,形成了政府、企业、公众互动的公共管理模式,促进向"小政府大社会"公共管理体制的创新。

(三)突出政府部门主导作用

政府在指标分解实施过程中具有主导作用。因此,指标体系分解将技术路径框架中的具体控制措施划分到政府的各个职能部门,形成各部门的操作指南(见表 2-4),在日常工作中通过政策引导、行政审批和技术控制等手段加以保障,才能确保指标的最终达成。

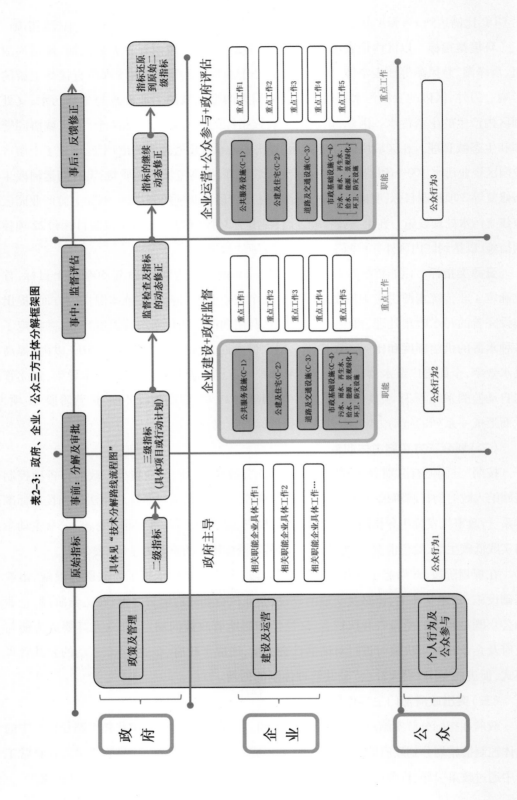

表2-3：政府、企业、公众三方主体分解框架图

表2-4：部门操作指南成果框架示例

		P 规划审批阶段 选址阶段 > 用地批准 > 设计方案 > 工程规划 > 施工许可	C 建设阶段	O 运营阶段
1 项目审批		P-1-1 结合项目设计和审批，确保每个社区中心旁边设置不小于1-1.5公顷的社区公园，以及居住区各类绿地的可达性。(09) P-1-2 按照绿地率标准规划和审批住宅和公建项目中的绿地面积。(09)	C-1-1 在项目管理上，新建项目配套绿化必须与主体工程同时施工验收。(09) C-1-2 工程验收，保障无障碍设施的正确安装，同时审核由建筑商负责，对残疾人住宅改造实行的交钥匙工程。(16)	O-1-1 根据实际情况，动态调整各种有利于职住平衡的用地规划。(22) O-1-2 根据开发情况，调整公共设施分布，满足居住配套100%的要求。(22)
2 执行保障系统	**2.1 规划条件或技术要求**	P-2.1-1 系统规划区域范围内四个市级公园，并进行深化方案。(09)	C-2.1-1 严格按照规划和相关设计要求建设新津洲中央公园、生态环保主题公园等四个市级公园。(09)	O-2.1-1 从2013年之后，每年由建设和园林部门利用卫星遥感等技术对城市中各种级别绿地的总面积进行统计。(09)
	2.2 政策及管理建议	P-2.2-1 制订住房保障政策，确定准入人口标准。(18)	C-2.2-1 确因城市基础设施建设等公益项目需调整规划绿地的，由规划和建设审核建设审批出意见，报城市基础设施建设绿地等公益项目和特殊情况需要占用城市公共绿地的，须提请管委会。(09)	O-2.2-1 公共绿地运营管理，明确物业归属与管理主体。(09)
	2.3 金融建议	P-2.3-1 会同财政及法制职能管理部门，在生态城建立对可再生能源集中利用以及建筑一体化利用的专项基金。(19)	C-2.3-1 经批准改变城市绿地使用用地性质的，也必须按照不低于相等的土地市场评估价格缴纳绿地补偿费，列入城市年度投资计划，用于补建和增加绿地面积。(05、09)	O-2.3-1 针对再生能源的使用效果，生态城在运营过程中分步实施鼓励措施，如补贴或财税优惠政策。(05、19)

索引

规范及导则	具体措施	金融建议
为达成指标，在规划、建设、运营中需要出台的规范或导则	为达成指标，在规划、建设、运营中需要重点采取的工作措施	为达成指标，在规划、建设、运营阶段可以运用的金融杠杆措施和手段

审批相关
与项目审批相关的所有内容，比如在现有基础上增加的审批内容

三、指标体系落实

生态城坚持统筹考虑、系统推进、分步实施、过程控制的原则，通过创新管理机制、制定鼓励政策、完善标准体系、设置专业机构等措施，确保各项指标的有效落实。根据各项指标的关联度和复杂性，将其分为低关联性、多关联性和复杂关联性三类，根据指标间的相互关系和各专业把控的难易程度，组织指标的分类分期实施。至 2013 年 6 月 30 日，22 项控制性指标中，全部 7 项低关联性指标和部分多关联性指标已基本实现，其他多关联性和复杂关联性指标也已形成了良好基础。

低关联性指标　这类指标涉及土地利用、空间布局、基础设施，特点是影响其达标的核心要素主要受到规划和建设影响，与运营的关联性相对较小，可通过规划审批和行政管理措施予以控制和落实。例如，保障性住房占住宅总量的比例达 20%，通过规划预留用地和相关项目建设管理即可实现。步行 500 米范围内有免费文体设施的居住区比例达 100% 指标，通过规划安排文体设施布局即可实现。无障碍设施率、市政管网普及率、危废与生活垃圾（无害化）处理率、自然湿地净损失、人均公共绿地等基础设施类指标类似，通过加强和完善规划审批等管理措施即可实现。

多关联性指标　这类指标涉及专业多，与后期城市运营和居民行为密切相关，有的指标达成受周边区域影响较大。尽管此类指标定义和计算方法比较明确，但数据获取和统计还需要一定的时间积累和监测。例如，绿色建筑比例 100%，采取强制性推行措施，需要出台绿色建筑管理规定、设计标准、施工规程、评价标准等，从设计、建设、运营三个阶段开展全过程的监测评估。类似指标还有可再生能源使用率、本地植物指数。日人均生活耗水量、日人均垃圾产生量、垃圾回收利用率等指标的统计受入住居民人数和居民行为影响，需居民入住达到一定比例社区基本成熟，且通过引导全社会建立绿色生活方式才能实现。区内地表水环境质量、区内环境空气质量等环境类指标与周边区域密切相关，生态城实施了污水库治理和污水处理厂建设，但都需要经过几年的时间才能收到明显成效。非传统水资源利用率、水喉水达标率、功能区噪声达标率、就业住房平衡指数等指标既需要建设相关设施保障，又要相关专业部门管理予以配合才能实现。

复杂关联性指标　此类指标涉及建筑、市政、产业、交通、环境、科技等众多行业，指标定义和计算方法尚不成熟。指标落实受到企业、居民行为的影响，不确定因素较多，需构建完善的管理体系才有可能全面落实。例如，单位 GDP 碳排放强度，一方面，生态城努力优化产业结构、交通结构、能源结构，倡导低碳生产和生活方式；另一方面，与世界银行等国际机构合作,加紧开发计算模型,积累过程数据,探索此类指标的监测、统计、评估方法,为理论研究和实践应用提供参考。类似的指标还有绿色出行比例和每万劳动力中R&D科学家和工程师全时当量两个指标。

全面落实生态城指标体系,形成指标统领的生态城市开发建设模式,是一项长期的复杂的系统工程。生态城始终将"指标统领"作为一个区域的战略指导思想,并将其切实贯穿到开发建设、运营管理的全过程,建立强有力的协调推进机构,形成分工明确的落实机制,制定相应的管理制度、激励政策和技术标准,凝聚政府、企业、居民三方的共识和力量,建立数字化、智能化的监测、统计、评价、考核体系,完善理论研究和技术方法,并在实践过程中不断调整和优化指标和指标值。唯此,指标体系才有可能从简单的数字转换成为能实施、能复制、能推广的成果。

第三章 规划设计:生态的张扬

一位规划大师曾说:规划一旦确定,这座城市就已呈现出未来的样貌。生态城遵循"区域协调、生态优先、以人为本、资源集约、科技创新"的原则,按照"指标引导、先底后图、三规合一"的方法,编制了世界上第一套生态城市总体规划,同步编制了绿色交通、可再生能源、水资源等20项专项规划,创造性地制定了"一控规三导则"的控制性详细规划管理体系,完成了起步区和城市主中心城市设计,形成了一套系统性的生态城市规划体系。

一、总体规划

(一)编制过程与方法

2007年底,生态城聘请中国城市规划设计研究院、天津市城市规划设计研究院、新加坡市区重建局三个单位,联合编制总体规划,2008年3月,形成总体规划纲要,并经天津市规划委员会审议通过。6月,天津市规划委员会组织国际专家论证会审议并原则通过总体规划。9月,《中新天津生态城总体规划(2008—2020年)》获天津市政府批复(见图3-1)。总体规划获住房和城乡建设部优秀勘察设计一等奖。

生态城总体规划联合编制组借鉴国际先进理念和方法,创新形成了一套生态城市总体规划的编制方法。

一是"指标引领"。总体规划编制过程中,始终以此前确立的指标体系为纲领,通过空间布局和资源配置,落实指标体系。

二是"先底后图"。根据生态敏感性分析和建设适宜性评价,划定禁建、限建、适建、已建区域,在此基础上进行建设用地布局(见图3-2)。

三是"三规合一"。同步编制经济社会发展规划和生态环境保护规划,将经济社会发展和环境保护的要求落实到空间布局上,使三个规划在规划目标、空间布局、空间数据协调统一,实现经济发展、环境保护和总体规划的相互协调和有机衔接。

天津市人民政府

津政函〔2008〕106号

关于中新天津生态城总体规划
（2008—2020年）的批复

中新天津生态城管委会：

你委《关于报请批准〈中新天津生态城总体规划（2008—2020年）〉的请示》（津生报〔2008〕50号）收悉。经研究，现批复如下：

一、同意《中新天津生态城总体规划（2008—2020年）》（以下简称《总体规划》）。《总体规划》以科学发展观、构建社会主义和谐社会等重大战略思想为指导，坚持改革开放和自主创新，全面落实《中华人民共和国政府与新加坡共和国政府关于在中华人民共和国建设一个生态城的框架协议》及其补充协议，立足于特有环境资源约束条件，体现了人与人和谐共存、人与环境和谐共存、人与经济活动和谐共存的要求，对于探索"能实行、

— 1 —

图 3-1：生态城总体规划批复文件

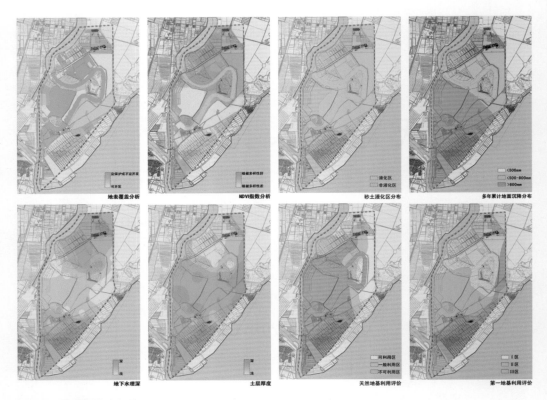

图3-2：用地条件分析图

四是"专规同步"。在编制总体规划的同时，编制了20个专项规划和20个专题研究，为总体规划的编制提供了有力的依据和技术支撑。

（二）主要内容

选址位置 生态城位于中国东部、环渤海地区的中心、京津城市发展轴的北侧、天津滨海新区北部生态功能区内，距离滨海新区核心区15公里、距离天津中心城区45公里、距离北京150公里、距离唐山50公里。规划范围为东至汉北路——规划的中央大道，西至蓟运河，南至永定新河入海口，北至规划的津汉快速路，总面积约30平方公里。

发展定位 生态城致力建设成为综合性的生态环保、节能减排、绿色建筑、循环经济等技术创新和应用推广的平台；国家级生态环保培训推广中心；现代高科技生态型产业基地；"资源节约型、环境友好型"宜居示范的国际化新城；参与国际生态环境建设的交流展示窗口。

经济职能 大力发展文化创意、节能环保、信息技术、服务外包、特色金融、教育培训、绿色建筑、会展旅游、康体休闲、现代物流等主导产业，成为国际生态环保理念与技术的交流和展示中心;国家生态环保技术的试验室和工程技术中心的集聚地;国家生态环保等先进适用技术的教育培训和产业化基地;国际化的生态文化旅游、休闲、康乐区。

空间结构　生态城对选址范围内的土地进行生态适宜性分析和建设适宜性评价,将用地划分为禁建区、限建区、已建区和可建区四类空间区划。在此基础上,通过对区域生态、交通的分析以及对绿色交通、邻里单元、生态社区模式的研究,确定了"一轴三心五片"的空间布局和"一岛三水六廊"的生态格局(见图3-3)。

"一轴":即"生态谷",是指集中设置的绿化廊道与两侧绿色建筑围合而成,宽80米左右的"谷状"开敞空间,串联4个生态综合片区和生态岛片区,与两侧公共设施紧密联系,成为集交通、景观、休闲、观光、防灾等于一体的综合功能主轴。

"三心":即建设1个城市中心和两个城市次中心,具有综合的服务功能。另外结合三个特色中心,即行政办公区、生态论坛及会展创意区、青坨子村民俗旅游文化区,形成城市中心体系。其中,城市中心主要提供商务办公、商业零售、文化娱乐、旅游休闲服务等设施。两个城市次中心分别位于南部片区和北部片区的中心位置,提供教育、医疗卫生、文化体育、商业服务、金融邮电等设施。

"五片":即5个综合片区,分别为南部片区、中部片区、北部片区、东北部片区和生态岛片区。各综合片区包括若干生态社区和下一层级的生态细胞单元,集居住、商业、产业、环境、休闲等多种功能于一体,是生态城各项功能的载体。

"一岛":在故道河和清净湖围合的区域建设生态岛,形成生态城的开敞绿色核心,为创造生态城优美、宜居的生态环境提供保障。

"三水":即清净湖、蓟运河和故道河三大水系,加强水体循环,构建水系连通、景观优美、循环良好的水生态环境。

"六廊":即以蓟运河和故道河围合区域为中心,构建慧风溪、甘露溪、吟风林、琥珀溪、白鹭洲河口及鹦鹉洲河口六条以人工水体和绿化为主的生态廊道,加强与区域生态系统的沟通与联系,构成生态城绿化体系的骨架,形成以景观、环境、休闲等功能为主的城市"绿脉"。

用地规模　总建设用地为2544公顷。其中,居住用地面积为1021公顷,比例为40%;公共设施用地面积为262公顷,比例为10%;工业用地面积为227公顷,比例为9%;绿地面积为509公顷,比例为20%。2020年,常住人口规模控制在35万人左右,同时容纳外部就业人口6万人和内部暂住性消费人口3万人。人均城市建设用地控制在75平方米以内。

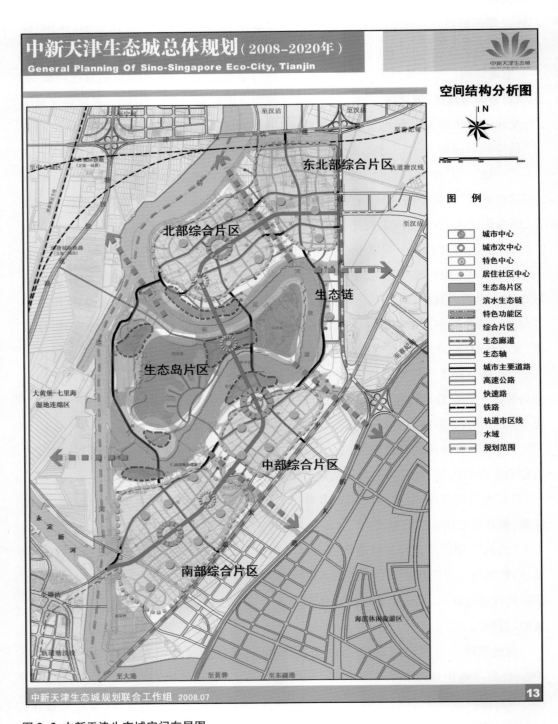

图 3-3：中新天津生态城空间布局图

绿色交通 规划机动车道路系统和绿道系统,其中高密度的绿道系统,串联大部分居住、产业和公共设施,结合绿地系统营造环境宜人的慢行空间,使慢行方式逐步成为居民出行首选,实现人车友好分离、机非友好分离和动静友好分离;建设由"轨道交通、城内公交骨干线、公交支线"构成的三级公交服务体系,不同层级的公交线路之间、公交线路与绿道系统之间形成良好的分工和衔接,满足片区之间及与外围邻近地区的公交快速联系;结合各级中心和生态社区设置公交站点,为生态城各片区提供高可达性的公交服务;建设轨道交通,串联4个综合片区和生态核,成为生态城内部的主要公交走廊。

水资源综合利用 以节水为核心,注重水资源的优化配置和循环利用,建立广泛的雨水收集和污水回用系统,实施污水集中处理和污水资源化利用工程,多渠道开发利用再生水和淡化海水等非常规水源,提高非传统水源使用比例。建立科学合理的供水结构,实行分质供水,减少对传统水资源的需求。建立水体循环利用体系,加强水生态修复与重建,合理收集利用雨水,加强地表水源涵养,建设良好的水生态环境。人均生活用水指标控制在 120 升/日,人均综合用水量 320 升/日,非传统水资源利用率不低于 50%。

能源综合利用 积极推广新能源技术,加强能源梯级利用,促进能源节约,提高能源利用效率,大力发展循环经济,推行清洁生产和节能减排,构建安全、高效、可持续的能源供应体系。单位 GDP 碳排放强度不高于 150 吨-C/百万美元。优先发展可再生能源,形成与常规能源相互衔接、相互补充的能源利用模式,可再生能源使用率不低于 20%。促进高品质能源的使用,禁止使用非清洁煤、低质燃油等高污染燃料,减少对环境的影响。清洁能源使用比例为 100%。充分应用建筑节能技术,生态城内建筑全部按照绿色建筑标准建设。积极应用热泵回收余热、热电冷三联供以及路面太阳能收集等技术并合理耦合,实现对能源的综合利用。建立固体废物分类收集、综合处理与循环利用体系,推进再生资源综合利用产业化。

环境保护 建立健全各项环保政策。建立项目审批与环境管理相结合的建设项目环境准入制度,建设覆盖全区的环境监控网络,严格管理施工项目。控制污水处理达标排放,提高污水处理设施的建设标准、严格监管,保障水环境达标。科学分区、加强对各类适用区域管理以及噪声防治监管,保障声环境达标。完善环境卫生设施建设,建立生活垃圾分类收集、综合处理与循环利用体系,积极探索气力输送系统收集生活垃圾等先进环卫技术,逐步实现废弃物的减量化、资源化、无害化,科学管理固体废物。建立统一、高效、协调的环境保护长效机制,逐步实现生态城空气质量全面达标、水环境质量明显改善。到 2015 年,水质达标率 100%,噪声达标区覆盖率 100%,垃圾无害化处理率达到 100%,生活垃圾回收利用率不低于 60%。

景观系统　明确土地开发强度从轨道站点往周边梯度递减,外围低强度开发地段与自然环境有机交融,形成疏密有致的空间形态和起伏有序的天际轮廓线。尊重地区既有的自然环境,突出和强化"水、绿、城、文"4个方面主题,对水环境、绿化开敞空间、城市轮廓线、城市街景、夜景照明、建筑风貌、建筑色彩和城市雕塑等多方面进行系统优化和完善,突出生态城特色和地域特色,塑造人工环境与自然环境相协调、地方特色与现代科技文明相交融的城市景观风貌。

社会发展　注重实现公共资源的平等分配和共享,完善社会保障体系。加强体育、休闲等公共服务设施建设。关注弱势群体,健全基本养老、医疗、失业、工伤和生育保险等制度。探索住房制度改革,优化住房资源配置,形成多层次、多元化的住房供应体系。政策性住房比例不低于20%。借鉴绿色交通理念和新加坡"邻里单元"理念,建立基层社区、居住社区、综合片区三级"生态社区模式",构建"生态城中心—生态城次中心—居住社区中心—基层社区中心"4级公共服务中心体系,切实安排好关系人民群众切身利益的教育、医疗、体育、文化等公共服务设施,促进各项社会事业均衡发展。

二、详细规划

生态城控制性详细规划在传统控制性详细规划的基础上,在管理体系和控制内容上进行了创新,获得了住建部优秀勘察设计一等奖和天津市优秀勘察设计特等奖。主要特点如下:

(一)建立"一控规三导则"管理体系

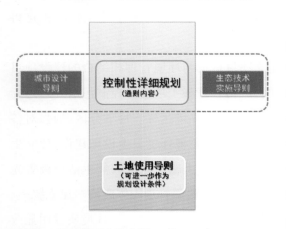

图3-4:控制性详细规划管理体系示意图

传统的控制性详细规划管理体系,只是将法定的控制性详细规划内容作为规划管理的依据,并未加入城市设计的管理内容,更未包含生态、环保、节能等方面的控制要求。生态城控制性详细规划,将城市设计导则、生态技术实施导则纳入控制性详细规划之中,并通过土地使用导则加以落实,形成了"一控规三导则"的控制性详细规划管理体系(见图3-4)。

"一控规",即生态城控制性详细规划体系,该体系在保持传统控制性详细规划控制内容的前提下,增加了城市设计、生态环保节能等方面的管理内容。

"三导则",即城市设计导则、生态技术实施导则和土地使用导则。其中,城市设计导则的主要内容为城市设计的控制要素和控制要求。生态技术实施导则的主要内容为节能与可再生能源利用、节水与水资源利用、绿色建筑、绿色交通等方面的要求。生态城将上述两项导则纳入控制性详细规划管理体系,使其具有与控规相同的法律效力。土地使用导则,在地块层面落实上述控制性详细规划和两项导则的要求。每个地块的土地使用导则,可直接作为该地块的规划设计条件,实现"一张图管理"(见图3-5)。

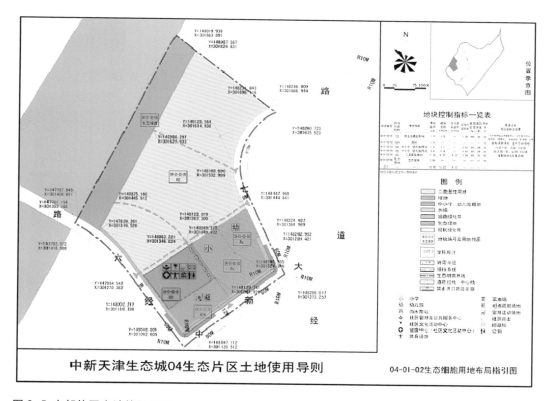

图 3-5:中部片区土地使用导则

(二)增加能源利用、绿色交通和环境保护等控制内容

传统的控制性详细规划,主要控制地块的用地性质、占地面积、建筑面积、容积率、建筑高度、建筑密度、绿地率等强制性内容,生态城控制性详细规划在控制内容上增加了能源、交通、环保方面的内容(见表3-1)。

表 3-1:土地使用导则规划指标一览表

04-01-02-01 地块土地使用导则控制要求一览表

序号	控制项目	具体规划设计要求		控制类别	分管部门	分管领导签字(内容认可阶段)
1	地块控制	用地位置	位于生态城 04-01-02 生态细胞内,经六路东北侧,地块边界角点坐标详见用地布局指引图。	建议性	建设局	
		用地性质(代码)	商业金融业用地(C2)。	强制性		
		地块面积(公顷)	1.50	强制性		
		居住人口容量(万人)	——			
		建筑面积(万平方米)	3.75	强制性		
		住宅建筑套密度(套/公顷)	——			
		红线内容积率	2.5	强制性		
		建筑密度(%)	45	建议性		
		建筑高度控制	建筑限高(米) 80	建议性		
			建筑层高(米) 4	强制性		
			结合防灾限高 符合文本 2.4.4.2 条的要求。	建议性		
		绿地率(%)	40,本地植物指数达到 0.7。	强制性		
		非机动车停车	符合《天津市建设项目配建停车场(库)标准》(DB/T29-6-2010)。	强制性		
			非机动车租赁点,设置要求详见文本 2.3.4 条。	建议性		
		机动车停车	符合《天津市建设项目配建停车场(库)标准》(DB/T29-6-2010);半地下的停车场顶部须做绿化处理。	强制性		
		沿路绿化带	沿经六路绿化带宽度为 8 米。	强制性		
		建筑后退要求	建筑后退沿路绿化带不小于 1.5 米。	强制性		
		建筑间距	符合《天津市城市规划管理技术规定》。	强制性		
2	公共服务设施	教育	——		建设局	
		医疗卫生	结合社区中心设置社区医疗服务站一处,建筑面积 800 平方米。	强制性		
		文化	结合社区中心设置社区文化活动中心一处,建筑面积 2000 平方米。	强制性		
		体育	结合社区中心设置体育设施一处,建筑面积 2000 平方米。	强制性		
		社区中心	设置社区中心一处,占地 1.5 公顷,详见文本 2.1.1.5 条。	强制性		
		商业	结合社区中心设置综合商业设施一处,建筑面积 1500 平方米。	强制性		
		居民会所	——			
		社区服务	结合社区中心设置菜市场一处,建筑面积 1500 平方米;结合社区中心设置社区管理及公共服务中心一处。	强制性		
		居民健身场地	——			

序号	控制项目	具体规划设计要求		控制类别	分管部门	分管领导签字（内容认可阶段）
3	交通设施	轨道交通	——	——	建设局	
		交通场站	——	——		
4	市政设施	水资源设施	——	——	建设局 能源公司 市政景观公司 环保公司 滨海电力	
		能源设施	——	——		
		环保环卫设施	——	——		
		邮政电信设施	结合社区中心设置邮政所一处，详见文本2.1.3.4条。	强制性		
		公共安全设施	——	——		
		市政管线接入口	临近小区出入口设置。	建议性		
		室外地坪标高	详见文本2.3.1.3条。	建议性		
5	开放空间	绿地	——	——	建设局 环境局 市政景观公司	
		生态谷	——	——		
		社区公园	——	——		
		附属绿地	详见文本2.2.4条。	建议性		
		城市家具与绿化配植	详见文本2.2.5条。	建议性		
		蓝线控制	——	——		
		滨水空间	——	——		
		内部公共空间	——	——		
		城市广场	结合社区中心设置公共活动广场，详见文本2.2.9条。	建议性		
6	综合交通	地块交通出入口	机动车出入口	对经六路设出入口，只允许右进右出；禁止开口路段详见用地布局指引图。	强制性	
			慢行系统出入口	慢行系统出入口坐标详见用地布局指引图。	强制性	
		慢行系统	详见文本2.3.6条。	强制性		
7	防灾	人防	——	——	安防办	
8	其他设计要求	详见文本2.5条。		强制性	建设局	
9	备注	规划要求：强制性要求——不可变更的一定执行的要求；建议性要求——经规划批准可以变动的要求。 总建筑面积(计容)指《建筑工程建筑面积计算规范》(GB/T5035G3-2005)和《天津市建筑飘窗、设备平台及阳台建筑面积规划计算规则》(规建字〔2009〕584号)规定的地面以上计入地价部分的面积；其他未单独说明规划设计控制要求的项目均应符合《天津市城市规划管理技术规定》的相关要求；建筑设计应符合《天津市规划建筑导则汇编》相关要求。				

能源利用控制 在基础设施方面，增加新能源设施的控制要求，如明确太阳能光伏发电、风力发电、地源热泵、沼气发电等设施的位置和装机容量。在停车场(库)中，明确电动汽车充电桩的位置和数量。在节能方面，根据每个地块的建筑类型，明确地块总能源消耗量指标以及各类型建筑的单位面积能耗指标。在可再生能源利用方面，明确各地块的可再生能源利用率，以及太阳能热水使用量的要求。

绿色交通控制 在公交站点布局方面，明确公交站点的位置，公交站点的覆盖范围不得大于 500 米，便于人们步行前往。要求地块主要出入口应该临近公交站点设置。在鼓励慢行交通方面,对每个地块的绿道系统出入口坐标点进行严格控制,实现相邻地块的绿道系统无缝衔接。对绿道系统的宽度、绿地率、植物配置、建筑退线等提出明确要求,保证创造适宜的慢行环境。同时,强制在绿道系统出入口设置非机动车自动租赁设施。

环境保护控制　在基础设施方面,明确空气质量、水质和噪声等监测设施和场站的位置及规模,实现对生态城的环境质量的动态监测和跟踪。

(三)细化配套设施控制内容

配套设施属于传统控制性详细规划的重要控制内容,但仅限于类型和规模,对位置、服务半径、建筑设计等一般不做具体要求。生态城控制性详细规划在上述方面进行了细化,实现对配套设施的精细化管理。涉及的配套设施主要包括居住小区的配套设施和社区中心。

细化居住小区配套设施要求,将居住区公共服务设施进行分级配置。居住小区层面的配套设施包括居民会所、社区服务、商业、市政公用等。对于每个类别中的各项功能,均提出了明确面积指标和建筑设计要求(见表3-2)。

细化社区中心配套要求,主要包括政府管理服务和商业服务两类功能,明确社区卫生服务站、社区文化中心、菜市场等10项必备功能,确保满足居民日常生活需要。对于各项功能的面积指标、所在楼层、出入口都提出了明确要求(见表3-3)。

表 3-2:居住小区配套设施指标表

类别	项目	指标要求	具体要求
居民会所	文化活动室	200	与会所合建,包括科普教育、阅览及文化活动室等。位置尽量设置于小区中央或主要出入口处。必须设置于地上。房间应方正、规整,不允许划分成琐碎的小间。
	居委会	100	与会所合建。位置尽量设置于小区中央或主要出入口处。必须设置于地上。房间应方整、规整,不允许划分成琐碎的小间。
社区服务	社区服务点	100	包括电子政务、中介服务等,必须设置于地上。
	物业管理服务用房	面积应满足房管部门要求。	房屋及设施的管理、维修、保安、保洁服务等。
	社区警务室	40	位置尽量设置于小区中央或主要出入口处。
	技防监控室	应符合公安分局要求。	尽量与消防控制室结合。
	公厕	50	尽量设置于小区中央,紧邻慢行系统设置。应有独立出入口和明显标识,设置无障碍设施,必须有自然采光通风。

类别	项目	指标要求	具体要求
商业	早点铺	120	尽量设置于小区中央,紧邻慢行系统设置。沿慢行系统设置,必须设置于地上。
	24小时便利店	150	尽量设置于小区中央,紧邻慢行系统设置。沿慢行系统设置,必须设置于地上。
市政公用	热交换站、10KV配电站、箱式变电站、电信设备间、有线电视设备间	与各专业部门协商确定。	按规范确定位置和规模,尽量与建筑结合设置。
	环卫垃圾储存间	25	临时储存大件垃圾、危废垃圾。应满足垃圾转运车辆的通行到达要求。
	停车场充电桩		地下停车场库应设置一定数量的电动汽车充电设施。
其他	集中绿地	≥2500	结合慢行系统交叉口设置,绿化面积不低于70%,内设免费体育设施。
	停车场(库)包括机动车和非机动车	≥120平米的户型机动车配比为1.5辆/户、<120平米的户型机动车配比为1辆/户。	机动车停车应全部设置于地下或半地下,满足人车分离要求。
	地面访客车位	3车位/100户。	设置于机动车出入口附近地面。

备注:上述面积指标均为净面积,不含公摊。根据《天津市安全技术防范管理条例》(2006年12月1日),生态城新建住宅小区技防系统,在设计阶段需要报生态城公安局对设计方案进行审核,在小区入住前需要报生态城公安局进行审验;具体要求按照《天津市安全技术防范管理条例》、《住宅小区安全防范系统通用技术要求》(GB/T 21741-2008)和《住宅小区安全防范系统》(DB 12/125—2001)执行。

三、城市设计

城市设计是城市规划体系的重要组成部分。通过城市设计,可以将平面形式的规划立体展现出来,对建筑规划布局和高度分布、开敞空间布置、沿街景观、重要公共空间和景观节点进行详细设计,以指导各地块的规划设计。伴随着生态城由南向北的开发建设,陆续编制了起步区城市设计和城市主中心城市设计。

(一)起步区城市设计

起步区城市设计方案于2009年9月编制完成,重点围绕城市结构和空间布局、开敞空间分布、交通组织、建筑退线、建筑高度、建筑风格、材质色彩等要素进行控制。

表 3-3：社区中心功能指标表

类别		项目	具体要求	建筑面积（平方米）
公益类	1.文化体育	社区文化中心	含多功能厅、阅览室、老年、青少年、儿童活动室，社区教育教室等。	2000
		报刊亭	销售书报、饮料、烟酒等。可吸收残疾人、特困人群就业。设置于首层。	100
	2.医疗卫生	健康中心（社区卫生服务站）	服务2万人左右，设置于首层，独立出入口。医药分离，药店临近社区卫生服务站设置。功能包括全科诊室、治疗室、注射室、康复室等。	1000
	3.行政管理	社区管理及公共服务中心	含办事大厅，约300平米。含城市管理办公场所（基金会、理事会、人民代表联络处等），工商税务市场管理用房约300平米。含党员服务中心办公室，约50平米。含慈善超市（用于存放捐赠物资、救灾物资等），约50平米。与社区文化中心共享多功能厅等功能。其中，办事大厅、服务窗口设置于首层。	1000
	4.家政服务	家政服务中心	提供综合性的大家政服务，含家政服务、维修、代理、商务服务、搬运、配送、中介、信息服务等。设置于首层。	200
	5.老年人服务	老年人日间照料中心	含休息室、餐厅（含配餐间）、医疗保健室、康复训练室、心理疏导室、阅览室（含书画室）、网络室、多功能活动室，办公室等。设置于首层。	300
		环卫工作息点	建筑物内部房间布置按照布局方案图设置。设置于首层，临近社区公厕，有独立对外出入口。	300
	6.市政配套	公厕	设置于首层，有独立对外出入口。	100
		无线基站机房	位置临近社区绿地，设于首一层或地下室。若设于首一层，需要独立对外出入口。	60
小计				5060

类别	项目	具体要求	建筑面积（平方米）
	1.文化体育	体育设施	每处社区中心应突出不同的体育主题（可经营）。	2000
		菜市场	应保证客人出入方便，并组织好货流交通。	1500
	7.生活服务	超市	含日用品、食品、小商品、书店、音像制品等。	1500
		邮政	设置于首层。	100
限定经营类		银行二级综合网点	设置于首层。	300
	8.社区商业	早点铺、便利店等	早点铺120平米、便利店150平米、洗染店50平米、美容美发店30平米、维修店20平米、书籍音像服务30平米、家庭服务50平米、物资回收站10平米。其他商业功能（如照相冲洗店、文化用品、鲜花店、文印、网吧、茶馆、附属用房等）的面积根据市场需求确定。	1000
	小计			6400
自由经营类	9.其他商业	商业、餐饮等		3540
	合计			15000

备注：1.每处社区中心最少配置204个机动车停车位和277个非机动车停车位。2.应在社区中心地下停车场预留专用环卫停车位，面积200m²，共包含15辆小型电动车的停车位，并为每个停车位设置充电装置。停车位及进出通道净高不低于2m，地下停车场坡度不大于20度。环卫停车位位置应临近300m²环卫作息点出入口及地下停车场出入口。具体详见布局方案图。

· 55 ·

在起步区城市设计中,确定了以生态谷为轴,由绿道系统网络串联生态廊道、滨水湿地和社区公园、广场的开敞空间布局方式,并对各开敞空间的范围、面积、功能、绿地率、建筑退线等内容进行控制和引导。起步区的开敞空间,主要包括生态谷、生态廊道、滨水生态湿地、社区公园、广场、街角绿地、细胞绿道系统、组团绿地等。

起步区的空间布局结构可概括为"两心两园十字轴"。生态谷作为生态休闲主轴,南北贯穿基地,连接南部城市中心和青坨子特色中心。与生态谷垂直规划另一条商务商业活动主轴,串联国家动漫产业园、商业街、南部城市中心和科技园(见图3-6)。

图3-6:起步区城市设计方案总平面图

在建筑高度分布上,以生态谷为脊,建筑高度平行于生态谷逐级跌落。生态谷沿线的住宅细胞建筑高度为75米,向外围逐步降低为55米、35米。同时,在每个细胞内部,建筑高度从与生态谷垂直的绿道系统向两侧逐步降低,最终使起步区建筑高度呈现鱼骨状分布。

建筑形态控制是城市设计的重要内容,建筑形态主要包括建筑立面风格、立面比例关系、屋顶形式、基座形式、建筑立面材质和色彩等。生态城确定起步区住宅建筑的立面风格主要为地中海风格、英式风格、新古典主义、折中主义、草原风格等,建筑外墙主体基调为浅米黄色或砖红色,屋顶形式为坡屋顶红瓦屋面。由于住宅建筑是城市中规模占比最大的建筑类型,通过确定上述建筑风格,形成了起步区温馨、稳重的城市基调。商业设施、公共服务设施等公共建筑,以现代建筑为主,建筑立面材质选择耐久性强的材料,如石材幕墙、金属幕墙、玻璃幕墙或面砖等,尽量避免采用涂料饰面(见图3-7)。

图3-7:起步区城市设计效果图

生态城起步区地下空间控制通过对地下空间用途和开发量进行引导和控制,将商业区不同开发项目的地下空间通过通道进行连通。在住宅细胞内,结合小区人车分离的布局方式,将人活动的平台抬高,形成半地下车库,既利用地下空间,又引入自然采光通风。

(二)城市主中心城市设计

城市主中心城市设计的范围为生态城CBD区域及北侧滨水文化设施。CBD区域主要功能为商务办公、大型商业设施和酒店,滨水文化设施包括生态规划馆、图书档案馆、少年科技馆和文化中心等。

　　2012年2月,生态城组织开展了城市主中心城市设计国际方案征集,邀请包括德国GMP公司、美国斯蒂芬霍尔公司等七家国内外知名设计单位参与竞赛。2012年5月底,经过专家评审和公众投票,确定德国GMP公司和天津市建筑设计院两组设计方案为优胜方案(见图3-8、图3-9)。

图3-8:主中心城市设计效果图(德国GMP公司设计方案)

　　通过整合这两个优胜方案,形成城市主中心城市设计方案,确定了城市主中心的建筑群体空间形态、交通组织、开敞空间、建筑风格等,明确了各个地块单体建筑的功能、布

图 3-9：主中心城市设计效果图（天津市建筑设计院设计方案）

局、建筑高度、建设规模等规划条件,为下一步单体设计提供依据。

　　主中心空间结构和建筑群形态　　规划了一个大型的文化平台,将滨水文化建筑与CBD区域统一起来。文化建筑通过平台的串联,形成一个主题丰富的文化公园。不同文化建筑根据功能特点采用不同的设计手法,形成丰富的景观效果。商业商务中心布局规整,建筑塔楼高低错落,风格统一。

　　交通组织规划将人的活动设置于平台之上,将机动车交通设置于平台之下,形成人车分离的立体交通模式。文化设施的主要出入口设置在平台上,在地面层设置车行出入口和人行次要出入口。CBD区域的一层和地下层作为停车库,并在地面层组织机动车进出。有轨电车从进入 CBD 区域之前由地面上升到平台高度,并在平台之上穿过整个城市中心区域,向北跨过故道河进入北部片区。有轨电车与行人在平台层平交。

开敞空间在景观设计上,将 CBD 区域的生态谷延伸到文化建筑区域,再到故道河堤岸的湿地,形成不断延伸的"生态之树"。故道河堤岸的湿地绿化渗透到文化建筑之间的室外空间,使文化建筑群在沿河方向形成自然的景观界面。

建筑风格滨水文化建筑,均采用现代建筑风格。每座建筑根据使用功能和内部空间的不同,展现出不同的建筑体型。建筑立面材质也根据设计师的创意各不相同。由于城市设计确定了各个建筑的体量相仿,每座建筑的面积为 5—8 万平方米。建筑高度相近,为 35 米至 50 米。各个建筑在滨水区域均匀分布。整个文化建筑群呈现出协调统一的建筑群体形态。

重点文化设施工程城市设计确定了建筑规划布局,明确了该区域一期工程,即生态规划馆和图书档案馆的建筑总平面布局、交通组织方式和功能、规模。整个滨水文化设施区域将利用 3—5 年时间全部建成,从而成为生态城居民重要的文化、休闲活动场所,带动生态城城市中心乃至中部片区的整体建设(见图 3-10)。

图 3-10:重点文化设施工程设计效果图

第四章　绿色产业:突破传统发展模式

　　天津生态城致力于探索一条产业可持续发展新路,确立了以文化创意、节能环保、信息技术等为主导产业发展方向,大力发展低投入、低消耗、低排放、高知识含量、高附加值的现代服务业,规划建设了国家动漫园、国家影视园、生态科技园、生态信息园和生态产业园五个产业园区。至 2013 年 6 月,落户企业千家,吸引投资超过 750 亿元,初步形成了以楼宇经济、知识经济为特色的产业聚集效应。

一、产业背景

　　产业战略转型　改革开放 30 年来,我国已从"世界工厂"逐步转变为"全球研发制造采购中心",国内产业企业在全球产业链分工的"微笑曲线"上,正逐渐从底部向两端延伸。国家在谋求经济发展,产业结构调整的同时,也更加关注民生、社会和环境。生态城诞生于此时,肩负着探索经济转型和产业升级道路的重任。

　　规划用地有限　根据《总体规划》,到 2020 年,生态城要以仅有的 4 平方公里产业用地,实现近 1000 亿元产业产值,提供 24 万个工作岗位,人均国内生产总值达到 2 万美元,就业住房平衡指数超过 50%。换而言之,每平方公里的产业用地上,将容纳 6 万个工作岗位,产生近 20 亿元的财政收入。目前,全国聚集先进制造业最多的天津经济技术开发区,每平方公里提供的就业岗位和财政收入分别为 5000 个和 4 亿元,天津生态城以现代服务业为主,每平方公里要创造 12 倍于天津开发区的就业岗位,和 5 倍的财政收入,难度可想而知。

　　指标体系要求　在实现经济发展目标的同时,生态城的产业发展还肩负着落实指标体系,彰显我国在应对全球气候变化、加强环境保护、节约资源能源的决心。除了就业住房平衡指数外,指标体系中确立的到 2020 年实现每百万美元 GDP 碳排放量低于 150 吨这一指标,也显著低于同期全国水平,要求生态城必须转变经济发展方式,坚定不移地发展低能耗、低排放、高附加值的现代服务业。

二、发展现状

（一）初步形成了现代服务业聚集效应

历经 5 年培育发展,生态城文化创意、节能环保、信息技术和金融服务等主导产业集群初具规模,2011 至 2013 年 6 月累计创造税收 40 亿元。自 2010 年以来,文化创意产业连续三年复合增长超过 50%,累计贡献税收超过 12 亿元,生态城成为天津市文化产业最集中、发展潜力最大的区域。节能环保领域,成功引进西门子、远大低碳等数十家国内、外从事环保技术领域研发的领先企业落户。信息技术领域,引进了盛大、乐视等企业。金融服务领域,金融、投资、贸易及咨询企业共 400 余家。特别是文化创意产业形成了影视动漫、图书出版、互联网和广告传媒四大核心板块,产业聚集优势更为显著。

影视动漫 华谊兄弟、博纳影业、光线传媒、华录百纳等 40 多家影视公司先后落户生态城。世界著名影视投资公司、梦工厂股东之一的韩国 CJ 公司和承接好莱坞影视特效制作的河山传媒等落户国家动漫园。"国家动漫园公共技术服务平台"吸引了包括优扬、青青树、卡通先生、原力动画等一批国内优秀动画企业。卡通先生投资拍摄的动画电影《赛尔号 I 》、《我爱灰太郎》分获 2011 年、2012 年国产动画电影暑期票房冠军。至 2013 年 6 月,生态城影视动漫企业累计贡献税收达到 4.5 亿元人民币,动漫园动漫大厦也成为生态城第一座"亿元楼宇"。

图书出版 2009 年互联网出版巨头盛大文学落户生态城,此后 19 家国内知名、行业领先的出版发行企业先后落户,注册企业数量至今已占天津市的 13%,注册资金总额 3.5 亿元,约占全市的 85%。国内民营图书行业前十强中的,磨铁图书、新经典文化、中南博集天卷、中智博文、华文天下等全部进驻。读者出版集团在动漫园投资建设了"读者新媒体大厦"、江苏凤凰出版集团也在生态城设立了子公司。管委会和动漫公司一同启动了"生态城无忧创作计划",为网络作家打造创业环境,吸引了一批数字出版企业进驻。出版企业聚集的动漫园创意大厦,至 2013 年 6 月,已成为生态城第二座"亿元楼宇"。

互联网 主要包括网络游戏类(盛大游戏)、网络视听类(乐视网、酷六网、PPTV、酷我音乐)和电子商务类(美团、聚美优品、好乐买)三类,至 2013 年已注册企业 70 余家。

广告传媒 引进广告传媒企业有优扬传媒、引力传媒、文传世纪、昌荣广告等从事电视媒体广告的传统媒体企业,也有以互联网和移动终端为基础的新媒体广告企业。2012 年生态城广告产业产值达 20.2 亿元人民币,占滨海新区 83%。

（二）形成楼宇经济发展载体（见图 4-1）

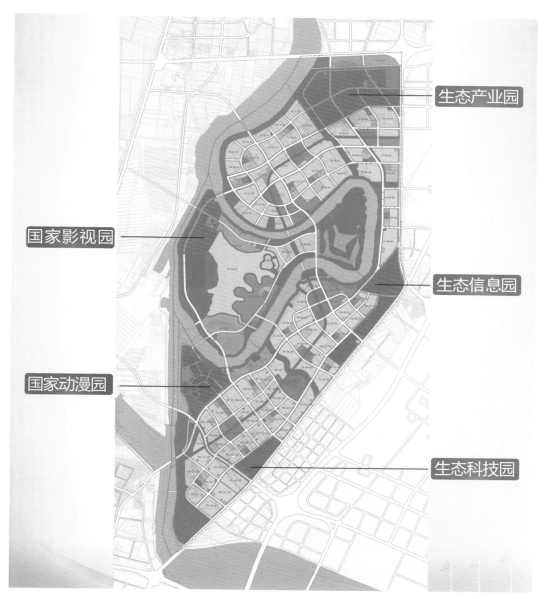

图 4-1：产业园区布局图

国家动漫产业综合示范园　文化部与天津市政府之间的重大合作项目,文化部确认的首家国家级动漫产业综合示范园,以打造中国动漫产业领军者为己任,旨在提升中国动漫产业原创能力和制作水平。规划占地 1 平方公里,总建筑面积约 77 万平方米,项目一期建设的 30 万平方米的写字楼已投入使用。利用中央文化产业专项资金和管委会配套资金近 8000 万元,建设了国际领先的公共技术服务平台,并实现与"天河一号"超级计算机对接,建立了世界上最大、最快的动漫渲染集群,为园内企业提供技术和设备支撑(见图4-2)。

图4-2:国家动漫产业综合示范公共技术服务平台

中国天津3D影视创意园　国家广电总局与天津市合作项目,规划占地1平方公里,一期建筑面积30万平方米,打造国内首个集影视创意、影视摄制生产、影视技术研发、影视产品交易、影视衍生品制作、高科技3D影视体验为一体,拥有自主知识产权、具有国际影响力和竞争力的3D立体影视产业基地。深圳华强集团投资建设的方特欢乐世界将于2013年投入使用,预计年收入达10亿元,创造就业岗位超过1000个。

生态科技园　将建设成为节能环保、绿色建筑相关的研发、认证、展示、销售总部的聚集区域,规划占地0.4平方公里,建筑面积40万平方米,目前已有吉宝研发大厦、兴业太阳能研发中心、远大空调、西门子研究院、通用电动车运维中心、新科电子等一批知名科技企业落户,预计将创造1.5万个就业机会(见图4-3)。

图4-3:生态科技园

生态信息园　致力于打造智能化、人性化的 21 世纪电子信息产业综合发展平台和国内一流的信息化技术研发、培训、出口和咨询服务基地。规划占地 0.7 平方公里,建筑面积 80 万平方米,先期开展建设的项目主要包括生态城城市信息资源服务中心和企业启动器等(见图 4-4)。

图 4-4:生态信息园

生态产业园　以新能源、新材料等低碳产业项目为主的新型企业聚集区,规划占地 1.5 平方公里。目前园区已经完成全部基础设施建设,符合绿色建筑标准的 15 万平方米标准厂房已建成并投入使用。泰恩博能燃气设备、绿速环保和跃进紫金电动车等拥有自主知识产权、高附加值、低能耗的企业已经入驻投产(见图 4-5)。

图 4-5:生态产业园

三、发展路径

确定产业发展目标 结合生态城面临国际、国内的复杂宏观经济环境和现实条件制约，生态城选择了与城市发展高度和谐、对环境影响最小化的现代服务业，并重点关注文化创意、科技研发和金融等有发展空间巨大的"未来产业"。直接以知识密集、高附加值的现代服务业起步，探索出一条独特且具有示范意义的绿色产业发展道路。力争到2020年，实现GDP300亿元，为企业创新提供机会，为生态城居民提供就业岗位，建成一座经济蓬勃、充满活力的生态新城。

完善产业政策体系 国家和天津市对生态城的产业发展给予了大力度支持。国家外汇局确定生态城为"资本项下意愿结汇"试点区域；文化部与天津市合作在建设"国家动漫产业综合示范园区"；国家广电总局授牌的"中国3D影视创新园区"落户生态城。2013年3月，国务院批复天津生态城建设全国首个绿色发展示范区，将绿色产业发展作为示范区域建设的核心任务给予支持。市政府赋予"不予不取"的财政政策，使生态城内产生的地方财政收入全额留成生态城用于开发建设和产业发展。生态城管委会也出台了包括《中新天津生态城产业促进办法》和《中新天津生态城动漫产业促进办法》等在内的一系列产业政策，明确了生态城主要支持的产业领域，并根据行业特点给予了一系列政策支持。

制定产业准入门槛 根据产业定位和发展目标，生态城确定项目引进的准入条件，拒绝高能耗、高排放、有污染的产业企业，摒弃投入产出比和用地效率不适宜的项目，而着眼于选择低能耗、少排放、可持续的智力密集型或资本密集型产业，以"选商"代替"招商"。在招商过程中，将行业影响力、人口导入效应、税收贡献等作为纳入评定指标范围，以综合评价结果对企业进行筛选和准入，以多维度考核企业，实现整体产业水平的提升。

设定产业发展阶段 根据生态城产业发展规划，到2020年生态城产业发展将历经起步、发展和成熟三个阶段。详见下表：

表 4-1：产业发展阶段目标

	起步阶段 （2008—2012 年）	发展阶段 （2013—2015 年）	成熟阶段 （2015—2020 年）
基本策略	1.围绕动漫园和起步区的定位发展相关产业； 2.初步形成产业促进政策体系； 3.提升区域产业知名度； 4.初步形成高科技产业和现代服务业的进驻。	1.完善细化生态城产业研究和支持政策体系； 2.形成优势行业； 3.全面提升生态城品牌价值； 4.成为北京高科技产业、文化创意产业扩散的首选区域。	1.拥有成熟的生态城市经济功能； 2.成为全球知名、独具特色的生态文化产业的"朝圣之地"； 3.具备国际化的营商环境。
重点发展载体	国家动漫园	国家 3D 影视园 生态科技园	生态信息园 生态产业园 城市产业生态链

四、发展举措

建设国际化特色招商平台　生态城发挥中新合作优势,充分整合资源,搭建起了独具特色的综合招商平台和招商服务体系,实现对产业发展的持续促进。管委会、投资公司及下属子公司、合资公司、新加坡国际企业局、新加坡贸工部等单位全过程参与招商引资,充分融合了新加坡的国际化视野与本土化操作的优势,面向国际国内进行招商推广。管委会招商部门融合政策研究、招商推广和企业服务等多项职能,以集约的机构设置,实现职能互补和资源共享。同时,注重发挥同业企业间带动作用,以优质的服务将已落户企业变成了推广生态城的"志愿者",吸引了一大批合作伙伴和上下游企业到生态城投资发展,实现产业链的自动延伸,为招商提供了广阔的后续资源。

提供全方位企业服务　在招商队伍中,贯彻"行政"、"招商"和"服务"三位一体的理念,将引资与服务紧密联系,坚持"项目主管制"和"首问负责制",让每家接触生态城的企业都充分享受到"纳税人"的权益。为企业提供全程"保姆式"服务,在落户前充分了解企业具体需求,提供完整解决方案,明确政府支持方向,从企业落户起,时刻关注、适时帮扶,帮助企业突破运营瓶颈,组织和参与各种贸易和市场推广活动,为企业日常业务办理提供一站式、全程式服务,提高企经营效率。同时,集合生态城优质资源打造企业服务平台,建设公共技术服务平台、产业投融资平台、版权交易及碳融资综合平台,以全方位专业化的服务,帮助企业实现区内纵深发展。

完善产业环境　从财政扶持、配套保障、产业环境等方面不断建立和完善政策体系,支持产业发展。立足中新合作和绿色产业发展，争取国家及天津市在税收、外汇管理、工商登记管理等领域的政策支持。管委会依据颁布的产业扶持政策、动漫产业促进政策对企业给予政策扶持，同时给予入区企业办公用房、交通、公屋等配套政策支持。构建创新型的服务体系，为企业提供多层次产业环境配套。制定产业用地政策，为产业融合发展提供空间保障。超前开展信息、能源、交通基础设施建设，提供设施保障。加强金融平台建设，加强投融资保障；启动产业孵化器建设，邀请业界名师为生态城企业家进行培训，加强知识产权保护，提供技术创新保障。

深入开展国际合作 全方位寻求与国际知名机构合作，促进产业发展。与新、美、法、日、加、瑞典、丹麦等十多个国家驻华使领馆建立了商务合作关系，积极参与各国使、领馆组织的商务活动和交流。与新加坡中小企业局、新加坡华商协会、日本综合研究所、日本中小企业联合会等机构多次联合举行生态城专题推介活动，进一步提升生态城的国际知名度。在此基础上，积极与德国弗莱堡、阿联酋阿布扎比、瑞典阿尔默等国际知名生态区域建立联系、实现互访并就开发建设和产业发展等领域进行学习交流。

加强宣传推广 按年度编制产业发展白皮书，制定产业宣传策略和实施方案，举办大型招商引资和宣传推广活动，利用多种媒体形式有针对性地宣传生态城产业环境。主办或组织区内企业参加国际生态城市论坛、融洽会、中国互联网大会等有国际和行业影响力的重要会展。推动园区企业间相互交流、拓展市场，开展企业常态化对接。以全方位的产业环境宣传和推广，扩大生态城影响力，吸引更多优秀企业落户。

第五章　基础设施："九通一平"新看点

五载拓荒,改天换地。从起初土地盐渍化,路网基本为零,能源配套几近空白的窘况,到如今的路网纵横,绿树成荫,水电气热畅通,业已打通"七经八脉"的生态城正在加快建设发展。

一、土地平整

土地整理作为项目建设的基础,先行一步。生态城项目启建之初,经勘查统计,需填垫土方近4900万立方米。针对土方资源不足、整理成本过高的实际情况,生态城按照"总体统筹、内部平衡、节约成本"的原则,合理确定规划标高,科学制定竖向规划,走出了一条集约利用土地资源、保护生态环境、兼顾环境效益与经济效益的土地整理新路。生态城建设实施以来节约土方2200万立方米,节省资金近8亿元,完成吹填、土方倒运及填垫共计约2000万立方米。

(一)开展基础调查

土地平整之前,生态城对区域地形地貌、土方资源和周边环境开展了基础调查。经勘查,规划区属海积低平原区,地下水位高,排水不畅,河流、排灌渠道纵横交错,坑塘、水库、牛轭湖、盐池、鱼塘虾池众多,地面起伏其微,坡度为1/10000—1/5000。

生态城西侧北段紧邻蓟运河,西侧南段紧邻永定新河,南侧距渤海海岸线不足1000米,区内故道河环绕。区域南部主要为八一盐场的晒盐池,局部为鱼池、虾池。中部为汉沽污水库及蓟运河废弃段的营城水库区域。北部主要为蟹池、虾池,区域地势总体较平坦,现状地形标高1至3米不等。

鉴于生态城大面积场地填垫用土需要,在对区域内地块进行土方平衡分析的同时,通过考察潮白河、蓟运河、永定新河以及周边区域,确定了以蓟运河右堤西侧的天津市水利局抛泥场、故道河和清净湖(原营城水库)淤泥、中部片区部分地块富余土方、工程出槽土作为储备土源。

（二）制定实施方案

按照保护生态、降低成本、分步实施、快速推进的思路,生态城制定了土地整理的总体策略、竖向规划和实施方案。

在土地整理策略上分三步走:第一步,购进少量客土快速填垫起步区,满足项目启动需要;第二步,对河道沿岸片区进行吹填,实现河道疏浚与土地平整的双赢,彰显生态理念;第三步,伴随开发建设逐步推进,利用工程弃土及吹填储备土源进行自身土方平衡,削峰填谷,减少客土购买,既保护周边环境,也有效降低了整理成本。

在制订竖向规划上,经过实地踏勘、科学规划、精确计算,并综合考虑城市道路、交通运输、广场、排水、城市防洪、排涝、工程管线敷设等技术指标的基础上,编制《中新天津生态城基础设施专项规划——竖向专项规划》,最终确定区域规划道路最低点高程定为3—3.8米,道路最低点标高应比平土标高高出0.5—0.7米,地块控制高程应比周边道路标高高出0.2米以上,有效地防止了用地变为"洼地"的现象。以此为依据,将生态城一次平土分成三个大区域,由南向北平土标高分别为3.5米、3米、2.5米。

在制定区域土地实施总体方案上,根据对各个土方资源摸查计算以及生态城建设的环境要求,生态城确定了以合理确定标高、实现地块自我平衡、不破坏周边环境为原则,土地整理方式以吹填和河道清淤为主,外购土及内部平衡为辅的方案,为土地平整工程实施提供了根本依据。

（三）推进土地平整

结合区域实际,按照"分区平衡、分区实施、分批安排"的思路,生态城制订了填土平整计划,全力推动填土工程有序开展。

先期启动起步区填土 2008年年初,生态城积极协调塘沽、汉沽、天津警备区、市水利局及滨海建投集团等单位,启动了起步区填土工程,填土面积3平方公里,填垫土方350万立方米,为生态城起步区的开工建设奠定了良好的基础。

实施河道淤泥吹填 2008年年中,生态城与市水利局签署合作协议,结合市水利局对永定新河河道清淤的有利时机,启动二期土地平整,吹填土方约350万立方米,填土面积约1.5平方公里,既疏浚了河道,又实现了土地整理。2009年年初,结合市水利局对蓟运河道治理的机会,适时开展三期土地平整,吹填土方约400万立方米,完成中部片区3.5平方公里地块填土(见图5-1、图5-2)。

促进土方内部平衡 2010年年初,生态城开展了北部片区及东北部片区土地平整,分别填垫原五七村、东风村、清净湖周边地块及汉沽盐场地块,倒运土方约700万立方米,平整土地约7平方公里。2011年年初,为满足永定新河市政景观建设的要求,对永

图 5-1：河道清淤吹填

图 5-2：盲管排水

定新河河口地块进行场地平整,倒运土方约 50 万立方米,平整土地 1 平方公里。通过土方内部平衡,相继完成净湖山、华强项目地块、城市主中心、北部片区鱼塘及沟渠区域的填垫。

二、路桥建设

"一条大道贯南北,少路无桥尽空白。"这就是生态城建设之初内部路网的真实写照。为快速改善区域交通条件,生态城迅速启动路网建设,生态城总体规划新建路网约 115 公里,至 2013 年 6 月 30 日,已建道路 61.5 公里,中新大道(原汉北路)改造 10.5 公里,南部片区路网已全部形成,东北部片区路网初具规模,中部片区和生态岛片区正在完善。

(一)道路建设

生态城道路采取方格网与干道联络线相结合的布局,充分考虑生态、环保、节能、自然的要求,体现绿色交通的理念,建设轨道交通、绿道系统相结合的交通体系,实现人车分离、机非分离、动静分离。路网主要由主干道、次干道组成。主干道道路为双向六车道,断面(见图 5-3)为 41 米 : 5 米(慢行通道)+3 米(机非分隔带)+11 米(机动车道)+3 米(中央分隔带)+11 米(机动车道)+3 米(机非分隔带)+5 米(慢行通道)。两侧各建设 12 米绿化带。

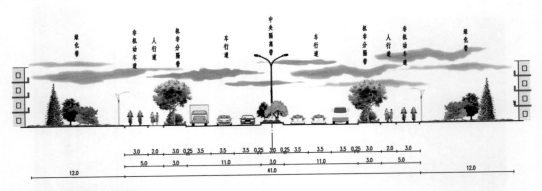

图 5-3:主干道横断面示意图

次干道道路为双向四车道,断面(见图 5-4)为 34 米 : 5米(慢行通道)+3 米(机非分隔带)+7.5 米(机动车道)+3 米(中央分隔带)+7.5 米(机动车道)+3 米(机非分隔带)+5 米(慢行通道)。两侧各建设 8 米绿化带。

生态城道路建设注重细节处理,充分考虑了横断面、路口渠化、路面结构、路基处理、

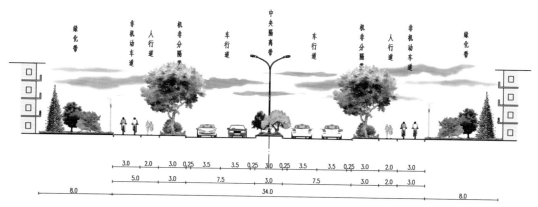

| | 3.0 | 2.0 | 3.0 | 0.25 | 3.5 | | 3.5 | 0.25 | 3.0 | 0.25 | 3.5 | | 3.5 | 0.25 | 3.0 | 2.0 | 3.0 |
| 8.0 | | 5.0 | | 3.0 | | 7.5 | | 3.0 | | | 7.5 | | | 3.0 | 2.0 | 3.0 | | 8.0 |

34.0

图 5-4：次干道横断面示意图

附属工程（侧、缘石、路口细部设计、出入口等）、管道回填、无障碍设计、绿道系统等要素。设计及施工过程遵循"人本"理念，横断面充分考虑绿道系统，实施路口渠化，提高通行能力，实现人车分流，既保证道路通畅，又确保行人过街安全。

　　生态城道路建设注重新材料、新技术的运用。在建设过程中广泛应用土壤固化剂，充分利用现场土源，保证路基处理强度及水稳性，采取低剂量石灰土或水泥石灰土中掺加土壤固化剂进行路基处理方式，既增加了土基强度，又改善了常规石灰土或水泥石灰土的水稳性。同时由于固化剂作用，使路基强度增大，耐水性和抗冻性得到提高（见图5-5、表5-1）。充分利用橡胶制品路面材质，在中津大道实施了橡胶改性沥青混凝土试验段，并逐步加以推广应用（见图5-6）。在绿道系统建设渗水型路面，强化雨水收集（见图5-7）。

表 5-1：固化剂改良与其他处理方式对比

固化剂配比	无侧限抗压强度（米pa）			
	素土	传统型固化剂 +素土	改进型固化剂 +素土	改进型固化剂+传统 型固化剂+素土
无侧限抗压强度（米pa）	0.23—0.45	0.51—0.72	0.52—0.75	1.25—3.28
水稳系数（浸水后强度/浸水前强度）	0	0.4—0.5	0.6—0.7	0.85—0.93

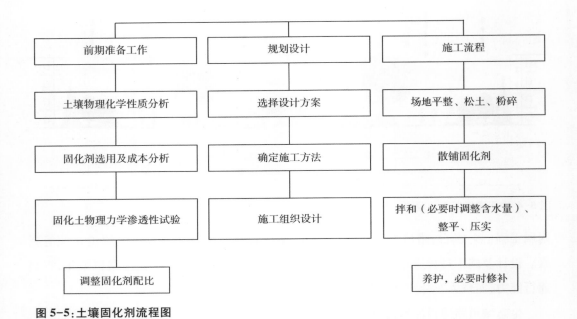

前期准备工作	规划设计	施工流程
土壤物理化学性质分析	选择设计方案	场地平整、松土、粉碎
固化剂选用及成本分析	确定施工方法	散铺固化剂
固化土物理力学渗透性试验	施工组织设计	拌和（必要时调整含水量）、整平、压实
调整固化剂配比		养护，必要时修补

图 5-5：土壤固化剂流程图

图 5-6：橡胶改性沥青路面

图 5-7:绿道系统透水路面

（二）桥梁建设

生态城共规划 9 座桥梁,至 2012 年年底,已建成鱼腹桥和慧风溪桥,正在建设经六路上跨蓟运河故道桥。

故道河一桥 该桥由法国马克·米姆拉姆工程咨询有限公司设计,设计理念为"漂浮",外形圆润流畅,浑然一体,是国内首座鱼腹式变截面连续箱梁结构的大型桥梁(见图 5-8)。该桥自 2009 年 12 月开始建设,2012 年 5 月竣工,全长 925 米,其中主桥 297 米,引桥 175 米,引路及道路接顺段为 453 米。主桥(4#—10#墩)为跨径 40.5 米+54 米× 4+40.5 米的鱼腹式变截面连续箱梁,北侧引桥(0#—4#墩)跨径为 25 米×4,南侧引桥 (10#—13#墩)跨径为 25 米×3(见图 5-9)。

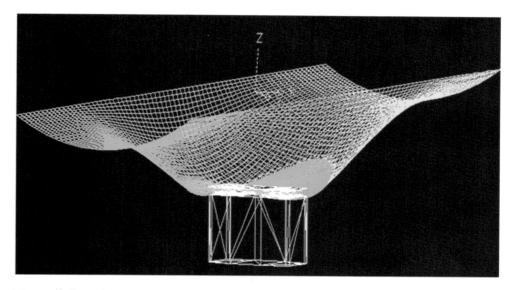

图 5-8:故道河一桥梁体模板三维效果图

图 5-9：故道河一桥

　　桥梁施工的难点在于外观质量控制。鱼腹式变截面连续箱梁结构外形复杂，为连续变化的双曲线。要确保混凝土的外观质量，实现设计意图，必须采用高精度的异形模板，而且由于在中支点处梁高达 6.3 米，在混凝土施工时对模板的侧压力很大，对模板的强度、刚度要求高，施工难度大，精细度要求高（见图 5-10、图 5-11）。

图 5-10：故道河一桥施工过程

图 5-11：故道河一桥拼装完成的模板

新型材料应用——速度锁定支座。本桥为华北地区首座采用速度锁定器支座的市政（公路）桥梁。结合自身结构特点和本地区为八度地震区等因素，主桥除中央的 7#固定墩和两端连接墩采用盆式支座外，其余 4 个主墩采用了速度锁定器支座（见图 5-12），这种支座在结构纵向伸缩变形速度小于限值时（即温度变化、混凝土收缩徐变和低烈度地震引起的结构纵向变形），可以通过锁定器里的调节装置适应结构变形，从而释放由上述荷载引起的结构内力。当结构纵向伸缩变形速度大于限值时（七度或八度地震），支座内的速度锁定装置发挥作用，将支座的纵向位移量锁定。此时，主桥的五个主墩基础共同抵抗地震力。

慧风溪桥　位于中天大道上跨慧风溪处，是连接南部片区和中部片区的重要通道。本桥全长 730.34 米，其中主桥为 3 跨现浇格构梁，长 85 米，引桥长 284.66 米，引路为 360.68 米。2010 年 3 月开始施工，2012 年 10 月竣工。慧风溪桥以自然、文化、景观为主题，以古典石拱桥——赵州桥为原型，结合了慧风溪和青坨子特色中心景观，造型古朴，端庄典雅（见图 5-13）。

图 5-12：速度锁定器支座

图 5-13：慧风溪桥

三、管网建设

生态城建设之初,区内只有一条燃气管线和一条自来水管线,如今已建设 615 公里管网。其中,给水管线 70 公里,热力管线 96 公里,燃气管线 80 公里,通讯管线 80 孔公里,雨水管线 126 公里,污水管线 84 公里,再生水管线 79 公里,基本形成了覆盖整个区域的管网系统(见图 5-14)。

管网综合设计 严格落实国家的相关规范标准,并充分考虑"一路三水"(道路、雨水、污水、中水)和能源管线的实施先后顺序,以及管网建成后的使用、维修方便等因素,确定管材选型,给水管线管径为 DN200—DN1000,燃气管线管径为 DN100—DN400,热力管线管径为 DN100—DN1000,雨水管径为 DN300—DN2800,污水管线管径为 DN300—DN1650,再生水管线管径为 DN110—DN1000。

管路布置 根据雨水及污水管线的使用特点及施工顺序,在管线综合布置时,将雨水管线布置在非机动车道下,且靠近绿化分隔带,就近收集路面雨水,并考虑地块用地性质及地块面积、暴雨强度等因素,在适当位置布置预埋雨水支管。污水管线布置在非机动车道下,靠近地块的一侧,方便污水的收集,减少投资,同时有利于以后的污水管线清掏。在考

图 5-14:综合管网规划图

虑地块用地性质及规划人口等因素,在适当位置布置预埋污水支管。中水管线布置在机非分隔带下,以方便市政路面洒水车取水。能源管线在"一路三水"后施工,在管线综合布置时,能源管线尽量布置在道路红线外侧靠近居民地块的绿化带范围内,这样既方便后期施工及支管接入小区,又不会对已施工的道路路基和污水、雨水和中水管线造成破坏。同时考虑小区的消防要求,保证地块两路进水的消防要求。电信和电力管线布置于最外侧,即方便施工,同时能减少管线占地面积,为不可预期管线预留了管位(见图5-15)。

图5-15:小区管网布置示意图

  管网敷设 充分体现"人本"理念,将所有管道和井盖规划在道路两侧的绿化带内,有效地避免了车辆行驶对管网和井盖造成的破坏,方便了管网日常的维护检修,减少了井盖等设施在维护过程中对道路交通的影响,为人车出行安全提供了保证。

  材料选择 根据区域内的地质特点及土壤环境,在管网系统的设计、实施各阶段采用了多种节能技术及优质材料,使得整个生态城处于良好的用能状况下。例如,综合考虑地质条件腐蚀性、施工方便性、工作压力、使用寿命等因素,管径大于或等于DN600的给水管线,采用K9级球墨铸铁管,满足压力条件的燃气管线及管径小于DN600的给水管线,采用 PE 管材代替了传统管材,有效提高了管网对地下运动和端荷载的抵抗能力,具备了寿命长、施工方便、耐腐蚀性好、可靠性高、便于维护等特点。小于 DN1200 的排水管道则采用聚乙烯新型环保管材(见图 5-16、图 5-17)。

图 5-16:聚乙烯排水环保管材

图 5-17:聚乙烯(PE)再生水管

施工安排 采用了管网建设与道路建设统筹管理、同步交叉进行的方式,管网排列与布局更加科学,且各种介质管线一次建成,大大缩短了施工周期。

施工工艺 针对大部分管网处于粉质黏土层,部分管网基础处于盐池和淤泥质土层,不便于施工等问题,采取了基础清淤换填、饿灰回填等工艺措施,并对交叉及穿越道路的管线进行了保护处理。

能源场站 2012 年年底,生态城建成中部热源厂,近期用于解决起步区集中供热需求,为南部片区近 100 万平米建筑供暖,远期作为供热调峰站(见图 5-18)。建成南部和北部燃气调压站两座、热力交换站 25 座、新型能源站 1 座。2012 年 10 月,北部燃气门站正式投入运行,为北部片区供应天然气,供气能力为每小时 50000 标准立方米(见图 5-19)。2011 年 1 月,南部燃气门站竣工投入使用,供气能力为每小时 40000 标准立方米,为南部片区供居民与商业用户供应燃气。这两座场站均设置双气源,由天津市燃气集团与华燊燃气集团提供。

图 5-18:供热调峰站

图 5-19:北部燃气门站

四、智能电网

生态城建设了全国首个区域性智能电网示范区。2010年4月,生态城管委会与天津市电力公司签署建设智能电网综合示范工程的合作协议,共同启动项目建设。2011年9月,智能电网示范工程建成投入使用。

（一）主要内容

智能电网是指以特高压电网为骨干网架,以各级电网协调发展的坚强网架为基础,以通信信息平台为支撑,包含发电、输电、变电、配电、用电和调度各个环节,覆盖所有电压等级,具有信息化、自动化、互动化特征,实现"电力流、信息流、业务流"高度一体化融合的现代电网。

生态城智能电网综合示范工程,集中体现了智能电网众多领域的最新成果,具有坚强、自愈、灵活、经济、兼容、集成等特征。该工程主要包括分布式电源接入、微网储能系统、智能电网设备综合状态监测系统、智能变电站、配电自动化、电能质量监测和控制、用电信息采集系统、智能小区/楼宇、电动汽车充电设施、通信信息网络、电网智能运行可视化平台和智能电力营业厅共12项内容。其中,分布式电源接入子项工程,为生态城实现可再生能源利用率不低于20%的目标提供支撑。配电自动化子项工程,将建立高可靠性的智能配电网,使供电可靠率达到99.999%,即年户均停电时间不超过5.3分钟。智能小区、智能楼宇子项工程,通过互联网、智能手机终端实现了对家电、窗帘等的远端控制,为用户提供更加便捷、高效的智能服务(见图5-20)。

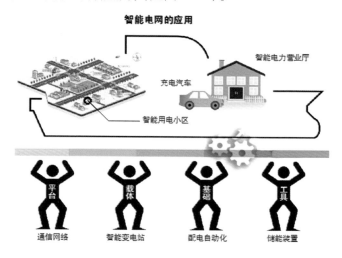

图 5-20：智能电网应用示意图

（二）主要特点

微电网的广泛应用性 通过广泛应用微电网,利用光电效应直接将太阳的光能转化为电能,输出直流电存入蓄电池中。利用各种清洁能源发电方式存储的电量,用户可通过智能用电管理系统对家庭用电进行合理规划,从而实现节约用能,降低用能费用。

排查电力故障的先进性 采用智能配电,故障排查从原来的 2 至 3 小时缩短到 1 分钟之内,大大减少了停电的时间,在实施配电自动化的区域内配电网的供电可靠性能够达到 99.999%。

分布式可再生能源的良好接入性 预计生态城风力、太阳能年均发电利用小时数分别为 2200 和 1500。可再生能源在能源消费中所占的比例将不断提高,2020 年之前将达到 20%,这也为能源结构调整战略提供了有力支撑。

电力光纤服务用户 生态城起步区已经逐步应用智能电网,采用了国家电网公司自行研制并获得国际专利的光纤复合低压电缆(OPLC)技术,嘉铭小区一期 418 户居民家庭实现了电力光纤到户,建设能效管理平台,实现智能家居控制、智能用电、用电信息采集、安防报警等功能。

（三）工程案例

嘉铭红树湾示范间 通过平板电脑,可控制屋内空调、加湿器、空气净化器、窗帘、电视等全部智能家电(见图 5-21、图 5-22)。

图 5-21:智能热水器　　　　　　　　图 5-22:智能洗衣机

电力智能营业厅 实现实体营业、自主营业、网上营业和手机营业的"四位一体"。自主开发了可视化平台、用户用能服务 4 个原创系统和 8 个技术支持系统。

生态城智能电网的成功投运,已经使天津智能电网建设站在了一个新的起点上。目前,生态城智能电网已历经一年多的实际运行,积累了较为丰富的运营经验,并有一些可再生能源项目陆续并网发电,多户家庭已体验到智能电网的新颖、便捷、高效和智能化。

第六章 生态环境:打造美丽家园

每一个城市居民都渴望拥有、也应该拥有天蓝、气爽、地绿、水清的生态环境。天津生态城起步于环境恶劣的盐碱荒滩,朝着构建复合生态系统的目标,坚持在开发中保护、在建设中修复、在发展中优化的思路,完整保留湿地,彻底治理污泥污水,改良盐碱地,修复水生态系统,提高空气质量,改变了盐碱荒滩的旧面貌,构建了"湖水—河流—湿地—绿地"复合生态系统,形成自然生态与人工生态有机结合的生态格局。

一、污泥治理

治理大规模的历史工业污染是众多国家的共性问题。生态城选址区域内的污水库,始建于20世纪70年代,面积约2.56公里。近40年来,污水库一直接纳周边区域排放的工业废水和生活污水,水质严重恶化,为劣Ⅴ类水体,恶臭难闻,生态功能完全丧失,污水量和污泥量巨大,污染成分复杂,治理难度极大,且无历史经验可循。国外专家曾预计需用10年左右时间、耗费数十亿资金才有可能彻底根治。作为生态城市,天津生态城将污水库治理作为环境建设的"一号工程",聚集多方力量,经过3年多艰苦努力,终于在2011年7月彻底完成污水库治理,共治理污水215万立方米,底泥385万立方米(见图6-1)。形成了具有自主知识产权的污染场地治理修复标准与核心技术,生态城污水库治理达到了国际污染场地治理的领先水平。

制定污染底泥治理技术方案 在污水库环境本底调查的基础上,生态城根据污染程度,将污染底泥划分为轻度、中度、重度三类,经技术论证和现场工程试验,确立了污染底泥治理技术方案(见图6-2),即:重度污染底泥采用环保疏浚方式(见图6-3),投加处理功能性药剂,通过管道输送到临时处理场地的土工管袋中(见图6-4),进行脱水减容,待含水率和污染物含量达到设计要求后,破袋外运,采取烧制轻质建材陶粒和安全填埋两种途径实现安全处置。对于中度污染底泥的处理,也采用同样的方法进行脱水、减容、稳定、固化后,保留土工管袋就地利用,直接进行堆岛填埋,成为占

图6-1：污水库今昔对比

地14公顷、高18米的人工岛（见图6-5）。对于轻度污染底泥,则采取原位施药、干法疏挖技术进行处理,作为填岛造景区路基垫土,也实现了资源化利用。

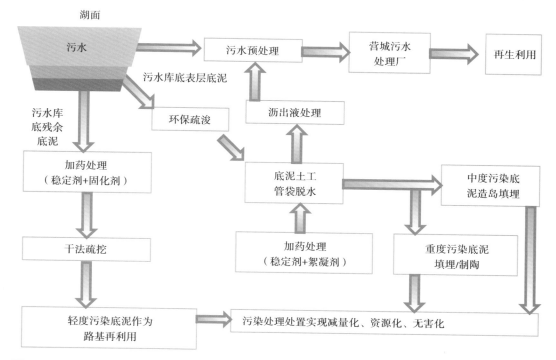

图6-2：污水库治理技术路线示意图

图6-3：重污染底泥环保疏浚

编制污染场地修复标准 污水库治理之初，国内还没有专门针对污染沉积物处理处置的标准和技术规范。2008年8月，在污水库治理工程启动之前，生态城组织天津市环境保护科学研究院等科研单位，依据污水库环境本底调查结果，参照国内外相关研究成果和案例，经过反复试验和对比分析，制定了《中新天津生态城污染水体沉积物修复限值》，在此基础上，对底泥中污染物成分、含量及危害进行系统评估，确立了分级处理处置的技术路线，为污水库治理、验收与评价提供了科学依据。该标准已被列为天津市地

图 6-4：土工管袋脱水减容　　　　　　　　图 6-5：中度污染底泥造岛

方标准，并向国家环保部推荐。

　　创新污染场地修复技术　生态城组织了由 40 余家科研单位的顶尖专家学者组成的技术团队，开展联合攻关和试验论证。结合工程实施，开发了"湖库重污染底泥环保疏浚—土工管袋脱水减容—固化稳定化和资源化"等成套技术，形成了具有自主知识产权的污染场地治理修复核心技术体系。建立了生态城污染场地治理修复技术工程中心和企业重点实验室。申请专利 28 项，8 项已得到授权。培养 3 名博士研究生、37 名硕士研究生及多名工程师、技术人员和项目管理人员，发表论文 26 篇。污水库治理以其示范效应得到了天津市和科技部的支持。"中新生态城污水库环境治理与生态重建关键技术研究及示范"被列为 2009 年科技部与天津市部市合作项目，获批"十一五"科技支撑计划的支持。2012 年 10 月，该项目顺利通过科技部验收。

二、土壤改良

　　盐碱地是指土壤中所含盐分影响到作物正常生长的土壤种类。据不完全统计，我国现有盐碱地面积为 3460 万公顷左右。盐碱地的改良，对于我国、尤其是沿海地区的盐碱地治理土壤改良和生态修复具有重要的现实意义和示范作用。

　　生态城原始用地绝大部分是盐碱荒地。生态城借鉴国内外特别是滨海新区的实践经验，对盐碱地实施了物理、水利、农业、生物综合改良，选育本地适生耐盐碱植物，建立了一套盐碱地修复和生态化开发利用的新模式。

　　选育本地适生植物　根据 2008 年开展的生物多样性调查，摸清了土壤环境和本地植物情况，遵循植物自然生长规律，注重选择耐盐抗碱、易繁殖生长的本地植物，引进少量适生植物，以人工种植的方式快速栽培，尽早郁闭成林，覆盖土地，防止土壤返盐，逐渐降低土壤含盐量，增加有机质，改良土壤。针对本地植物适应性强、苗源多、易成活的特点,生态城大面积选种了本地适生的芦苇、火炬树、国槐等耐盐植物,形成了具有本地特色的城市绿地系统(见图6-6)。此外,在生态湿地保护修复工程实施中,通过因地制宜地选育本地植物,对原生植物进行了保护性利用。

图6-6:本地植物

引种适生植物 生态城在充分调研滨海地区盐碱地适生植物的同时,以天津地区本土适生植物为主体,引种了白蜡、迎春、秋葵、香蒲、千屈菜等抗逆性强、耐盐碱、长势快、观赏性较高的园林植物(见图6-7)。新建景观绿化采用了约130种天津本地区驯化成功植物品种,与此同时,也引进皂角、紫叶矮樱等其他地区植物品种建立了本地适生植物群落,形成了显著的绿化景观效果。在实践中逐步甄选出生态城园林景观的基调树种和骨干树种,确立了适生植物基本种类。出版了《中新天津生态城常用园林植物》、《中新天津生态城园林景观设计》、《中新天津生态城园林施工技术与管理》系列书籍。

实施绿化排盐 在土地平整阶段,生态城通过原土倒运、客土填垫、挖填平衡、调配土壤等土地整理措施,避免土壤盐分的水平移动,使盐分积聚到土地表面,再通过晾晒、清理等方法,调节土壤的物理性状,最大程度降低土壤含盐量,改善土质,逐步恢复和提高了土地生态系统的自我调节能力。积极探索暗管排盐绿化技术,采取以"排"为核心的"排—灌—平—肥"盐碱地植物栽种和培育技术,取得较好效果。"排",即在客土下部设隔离层和暗管,通过暗管把土壤中的盐分排入市政排水管网,促进土壤脱盐,防止次生

图6-7 引种植物

盐碱化。"灌",即在春、秋季节,利用雨水淋洗和绿地浇灌,降低土壤盐碱含量。"平",即保证地下水处在一定的安全平面。"肥",即对新植和移植苗木施用有机肥料,为植物创造良好的生长条件(见图6-8)。

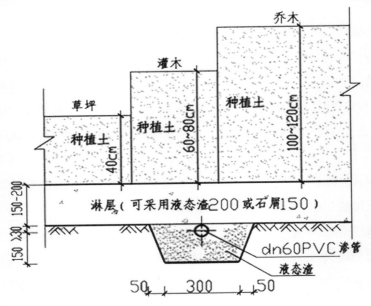

图6-8:排盐系统原理图

三、湿地保护

湿地具有保护生物多样性、调蓄水系水量、涵养水源、净化水体的功能,是城市生态系统的重要组成部分。生态城位于蓟运河和永定新河入海口东侧,是内陆生态湿地系统向滨海滩涂湿地转换的重要节点,也是天津北部蓟县自然保护区、中部大黄堡—七里海湿地连绵区连接渤海湾的唯一通道,生态功能尤为重要。为体现对生态系统的保护,生态城在指标体系中明确规定,区内自然湿地净损失为零。

图 6-9:自然湿地

按照指标体系的要求,生态城坚持生态优先、保护性修复、充分利用的原则,从保护自然湿地和建设人工湿地两方面入手,充分发挥湿地"生态之肾"的作用,结合自然条件,保留、恢复、修复原始湿地,并与景观建设结合,兼顾功能性与景观性,建设了一批独具特色的人工湿地,创新了城市生态系统建设与保护的成功模式,形成了功能性和景观性俱佳的生态系统。

保护自然湿地 依据环境质量本底调查,生态城内蓟运河故道及其两岸、蓟运河及其河岸带具有丰富的原生湿地资源,本地物种聚集,生物多样性较高,是区域内生态系统服务功能最高的区域。

在总体规划中,生态城明确并扩大了原始湿地保护范围:将永定洲河口湿地划为永久性生态保护区,进行全面保留;明确划定蓟运河左岸 120 米、蓟运河故道两侧 60 米为生态绿地,蓟运河故道和蓟运河为生态水体(见图 6-9)。严格划定禁建区、限建区、已建

图 6-10:永定洲公园今昔对比

区和可建区,明确规定蓟运河故道及两岸生态缓冲带,蓟运河及左岸生态缓冲带,永定新河以东、中央大道以北的永定洲河口湿地为禁建区,总计约8.7平方公里,严禁任何与生态修复、湿地和岸线保护无关的建设行为。限建区主要为蓟运河与蓟运河故道围合的区域、蓟运河故道东部区域、永定洲与规划的莲花路之间的区域;蓟运河故道以北、五七村—蓟运河的堤坝以南、规划的琥珀溪以西的区域,总计9.42平方公里。限建区应进行保护性开发,严格控制建设项目的性质、规模和开发强度。

生态城严格落实总体规划,在控制性详细规划中规定了控制土地出让范围。严把建设项目环保审批关,对区内自然湿地及水面进行严格保护,确保自然湿地净损失为零。

建设人工湿地 生态城在保护修复自然湿地的同时,实施了与水生态修复、绿化景观建设相结合的人工湿地工程。仅利用3年时间,先后修复性建设了蓟运河故道示范段、慧风溪公园、永定洲公园、清净湖等人工湿地。另外,在每个雨水泵站的出口都规划

图6-11:湿地鸟类

建设雨水花园,对初期雨水收集、处理后进行回用。此外,生态城还将在营城污水处理厂南部建设约20公顷人工湿地,主要用于处理污水处理厂出水,达到景观用水标准后,排入清净湖,作为湖体补水(见图6-10)。

保护原生动物　七里海湿地是我国北方面积最大的古潟湖湿地系统,也是亚洲东部候鸟南北迁徙的重要停歇地。作为紧临七里海湿地20公里的生态城,自然成为亚太地区鸟类迁徙重要通道和停歇地,生态价值极为重要。2008年开展的生态城生物多样性调查中,共录得昆虫10目66科179种、鱼类8目14科29种、两栖爬行动物7种和鸟类13目28科106种。其中,国家一级保护鸟1种,二级保护鸟7种,水鸟73种,旅鸟居多,体现了生态城区域湿地环境的生态价值(见图6-11)。生态城充分尊重自然本底和区域生态联系,将蓟运河故道等候鸟过境、栖息湿地作为重点保护区域,限制开发,并减少人为干扰。通过实施污水库治理、蓟运河故道修复、慧风溪等生态建设工程,保护了本地原生物种,为本地动植物及迁徙、过境鸟类提供了良好的生存环境。

四、水体修复

水生态系统是由水生生物群落与水环境共同构成的具有特定结构和功能的动态平衡系统。城因水而秀、因水而动,健康的水生态系统是生态城建设发展的基础。2008年生态城开展的环境质量本底调查显示,蓟运河、蓟运河故道及污水库均为劣Ⅴ类水质。其中,污水库主要为污染成分复杂、难降解的工业污水,可生化性极差,处理难度大,生态功能完全丧失。蓟运河和蓟运河故道的污染主要来源于上游的生活污水。

"水动"需先"水清",水污染治理是水系建立的基础,生态城按照统一规划、分段治理、整体联通的原则,迅速开展了污水库治理、污水处理厂和再生水厂建设、雨水收集设施建设,人工湿地建设等水体修复工程,为整体水环境达到地表水环境质量Ⅳ类水体水质标准奠定了坚实基础。

污水库治理　治理前污水库地处生态岛的中心位置,是区域公共开敞的绿色核心。生态城对污水库进行了彻底根治后,通过深挖造岛和景观建设,将昔日污浊不堪的污水库变成环境优美的清净湖,面积115公顷。未来,清净湖将与蓟运河、蓟运河故道实现三水连通,成为生态城水生态系统的核心。

蓟运河故道改造　蓟运河历史悠久,是华北平原上的重要河流,后因70年代水体污染,裁弯取直,保留下来蓟运河故道。蓟运河故道作为生态城内部的自然水体,是生态城水循环体系和景观建设的关键。生态城对蓟运河故道自南向北分段实施改造,通过河道清淤、湿地保护、水体治理、堤岸整治和植物净化,在形成城市景观的同时,消除了水体富营养化,逐步改善了水质,恢复了水体功能。2011年,蓟运河故道示范段顺利完工(图6-12)。

图6-12:蓟运河故道今昔对比

慧风溪廊道联通 慧风溪是六条与外围生态系统相连接的生态廊道之一,2010年完成建设,全长1.6公里,占地面积约20万平方米,不仅是一道新的城市景观,更重要的是,未来将作为河海通道,实现与外界水系的连通,是城市生态系统的重要组成部分(图6-13)。

蓟运河污染控制 蓟运河是海河流域北系的主要河流之一。干流河道始于蓟县九王庄,流经天津蓟县、宝坻、宁河、汉沽四个区县,沿生态城西侧流入渤海,全长近12公

图 6-13：慧风溪今昔对比

里,上游来水对生态城水体环境有直接的影响。自 2008 年起,生态城在天津市、滨海新区有关部门支持下,通过区域协作和联防联控,加大对上游的环境监管力度,同时配合天津市水务局开展蓟运河堤岸建设、防汛建设、河道清淤和景观设计工作,一定程度上改善了蓟运河水环境。

水质改善 生态城内的营城污水处理厂,一期日处理能力达 10 万吨,二期将达到 15 万吨。目前,一期已经建设完成并投入使用,接纳处理上游区域和区内污水,在改善蓟运河水质等方面发挥了重要作用。通过开展水污染治理和水生态修复工程建设,生态城内几大水体水质正在逐步改善。2009年以来,在对蓟运河、蓟运河故道、清净湖和慧风溪等地表水体的水质监测显示,污染指标减少,污染程度降低,生态城水环境质量总体逐年改善,水生态系统逐步恢复。

第七章　绿化景观:荒滩变绿洲不是神话

在一片满目苍凉的盐碱荒滩上,生态城充分利用原状地势,精心设计,广泛选育本地植物,陆续建成了生态岛、生态谷、生态廊道、滨水景观、主题公园、街角绿化,形成了一整套包括园林绿化规划设计规范、绿化工程管理规范和绿地养护管理规范在内的技术上合理、经济上可行的盐滩绿化技术规划体系,初步探索了一条盐碱地绿化景观建设的可行路径,积累了丰富的盐滩绿化经验。至 2013 年 6 月 30 日,累计建成公共绿地 310 万平方米,南部片区 8 平方公里四季有绿、三季有花、绿意盎然,形成了一幅"绿岛、绿谷、绿廊、绿地"相互交织、辉映成趣的美丽画卷。

一、 公园绿化景观

遵循自然、生态、开放的原则,生态城陆续建成永定洲公园、动漫公园和生态谷公园,形成了初期最大的开放式的文化休闲娱乐健身场所。

永定洲公园　位于永定洲河口湿地,东临中央大道,南接蓟运河堤,西至生态谷,北至和畅路,占地面积约 30 万平方米。公园设计体现"民俗风"、"生态雅"、"和谐颂"三个主题,划分为主入口景观区、生态保护区、生态观赏区、生态文化展示区和民风民俗展示区,是一个集当地民俗文化展示、休闲、旅游观光、森林保护、科普教育为一体的文化主题公园(见图 7-1)。主入口景观区建设了"八仙过海"立体雕塑,是公园的主体景观(见图 7-2)。生态观赏区利用周围地形围合成岛,作为生物栖息地供游人观赏。生态保护区集中栽种了滨海地区及北方地区的多种植物,如黑松、白皮松等常绿乔木;法桐、银杏、皂角、国槐等落叶乔木;碧桃、紫叶李、西府海棠等花灌木;鸢尾、八宝景天、美人蕉、波斯菊为主的地被花卉。生态文化展示区采用自然朴素的风格,布置了自然石、观赏草、小野花,使居民在行走间领略自然风光,感受绿色生命,零距离接触生态文化,唤醒人们对生态保护的意识。民风民俗展示区主要体现年画、泥塑、砖雕、木雕、风筝、绒花、剪纸等地道的天津民间文化。

图 7-1：永定洲公园

图 7-2：永定洲公园八仙过海雕塑

动漫公园 位于国家动漫产业综合示范园内，绿化面积约 20 万平方米。动漫公园分为前广场和中心公园两个部分。该园结合了传统的园林设计元素与现代的景观设计符号，集漫步、休憩、观赏、亲水体验、大型户外活动和科普教育功能于一体，是园区工作人员放松身心的空间和公众休闲的好去处。前广场栽种大量乔灌木，并结合动漫主题，设置了喜羊羊、花仙子、功夫熊猫、狮子王、阿童木等几十组群众熟知的动漫人物雕像（见图 7-3）。中心公园依托园区主体建筑围合，建设人工湿地内湖，占地面积 5 万平方米，主体水面约 1.8 万平方米，内湖周边建设假山、林荫道、草坡、亲水平台等景观，既提升园区整体景观品质，又可调节微气候，增加空气湿度（见图 7-4）。

图 7-3：动漫园雕塑

图7-4:动漫公园

　　生态谷　由两侧建筑围合而成的"谷状"绿色走廊,全长11公里,呈S形贯穿全城,设计理念为"生命之藤",体现其作为生态城绿色主干的生命力和自然景观。生态谷南部片区段景观工程南起永定新河,北至慧风溪河道,长3.17公里,宽50米,绿化景观面积约13万平方米。生态谷大面积栽植乡土植物,以白蜡、国槐为背景林;以柿、苹果、山楂、石榴为主营造山林果园;以山桃、榆叶梅、西府海棠、丁香、紫荆、天目琼花等为观花植物;运用狼尾草、拂子茅、金鸡菊、波斯菊、紫松果菊、落新妇等地被塑造自然花境景观;垂直绿化则选用紫藤、美国凌霄、金银花等植物(见图7-5)。沿生态谷布置天津建卫600

图7-5:生态谷

年风情雕塑,以"精卫填海"雕塑开篇,以"改革开放"雕塑收尾,其间设有"宫廷奏乐"、"鸦片战争"、"洋务运动"、"五四运动"、"平津战役"、"引滦入津"等主题雕塑,集中展现了天津建卫600年发展历史(见图7-6)。

图7-6:天津建卫 600 年风情雕塑

二、滨水绿化景观

生态城以水、植物以及小品构筑物为主,结合水生态修复工程,建成了蓟运河故道示范段和慧风溪生态廊道两处滨水绿化景观。

蓟运河故道示范段　岸线长约2公里,绿化面积22万平方米,北侧与慧风溪生态廊道相接。功能设计以游览观光、雨水净化、湿地保护为主。已建成观鸟平台、雨水湿地、码头、栈道、炮台遗址等多处景点。栽植了宿根花卉、芦苇、千屈菜、柽柳、火炬等本地植物。运用乔木、灌木、地被构建了复层植物群落(见图7-7)。

图7-7:蓟运河故道

慧风溪生态廊道　位于南部片区北端,西与蓟运河故道相连,东至中央大道,长度约2公里,河岸绿化带宽30—40米,绿化景观面积约20万平方米,是生态城六条生态廊道之一。设计主题为"自然"、"人"、"文化",以再现自然印记、强化人文参与、体现场地文化。岸线处理采取湿地驳岸、石笼驳岸、枝丫驳岸等驳岸形式,建有高低错落的水池和舒适平缓的木质栈道,溪旁配置茶室、景观廊架、园桥等园林建筑和小品。栽种了荷花、睡莲、千屈菜、香蒲、水葱为主的水生植物,具有原生风貌的芦苇湿地更是塑造了"蒹葭苍苍,白露为霜"的景致(见图7-8)。

清净湖滨水景观　污水库治理全面完成后,生态城已开始推进清净湖及周边景观建设。一是深挖造岛。在污泥清理的基础上,结合水系构建,开展深挖造岛工程,为清净湖区域整体景观建设奠定了基础。二是调水入湖。清净湖湖面面积110万平方米,可容纳330立方米的水,既是作为区域雨水蓄水池,也是生态城最大规模的内湖景观。三是景观设计。已启动清净湖湖岸景观、堆山公园和植物园。未来,清净湖及西侧的

图 7-8：慧风溪

堆山公园、西南面的植物园和湖中心的会展中心，将以五指岛、北岛、南岛的形式，打造一个集产业、会展、旅游、休闲、居住等于一体的风情小镇，实现与蓟运河、故道河的"三水连通"，成为生态城水生态系统的核心。清净湖寓含着生态城"水清、水动、水合、水兴"的内涵和意象，对区域生态平衡和物种多样性具有重要的现实意义。

三、道路绿化景观

生态城借鉴国内外生态城市道路绿化经验，特意拓宽绿化带，主、次干道绿化带总宽度分别达 33 米和 25 米，绿化率超过 50%，合理配置乔灌木比例，形成复层植物群落，强化景观季相变化，形成了"一步一景、一路一景、一片一景"的点线面结合的整体景观效果。

（一）主干道道路绿化

主干道两侧 12 米绿化带采用多层次绿化景观方式，背景林选用高大乔木，如毛白杨、国槐，林后火炬衬托，中层种植花灌木，如山桃、樱花、海棠，前排小型灌木及地被满铺，减少草坪用量，避免裸土（见图 7-9）。

案例一　中新大道是贯穿生态城南北的主要交通干线，也是连接生态城与开发区、

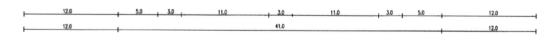

图7-9：主干道绿化结构示意图

汉沽的主要通道。道路两侧原址是盐田和鱼塘,经改造后,两侧绿化带各宽20米,利用地形起伏,栽植大量适生植物、宿根花卉和地被植物,形成了道路两侧的绿色屏障。南侧门区建有百旗广场、石碑叠水、城标喷水、特色花卉,形成了有震撼力的门区综合性景观(见图7-10)。

图7-10：门区

案例二 中天大道立意"和美之路",设计体现四季景观,中央隔离带以栾树为主,搭配石榴、碧桃循环栽植;机非隔离带种植单倍体毛白杨、大叶黄杨、紫叶小檗;两侧绿化带以单倍体毛白杨为背景,栾树为行道树。

（二）次干道道路绿化

次干道道路绿化采用乔木—花灌木—地被的层次设计，以乡土树种为主（见图7-11）。

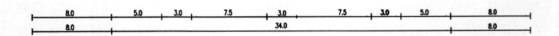

图7-11：次干道绿化结构示意图

    案例一   和畅路中央隔离带循环栽植白蜡、海棠、碧桃等树种；机非隔离带以白蜡为骨干树种，大叶黄杨篱、金叶女贞篱循环栽植；两侧绿化带以国槐为背景树，白蜡为行道树，配植花灌木。

    案例二   和惠路中央隔离带以国槐为骨干树种，西府海棠、木槿循环栽植；机非隔离带种植国槐、金叶莸、沙地柏等植物；两侧绿化带以白蜡为背景，国槐为行道树。

    案例三   和定路中央隔离带选用合欢为骨干树种，金银木循环栽植；机非隔离带种植合欢、大叶黄杨、金叶莸等植物；两侧绿化带以国槐为背景，合欢为行道树。

四、街角绿化景观

街角绿化是城市景观的重要节点。生态城坚持"塑造现代都市中的原生态"理念，融"绿、雕、水、石"于一体，建设了造型各异、风格独特的系列街角景观小品，与草地、树带、公园共同构成"点、线、面"相结合的城市立体绿化系统。

（一）绿

    案例一   中生大道与和韵路交口街角，采用自然式种植为主，搭配散置杂色卵石和涌泉景观，运用国槐、合欢为主景树，栽植油松、山桃、紫薇、丁香、蔷薇等形成植物组团，点缀大叶黄杨球，形成具有特色的植物景观（见图7-12）。

图 7-12：以"绿"为主题的绿化景观

案例二　中生大道与和畅路交口街角，采用自然式种植为主，内设水池、汀步，增加游览趣味，以国槐、白蜡作为主体背景林，碧桃、山桃为主要观花植物，配植红枫、金叶莸等色叶植物丰富景观效果，下层栽植宿根地被。

（二）雕

案例一　和旭路与中天大道交口街角，以石材雕塑为主，展现人物、生活事件，贴近市民生活。运用儿童雕塑，体现童年的美好回忆和天真烂漫的童趣。

案例二　和旭路与和韵路交口街角，以金属雕塑为主，展示在不同场景下的人物主题雕塑，生动形象，提升街角景观的观赏性（见图 7-13）。

图 7-13：以"雕"为主题的绿化景观

（三）水

案例一　中生大道与中天大道交口街角，采用水景为主，运用海洋生物与水景结合，增加动态景观元素，使效果更加生动活泼。

案例二　和旭路与和畅路交口街角，塑造叠水水池景观，使水景呈动态体现，将水景的动态与雕塑、植物的静态相对比，动静皆宜（见图 7-14）。

图7-14：以"水"为主题的绿化景观

（四）石

案例一 和畅路与和定路交口街角，采用石景为主，搭配油松、白皮松等常绿植物，塑造古松奇石的独特景观，配植榆叶梅、连翘等低矮型花灌木，增加生动活泼的氛围。

案例二 中天大道与和定路交口街角，采用仿枯山水的做法，塑造散置碎石或卵石铺砌的小面积空间，围绕景石设置自然蜿蜒的园路，使人们可以近距离地观赏街角景观（见图7-15）。

图7-15：以"石"为主题的绿化景观

五、小区绿化景观

生态城确立了居住用地绿地率不低于45%，主要包括社区中心公园和小区绿化景观。每个社区建设500平方米的中心公园。小区绿化由开发商按照规划投资建设，呈现出地中海、现代都市田园、欧美小镇等多种风格。至2013年6月30日，已建成15个小区的绿化景观，绿地面积近24万平方米，平均绿化率接近50%。

案例一　嘉铭红树湾小区,利用小区两个岛状台地的特点,绿化景观设计以"西西里岛的美丽传说"为理念,将景观绿地比拟为地中海小岛,小区整体绿化面积达到21000平方米。

案例二　美林园小区,定位为"一处享受美丽与森林的家园",体现现代都市田园生活理念。小区绿化设计中突出三大区域:槐香苑、樱华苑、棣棠苑,建有特殊灯柱、logo景墙水景、树阵植物组团和入口树阵,总绿化面积38000平方米。

案例三　天和园小区,定位为托斯卡纳小镇风格,景观处理结合半地下车库,局部给予堆坡处理,形成丰富的地形,其中穿插健身广场、休闲木平台和景观长廊,形成了层次丰富的景观效果。总绿化面积13000平方米。

第八章　新型能源：人类必须做的事情

能源是一个城市赖以发展的动力。面对日趋严峻的能源危机，生态城全面推进节能减排，积极开发利用新能源，优化能源结构，全部住宅安装太阳能热水设施，公建和产业园区利用地源热泵制冷供热，各类新型能源应用建筑总面积已达到 205 万平方米，年利用量为 5362 万千瓦时，每年可节约标煤 1.05 万吨，减少 CO_2 排放 2.55 万吨，初步形成了以地热能、太阳能和风能为主的新能源利用体系。

一、地热能利用

生态城处于滨海地热田中北部，拥有"明化镇组、馆陶组和东营组"三个中深部热储层地热资源，地热资源较丰富。通过采用土壤源热泵、深层地热热泵等热泵技术充分利用各类地热资源，广泛用于建筑物的供热制冷。至 2013 年 6 月 30 日，已建成地源热泵项目 20 个，应用建筑面积 82 万平方米，年利用量 2579 万千瓦时；在建地源热泵项目 4 个，应用建筑面积 12 万平方米。预计到 2020 年，地源热泵总应用建筑面积达到 688 万平方米，年利用量 24832 万千瓦时，可再生能源贡献率为 9.84%。

（一）土壤源热泵

生态城土壤以黏土与细粉砂为主，且恒温带处的地温约为 13.5℃，适宜采用土壤源热泵技术。生态城主要利用区内公共绿地地下空间敷设地源热泵埋管利用地热。至 2013 年 6 月，已建设土壤源热泵项目 18 个，应用建筑面积 75 万平方米，地热埋管打井 3839 口，年地热能利用量 2364 万千瓦时。在建土壤源热泵项目 4 个，应用建筑面积 12 万平方米。预计到 2020 年，土壤源热泵总应用建筑面积为 401 万平方米，年地热能利用量 15990 万千瓦时，可再生能源贡献率为 6.34%。

国家动漫园能源站为该技术应用的典型项目。该项目采用了分布式能源技术，设置区域能源站，整合了土壤源热泵、冷热电燃气三联供系统、水蓄能系统、电制冷系统、烟气热水型溴化锂系统、光伏发电系统等多种能源技术，在园区景观湖底共打井埋管 1400 口，充分利用了地下有效空间，节约了土地资源。同时，能源站建筑外墙采用光电建筑一体化设计,选用了透光光伏板及再造石等新型建材,外形独特,体现了绿色低碳理念。该项目已于2011年投入使用,夏季供冷量约2万千瓦,冬季供热量约1.4万千瓦,可为园区内6个地块共24万平方米的建筑供冷、供热,并提供部分电力,使动漫园区内部可再生能源利用率达到了20%,每年可节约标煤1904吨,减少CO_2排放4971吨(见图8-1、图8-2)。

图8-1:动漫园能源站

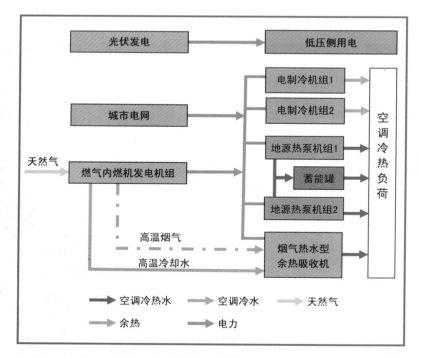

图8-2:动漫园能源站冷热供应系统工艺流程图

（二）深层地热热泵

生态城充分考虑到"明化镇组、馆陶组和东营组"三个热储层的具体地热资源情况及地热水回灌问题，合理确定开发利用强度和用能方案。配套建设地热采水井及回灌井，抽取地下热水对临近的建筑供热，通过对热水梯级利用后再进行回灌，最大程度地提高了热水资源的利用率，并降低回灌温度。同时，地热热泵系统还与市政供热充分结合，采用市政供热进行调峰，进一步提高了供热的可靠性。至 2013 年 6 月 30 日，已建成起步区一对深层地热井，为东营组地热井，水量及水温分别为 47.33 立方米/时、76℃ 和 75.67 立方米/时、78℃，可满足 10 万平方米建筑供热。预计到 2020 年，地热热泵总应用建筑面积为 46.85 万平方米，深层地热能年利用量 1475 万千瓦时，可再生能源贡献率为 0.58%。

（三）污水源热泵

生态城已建成一座 10 万吨/日的污水处理厂（远期将扩建到 15 万吨/日），污水温度冬季在 13℃ 左右，夏季在 20℃—25℃，水质水温适宜采用污水源热泵技术。生态城结合污水处理厂建设了污水源热泵项目，为厂内 3.8 万平方米建筑供暖，年利用量约 117 万千瓦时。该污水源热泵采用复合式系统，即：污水源热泵承担基础负荷，在尖峰负荷时采用市政热力进行调峰，实现了热能效率的最大化（见图 8-3）。预计到 2020 年，污水源热泵总预计应用面积为 184 万平方米，年利用量 5659 万千瓦时，可再生能源贡献率为 2.24%。

图 8-3：污水源热泵

（四）淡化海水源热泵

经测算，生态城所需淡化海水量为 3 万吨/日。采暖季淡化海水的平均水温在 22℃左右，最低为 17℃，水质水温适宜采用淡化海水源热泵技术。预计到 2020 年，生态城淡化海水源热泵应用建筑面积为 54.88 万平方米，年利用量 1708 万千瓦时，可再生能源贡献率为 0.68%。

二、太阳能利用

生态城所处地区阳光充足，月平均太阳总辐射在 80—240 瓦/平方米，年日照时数为 2600—2700 小时，属太阳能资源中等区，对利用太阳能具有较好的自然条件。

（一）光热利用

太阳能热水系统在替代生活热水能耗方面效益显著、技术成熟、投资回收期较短，生态城在各类建筑中全面推广应用太阳能热水系统，并有条件地开展供热采暖空调系统的综合应用。生态城规定，住宅太阳能热水系统保证率应达到 80%，有热水需求的公共建筑太阳能热水系统保证率应达到 60%。至 2013 年 6 月，生态城已建设太阳能热水项目 30 个，应用建筑面积 170 万平方米，共安装太阳能集热器面积约 2 万平方米，年产热量 820 万千瓦时。在建太阳能热水项目 18 个，应用建筑面积 135 万平方米。预计到 2020 年，安装太阳能集热器总面积将达到 46.94 万平方米，年产热量 19276 万千瓦时，可再生能源贡献率为 7.64%。

生态城万通新新家园太阳能热水应用示范项目，采用电辅助加热的太阳能热水系统，共安装热管式真空管集热器 172 组，集热器面积 571 平方米，可提供 60℃的生活热水，年产热量 23 万千瓦时。采用了"集中集热—分户贮热—分户使用"的建设模式，便于日后运营管理。热管式真空管综合应用了真空、热管、玻璃—金属封接和磁控溅射涂层技术，可全天候运行，热效率高，承压能力强，使用寿命长（见图 8-4、图 8-5）。

（二）光电利用

生态城利用各种有效空间建设地面光伏系统、建筑光伏系统、车站顶棚光伏系统和道路光伏照明系统。至 2013 年 6 月，已建设太阳能光伏发电项目 10 个，总装机容量 12.3 兆瓦，年发电量 1390 万千瓦时。在建太阳能光伏发电项目 3 个，装机容量 0.2 兆瓦。预计到 2020 年，太阳能光伏发电系统总装机容量将达到 45.44 兆瓦，年发电量 5121 万千瓦时，可再生能源贡献率为 2.03%。

地面光伏系统　生态城在非开放绿地和限制性空地上集中安装光伏发电系统，就近

图 8-4：万通新新家园小区光热系统　　　　　　图 8-5：热管真空集热器

接入电网,作为分布式电源向城市提供电力。该系统的典型项目是中央大道光伏电站,这是目前已建成最大规模的光伏发电系统,入选了国家"金太阳"示范工程。该项目坐落在中央大道西侧绿化带,总装机容量 5.658 兆瓦,共使用了 2.4 万块多晶硅电池板,年发电量 662.7 万千瓦时,可供应约 2800 户居民用电(见图 8-6)。

图 8-6：中央大道光伏发电

建筑光伏系统　　生态城在公共建筑、工业厂房、商业建筑上安装光伏发电系统,就近接入建筑用电户配电网低压侧,代替电网提供部分建筑用电。一个典型项目是国家动漫园屋顶光伏电站,该项目入选了国家"金太阳"示范工程;总装机容量为503千瓦,年发电量56万千瓦时,所发电量供园区办公楼使用(见图8-7)。另一个典型项目是公屋展示中心光电建筑应用示范项目,该项目是生态城首个零碳建筑示范项目,采用了包括光伏发电等13项节能技术,填补了我国北方寒冷地区建设零碳建筑的空白。建筑采用先进的光电建筑一体化技术,利用建筑屋顶和弧形架构区安装太阳能电池板发电,系统总装机容量为302千瓦,年发电量30.8万千瓦时,所发电量可以全部满足建筑物自身用电需求(见图8-8)。

图8-7:国家动漫园光伏发电

车站顶棚光伏系统 结合交通专项规划,在停车场、公交站及显示牌上安装了太阳能发电系统。例如,生态城服务中心停车场的光伏电站,利用停车场顶棚及侧面安装太阳能电池板,与停车场整体结构浑然一体,同时与服务中心相映衬,是光伏建筑一体化的经典设计。同时,考虑到周边地貌和建筑,停车场采用了多种类型的太阳能电池,既有满足最大发电量的单晶硅和多晶硅标准构件,又有不受阴影遮挡影响的非晶硅电池材料,以及能够随构筑物外形弯曲的柔性太阳能薄膜材料,最大化提升光伏发电效率,成为多种电池构件综合使用的范例。该光伏电站装机容量为400千瓦,年发电量45万千瓦时(见图8-9)。

图 8-8:公屋展示中心光伏发电

图 8-9:服务中心停车棚光伏发电

三、风能利用

　　生态城地处渤海湾,风力资源不是很丰富,日平均风速为 3 米/秒左右,且主要受季风环流影响,风向随季节变化明显。

　　生态城已建成蓟运河口风电场项目,共装设 5 台单机容量为 0.9 兆瓦的风力发电机组,风机叶轮直径为 54 米,轮毂高度为 75 米;电力并网系统采用一机一变的方式,进入风电场配套建设的 10 千伏配电间,并最终接入 35 千伏变电站。项目总装机容量为 4.5 兆瓦,年发电量为 522.5 万千瓦时,可再生能源贡献率为 0.21%。(见图 8-10)。

图 8-10:蓟运河口风力发电

　　风光互补照明系统　　生态城利用风能和太阳能资源,建设"风光互补路灯"。"风光互补路灯"将风能发电与太阳能发电技术集成在路灯上,兼具经济效益和环境效益,使用寿命长达 20 年。由于无需敷设电缆及建设变配电设施,且不产生电费,"风光互补路灯"10 年内建设、运行总费用比普通路灯节约1/3。目前,生态城已在永定洲、国家动漫园和北部产业园共建设"风光互补路灯"近 800 基,覆盖道路约 12 公里,每年可省电量 50 万千瓦时(见图 8-11)。

图 8-11：风光互补路灯

四、生物质能利用

生态城充分利用城内的餐饮垃圾、厨余垃圾,积极发展生物质能源产业,实现内部资源的循环利用。按照规划,生物质能的主要利用方式为生物质制气。预计到 2020 年前,生态城将在北部片区选址建设一座有机废弃物制备车用生物天然气工程,日处理餐饮垃圾、厨余垃圾等有机废弃物 100 吨,年产车用生物天然气 159.6 万立方米/年,实现净生物质能源年产能量 1725 万千瓦时,可再生能源贡献率为 0.68%。(见图 8-12)。

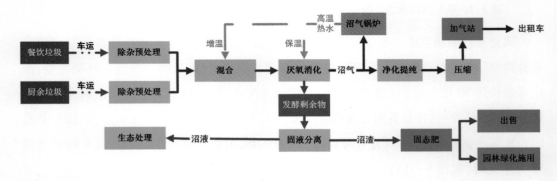

图 8-12：生物质天然气工程流程图

生态城根据可再生能源利用率达到20%以上的指标要求,结合本地资源条件,制定了可再生能源应用专项规划,可再生能源利用率达到20.42%。根据规划,生态城总能耗约31万吨标煤/年,其中建筑、产业、交通、市政能耗分别为75%、16%、6%、3%。建筑能耗中,空调采暖能耗约占50%。可见,建筑供热制冷能耗约占生态城总能耗的35%,降低供热制冷能耗和利用可再生能源供热制冷是提高可再生能源利用比例的关键。为此生态城将加大可再生能源在供热制冷领域的应用力度,广泛应用热泵技术和太阳能空调技术,增加地热和光热的利用,同时,大量采用保温、隔热、遮阳、通风等绿色建筑技术,最大限度降低建筑供热制冷能耗(见表8-1)。

表8-1:各类可再生能源的利用量和占终端总能耗的比率

可再生能源类型	可再生能源利用量	占终端总能耗的比率
	万 kWh	
土壤源热泵	15990	6.34%
污水源热泵	5659	2.24%
地热-热泵	1475	0.58%
淡化海水源热泵	1708	0.68%
太阳能热水系统	12887	5.11%
太阳能采暖空调系统	6389	2.53%
太阳能光伏	5121	2.03%
生物质能	1725	0.68%
风力发电	523	0.21%
合计	51477	20.41%

第九章 水源利用:城市生存的血脉

一个城市的发展离不开水源保障。生态城立足于水质性缺水的现实,以节水为基础,最大限度开发利用雨水、污水、中水、淡化海水等非传统水源,实施分质供水,优化资源配置,初步建立了水资源循环利用体系,非传统水资源利用率基本达到50%,为缓解北方地区缺水问题做出了积极有效的探索。

一、水系循环

生态城占地面积约30平方公里,区域远期规划人口为35万,用水性质大部分为居民用水,小部分为公建、工业用水。规划近期(2008—2015)日用水量7.58万吨/天,远期(2016—2020)日用水量16.31万吨/天。2013年日用水量约为3万吨/天。

水源供应 根据用水需求,生态城采取雨水收集、污水处理、海水淡化等非传统水源与传统水源相结合的水资源利用模式,建立了以市政供水、雨水收集、污水处理、中水回用、海水淡化为主体的水资源供应保障体系。从周边区域引进3条共9万吨/日的源水,混合10%的海水淡化水,形成了生态城主要的水源保障。2013年,平均每天居民用自来水5000吨。全区规划建设5个污水收集系统。目前,已建成南部片区和东北部片区两个系统,所收集的污水全部进入污水处理厂。通过采用一级A及再生水技术对污水进行处理,使其达到再生水水质标准。2013年,日处理污水4万吨;全面应用屋面雨水集蓄、雨水截污与渗透、生态小区雨水利用等先进技术,收集利用雨水。2013年年平均雨水收集利用量约300万吨。

分质供水 生态城按照优水优用、低水低用的原则,合理配置水资源。供水厂提供的优质水(传统水含海水淡化水)用于居民生活、公建及部分对水质要求高的产业;再生水及污水处理厂一级A出水、蓟运河水及雨水(非传统水)用于建筑杂用(冲厕)、市政浇洒、绿化用水、部分公建、部分工业、部分仓储及混合用地用水;一部分雨水和污水处理厂一级A出水用于景观补水;一部分通过自然过滤湿地和渗透系统汇入蓟运河和故道,起到补水、泄洪的作用。在此基础上，通过制定生态城自来水安全计划、水务导则、饮用水水质监测方案，出台鼓励非传统水资源使用政策，多渠道开发利用再生水，普及节水器具，提高水资源高效利用率，保障用水安全。

全面节水 通过推广节水型产品，设定定额指标，建立梯度用水价格机制，有效降低建筑用水量。生态城实行节水型产品准入制度（见表9-1），制定《生态城节水型产品推荐名录》，所有建筑使用节水型水龙头、便器、厨浴设施。设定市政供水管网漏损率不大于5%，建筑供水管网漏损率不大于3%，依据这一指标对供水运营商进行考核，实行考核与补贴挂钩。住宅用户出水水压控制在0.150兆帕—0.200兆帕内。对生活用水户实行三级计量，即用户表、楼表和小区总表。建立阶梯用水价格机制，采取市场手段促进节水。设置产业门槛，鼓励发展节水型现代服务业。以再生水和雨水为主要灌溉水源，大规模种植适生耐旱植物，全部实施滴灌和喷灌等节水灌溉措施，有效降低绿化用水量。新建绿地年用水量控制在1吨/平方米以内。

表9-1：节水型产品的节水目标

居民与公建节水型器具	控制流量
浴缸、洗衣机水龙头	≤0.200升/秒
淋浴器喷头	≤0.110升/秒
盥洗、厨房洗涤池水龙头	≤0.1升/秒
坐便器系统	全冲用水量不大于4.5升，半冲用水量不大于3升
蹲式便器	冲洗阀每次冲水量大便不大于6升，小便不大于2升
小便池	一次冲水量不大于1升
感应式水龙头	每次给水量不大于2升
延时自闭式水龙头	每次供水时间41秒—61秒

由此，生态城形成了源水、污水、雨水、淡化海水为保障，节水为基础的水资源梯级、循环利用体系（见图9-1）。

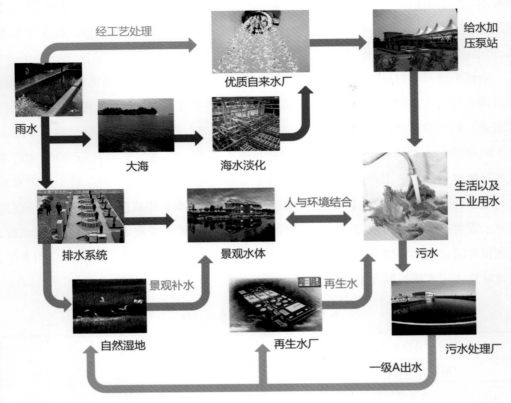

图9-1：生态城水资源循环利用示意图

二、雨水收集

利用全部道路、广场、绿地、屋面等场地收集雨水，兼顾调峰和蓄滞功能。雨水泵站出口均建设人工湿地，过滤并降低雨水中污染物含量，雨水净化后，汇入内湖、内河和廊道，作为景观水体。

路面雨水收集利用　绿道系统全部采用可渗透路面，庭院、停车场、广场等集雨区主要采用嵌草铺装的地面材料，增加雨水下渗量，减小雨水径流系数，保证城市排水安全，便利出行。（见图9-2、图9-3）

绿地雨水收集利用　在小区及公园绿地设计上，利用地势起伏变化，形成下凹绿地，汇集雨水下渗，增加绿地下渗能力，延长雨水径流时间，提高防洪能力，增加土壤含水量，排盐压碱，节约灌溉用水（见图9-4）。

屋面雨水收集利用　屋面雨水污染较少、水质较好，经简单处理，即可用于灌溉、保

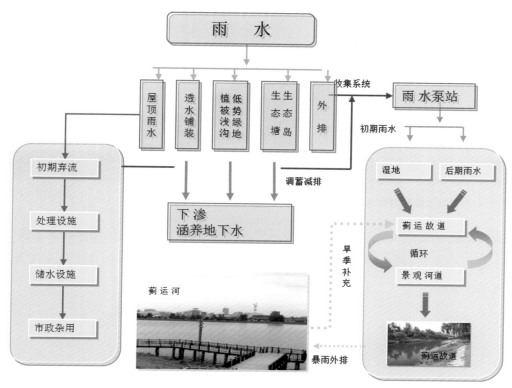

图 9-2：生态城雨水收集利用系统示意图

图 9-3：透水铺装

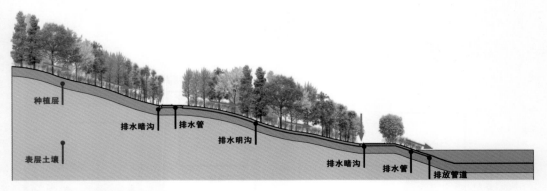

种植层

排水暗沟　　排水管

排水明沟

表层土壤

排水暗沟　　排水管

排放管道

图 9-4:永定洲公园绿地雨水收集示意图

洁或补充景观用水。国家动漫产业综合示范园建设综合性、全覆盖的雨水收集系统,雨水全部汇入园区内部公园沉淀和净化,既可补充景观用水,也可用于绿化灌溉,园区雨水回收率达 80%。

三、污水处理

生态城建设之初,即启动建设污水处理厂和污水管网系统,主要收集处理生态城及周边区域污水。污水厂于 2010 年 10 月竣工投产,日处理能力为 10 万吨/天,出水水质标准为一级 B。2013 年 6 月,启动污水处理厂水质提升工程,预计 2014 年竣工投入使用,届时出水水质标准将提高到一级 A。

污水处理厂一级 B 项目主要采用卡鲁赛尔 2000 型氧化沟工艺,该工艺可以有效去除有机污染物(COD,BOD$_5$ 等)和氮磷等耗氧类污染物。工艺流程为"进水→预处理→选择厌氧池→卡鲁赛尔 2000 型氧化沟→二沉池→出水"(见图 9-5)。

污水处理厂水质提升工程,采用气浮滤池(DAFF)处理工艺,结合了溶气浮选池(DAF)与多介质滤池(MMF)等处理技术。该项目对一级 B 项目出水、清净湖湖水以及过境水等进行处理,达到一级 A 水质标准,满足景观用水水质要求(见图 9-6)。

污水厂一级 B 项目满负荷运行,可减排 11680 吨 COD 和 1022 吨氨氮。污水厂一级 A 项目满负荷运行,可增加减排 365 吨 COD 和 109 吨氨氮。污水厂氧化沟采取加盖方式,避免了臭味外溢。采用天然植物液过滤、吸收废气,使废气达到排放标准。

按照雨污分流原则,生态城规划建设五个污水收集系统,已建成南部南侧、南部北侧和东北部三个污水收集系统。2013 年,生态城污水收集量为 4 万吨/天,同时正在完善其它污水管网,预计 2014 年至 2015 年污水处理规模将达到 6—7 万吨/日(见图 9-7)。

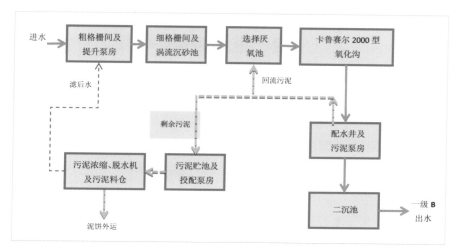

图 9-5：一级 B 项目工艺流程图

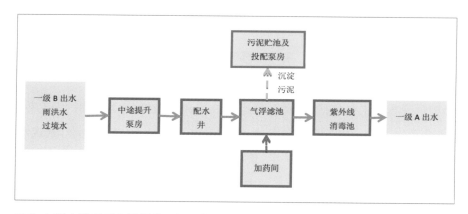

图 9-6：污水处理厂水质提升工程工艺流程图

图 9-7：污水处理厂

四、中水回用

生态城在污水处理厂内建设 1 座再生水厂,近期处理能力为 2.1 万吨/天,远期处理能力为 4.2 万吨/天。同时生态城所有道路绿化带下均敷设中水管网,形成覆盖住宅小区、公共建筑、产业园区、公园的中水管网网络。

再生水厂采用"浸没式负压微滤膜(CMF-S)+反渗透(RO)"工艺。浸没式负压微滤膜作为反渗透的前处理工艺,使出水达到反渗透的进水要求,一部分水通过反渗透去除盐分形成中水,另一部分水经紫外线消毒后排入清净湖湿地,作为景观水。

再生水处理厂出水水质达到《城市污水再生利用城市杂用水水质》GB/T18920—2002 车辆冲洗水标准,主要用于建筑杂用(冲厕)、市政浇洒、绿化用水、部分公建、部分工业、部分仓储及混合用地用水,有效地减少了市政供水,实现节约用水。

五、景观补水

生态城景观水体主要包括清净湖、蓟运河故道和慧风溪,水域面积 4.17 平方公里,水体 1113 余万立方米。由于天津地区水蒸发量大,下渗量大,降雨量小,景观水需求量大,绿化景观用水接近总用水量的一半,景观用水费用接近绿化养管费用的一半,绿化景观补水是节水的重要领域。因此生态城大规模利用一级 A 项目出水、雨水和外部河道水,作为景观补水,实现水资源循环利用,减少源水使用比例,降低景观用水费用。

生态城景观补水主要用于弥补水系蒸发和水系渗透,以及进行水体更新,确保景观水质达标。其中,年蒸发量为 700 万立方米,年渗漏量约 50 万立方米,年换水量约 1100 万立方米,累计达 1850 万立方米,每日需求量为 5 万立方米。各月蒸发量、降雨量不同,每年 5 月、6 月补水需求最大,均接近 100 万立方米。

生态城将外引河道水作为景观补水的稳定水源,约占 60%,年均约 1100 万吨,相较于源水可节约 5000 余万元。污水处理厂一级 A 出水全部作为景观补水,约占 24%,年均近 444 万吨,相较于源水可节约 2220 万元。雨水全部分作为景观补水,约占 16%,年均近 300 万吨,可节约 1500 万元。每年累计节约费用达 8700 万元,取得了良好的经济效益。

第十章 绿色交通:人们更乐意选择的出行方式

绿色交通是解决城市交通拥堵和环境污染的重要手段。生态城采用 TOD 模式,实施土地混合利用,采取双棋盘路网格局,规划建设"轨道交通、城内公交骨干线、公交支线"构成的三级公交服务体系和覆盖全区的绿道网络,实现"人车分离、机非分离、动静分离",在绿色交通系统构建方面做出了积极探索,实现公共交通分担比例 54%、步行分担 24%、自行车分担 10% 和出租车分担 2% 的目标,确保 2020 年绿色交通比例达到 90%。

一、 基本理念

生态城通过提高公共交通服务水平和绿道网络的舒适度和可达性,增加步行和自行车在总出行中所占的比重,降低私人小汽车的使用,制定合理的交通规划和政策,引导居民绿色出行。

(一)TOD 模式

生态城在规划设计阶段,结合生态城发展目标和绿色交通理念,采用了 TOD 交通模式。所谓 TOD(Transit-Oriented Development)模式即为"以公共交通为导向的区域开发模式"(见图 10-1)。

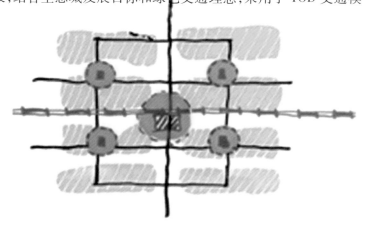

图 10-1:TOD 理念图

生态城的土地利用布局是以生态谷的轨道交通为主要发展主轴,轨道穿过了生态城主中心和两个次中心,以及生态城的五个混合片区的核心区,覆盖了超过90%的居住人口,是典型的"TOD"模型(见图10-2)。

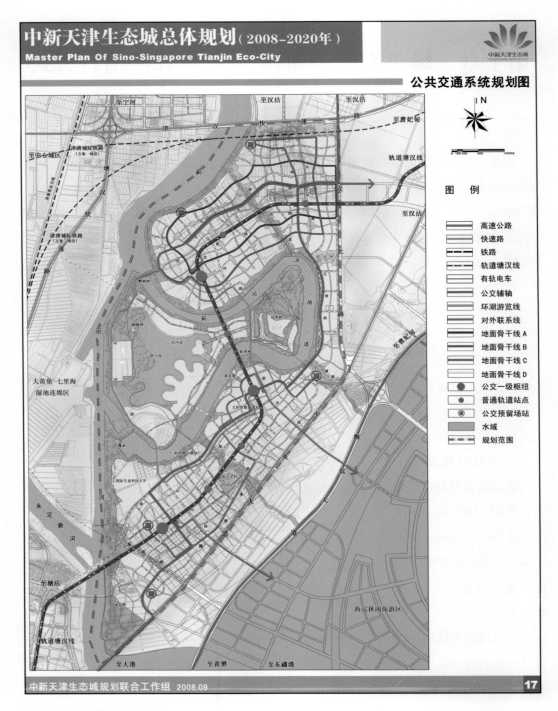

图10-2:生态城交通布局图

以北部片区为例(见图10-3),其中中央两个较大红色区域为生态谷轨道交通的主要站点,其余5个红色地块为社区商业中心,这5个社区商业中心距离所有细胞的平均距离为500米,即在居民步行500米范围内分散设有免费文体设施等功能完善的综合公共服务设施,供居民使用。

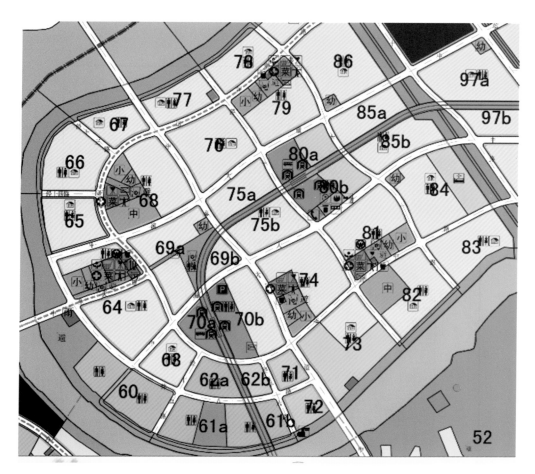

图10-3:北部片区交通主站点

(二)混合布局

合理布局居住、商业、产业等各类用地,鼓励土地混合利用,以减少出行需求,缩短居民上下班的出行距离。

总体规划层面的混合布局 生态城在总体规划中即确定了混合布局的理念,通过用地功能的适当混合营造城市的生机与活力,建构公共设施、生态、交通、空间、社区邻里等多重城市网络,最终通过多功能混合的人性化城市设计,实现综合的城市功能,促进城市健康可持续的发展。

生态城总体规划中,居住用地(黄色)与产业用地(褐色)、商业用地(红色)、学校用地(小块粉色)、文化设施用地(粉色)、市政设施(蓝色)、公园绿地(绿色)等功能全部为混合布局。在产业用地布局时,也充分考虑了产业用地与居住用地的混合布局,公屋和蓝白领公寓及保障型住房与产业用地就近布置、产业用地与商业设施就近布置等原则。既扩大了商业设施的服务范围,提高了商业设施的经济效益,又达到绿色交通的目的(见图10-4)。

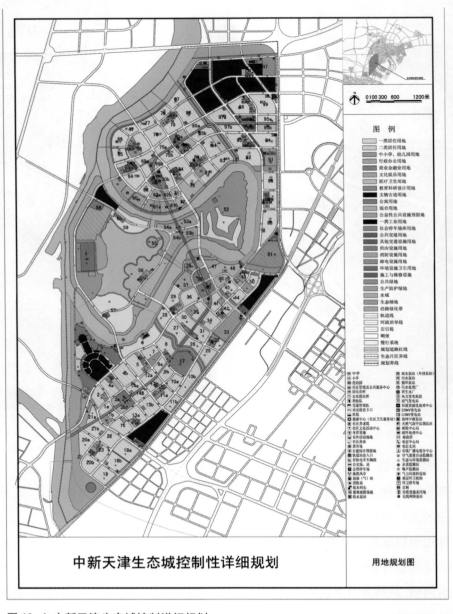

图 10-4:中新天津生态城控制详细规划

片区层面的混合布局　区级服务设施集中,社区级分散布局,强调功能混合,创造活力街区。首先将社区中心与居住社区混合布局,每个社区中心内包含有超市、药店、书店、维修点、菜市场、医疗、文教体育等19项必备功能,满足居民90%的生活需求,减少居民出行需求。其次,将中小学、幼儿园、社区公园等服务设施混合布局,方便居民就近可达,从而减少机动车出行需求比例,实现绿色交通的功能(见图10-5)。

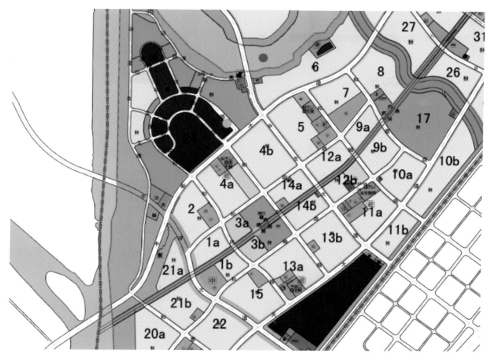

图10-5:片区混合布局图

细胞层面的混合布局　生态城内所有开发小区均是按照混合布局、集中布局、机非分离等模式来进行设计的,并同时投入使用。

在细胞内部设置了两条十字交叉的绿道系统,在两条绿道的交叉处布局由社区绿地(不小于2500平方米)和社区商业(按照总规划建筑面积的一定比例进行设计,见图10-6、图10-7),其中绿道系统是仅供行人和自行车通行。社区商业设施包含有早点铺、24小时便利店、超市、大件垃圾处理间、居委会、文化设施、党员活动中心、理发店等必备设施,以方便居民不出小区就能满足基本生活需求,从而减少机动车出行比例。

(三)机非分离、人车分离

在生态城绿色交通规划中,按照步行、自行车、公交车、轨道交通、出租车和私人小轿车的顺序,把步行和自行车放在首位,提高对步行和自行车的重视程度。生态城内所有

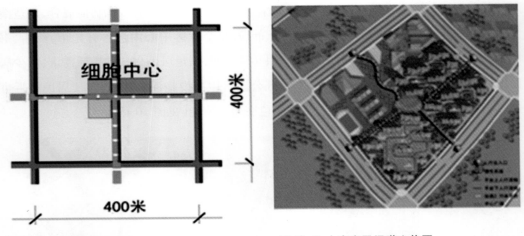

图 10-6:十字交叉绿道平面图   图 10-7:十字交叉绿道立体图

的市政道路和小区建设均严格按照"人车分离、机非分离"的原则,进行道路断面的设计和施工,以避免因机动车的"强势"而使步行和自行车的"弱势"群体出行不便。

(四)公交优先

生态城道路建设充分考虑了公交专用道设计。按照规划,在交通需求量较大时,将把双向六车道的最外侧道路改造成公交专用道,专门用于公交车辆和应急车辆的通行。

(五)高密度路网

生态城创新性地提出了非机动车道路网密度概念,生态城内非机动车网密度为 9.4 公里/平方公里,远远大于机动车道路网密度,体现了生态城绿色交通的理念。

生态城规划机动车道路总长度为 115 公里,规划非机动车总长度为 235 公里(含机动车道路两侧绿道 115 公里,细胞内绿道系统 120 公里)。在生态城 25 平方公里的建设用地范围内(总规划用地 34 平方公里,总建设用地为 25 平方公里),机动车道路网密度为 4.6 公里/平方公里,符合道路规范要求。

二、绿道网络

非机动交通尤其步行是人们最基本的出行方式,具有零耗能、零排放和通行空间小的优点,是生态城内部出行交通结构中的主导方式。生态城道路网络的构建将以实现非机动方式的便捷、舒适、通达为宗旨,实现城市路网的合理分工,绿道与机动通道各成系统。

绿道是城市内部的非机动车专用道路,也是城市慢行网络的主要组成部分,两侧设置人行道,禁止除应急车辆以外的任何机动车通行。按照其交通特性的不同,分为休憩型绿道和通勤型绿道系统。按照位置不同主要分为机动车道两侧绿道网络、社区内绿道网络和公园内绿道网络。

（一）机动车道两侧绿道网络

按照机动车道路和绿道的建设规划,在生态城起步区一期道路中建设了机动车道两侧绿道。根据生态城步行和自行车的交通量分析,确定生态城内沿机动车道路的绿道宽度分别为:居住区及商业区绿道宽度为 5 米,产业园区绿道宽度为 3.5 米。生态城内规划道路两侧绿道网络约 115 公里,绿道面积约 90 万平方米。

居住及商业区绿道 生态城主干路红线宽度 41 米,道路断面为 5 米绿道+3 米机非分隔带+11 米机动车道+3 米中央分隔带+11 米机动车道+3 米机非分隔带+5 米绿道(见图 10-8)。次干路道路红线为 34 米,断面为 5 米绿道+3 米机非分隔带+7.5 米机动车道+3 米中央分隔带+7.5 米机动车道+3 米机非分隔带+5 米绿道。

图 10-8:机动车道路断面

产业园区绿道 根据交通流量预测,在生态城北部产业园内,主要以产业、办公为主,以近距离交通为主的生活通行需求和上学需求较少。为此,规划中确定北部产业园区道路两侧绿道的宽度为 3.5 米。主干路红线宽度为 41 米,道路断面为 3 米绿化带+3.5 米绿道+1.5 米机非分隔带+11 米机动车道+3 米中央分隔带+11 米机动车道+1.5 米机非分隔带+3.5 米绿道+3 米绿化带;次干路红线宽度为 34 米,道路断面为 3 米绿化带+3.5 米绿道+1.5 米机非分隔带+7.5 米机动车道+3 米中央分隔带+7.5 米机动车道+1.5 米机非分隔带+3.5 米绿道+3 米绿化带(见图 10-9)。

无障碍设施 生态城规定无障碍设施达到 100%,因此在市政道路、广场等公共空间

图 10-9：产业园内绿道

和小区内、建筑内均严格要求设置无障碍设施。生态城绿道内全部敷设盲道，在交叉口处设置盲人提醒声音，以便于盲人和残障人士的有序、安全通过。

隐形井盖　在生态城绿道下设置中水和能源管线，为了增加绿道的美观性，提高绿道的使用安全性，生态城内道路两侧绿道全部采用隐形井盖，确保道路路面的统一性。

绿化覆盖　绿道两侧均种植高大乔木，为绿道系统挡风遮雨。乔木的种植间距为 3 米，并采用错位种植方式，实现绿荫覆盖的最大化，为行人和自行车使用绿道系统提供舒适的条件和环境，以吸引更多的行人和自行车使用（见图 10-10）。

图 10-10：绿道

（二）社区内绿道网络

生态城社区内绿道网络规划总长度约 120 公里，串联生态城五大片区和 133 个细胞以及蓟运河、故道河、永定洲公园和生态谷等重要公园和景观水体,满足生态城社区内部交通和旅游、休憩等功能需要(见图10-11)。至 2013 年 6 月 30 日,已经建设完成社区内绿道总长度为 60 公里。

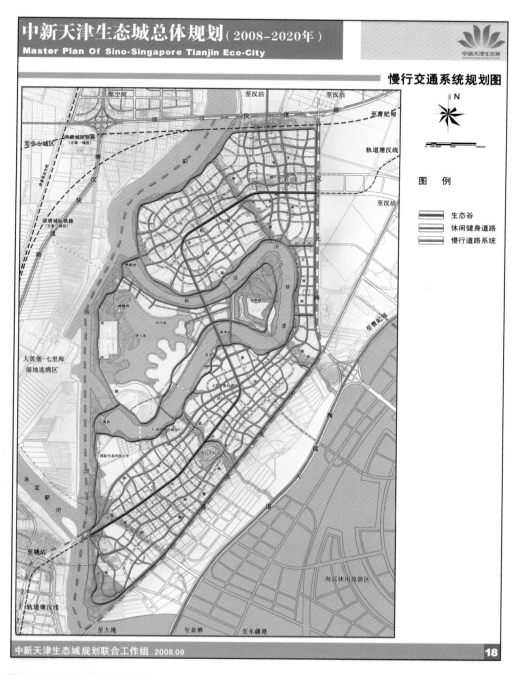

图 10-11:生态城绿道网络图

图 10-12：社区绿道系统

目前，生态城社区内绿道设置宽度按照 20 米宽进行设计，断面为 7 米绿化带+6 米绿道+7 米绿化带（见图 10-12）。其中 6 米绿道同时满足步行、自行车和消防通道要求，并在两条绿道交叉口处设置有不小于 2500 平方米的公共绿地并布置细胞级配套服务设施，最大限度方便居民使用绿道系统和商业设施。一般情况下，细胞内绿道系统仅供步行和自行车通行，不允许常规机动车通行（见图 10-13、图 10-14）。

（三）公园内绿道网络

公园内绿道系统主要属于休憩型绿道，主要是满足行人散步、游玩、休闲等功能，很少用于通勤交通。公园绿道宽度一般为 3—5 米，满足应急车辆和特殊车辆通行，不允许其他社会车辆通行。绿道两侧一般设置有景观小品、高大乔木和大片草坪，提供良好的行人环境。公园绿道系统与道路绿道系统和社区绿道系统相连接，实现行人和自行车的便捷可达。

绿道网络是区别于机动车道路网络的又一个交通通道，与机动车道形成了双棋盘格局，其建设密度是机动车道的两倍，将大大提高步行和自行车等非机动车的出行比例。

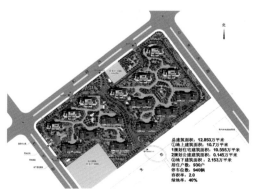

图 10-13：嘉铭红树湾绿道系统

图 10-14：人视角绿道

三、公共交通

生态城公共交通专项规划的目标是与生态城的整体建设发展水平相适应，规划建设高品质、高效率、低碳、低成本的公共交通系统，构建多方式协调的公交服务体系，提供优质公共交通服务。生态城内的公共交通方式主要包括公交系统、轨道交通系统、自行车租赁系统、出租车系统等。

（一）公交系统

生态城内部公共交通有三大模式：公共交通主轴、公共交通辅轴和功能区内部公交线路。公共交通主轴主要解决生态城南北狭长的特点和大容量的公交需求；两条公交辅轴形成双S公交线，弥补了公共交通主轴模式的单一性，与公共交通主轴共同形成生态城内部公共交通骨干网络体系；功能区内部公交支线系统作为骨干网络体系的补充，扩大公交线网的覆盖率，为居民出行提供公交可达性。

公共交通主轴 由于生态城形状东西狭窄而南北较长约10公里，因此公共交通主轴呈南北向，同时公共交通主要走廊即是城市的发展轴线（见图10-15）。

图 10-15：公交主轴

同时,公共交通的骨干网络既是生态城内部交通出行的主要走廊,也是生态城对外交通的主要走廊。公共交通主轴采用轨道交通模式。

公共交通辅轴 公共交通辅轴规划为双辅轴模式,即分别在中新大道和中天大道上布置快速公交干线。中新大道的公交辅轴贯穿了生态城各个主要片区,与公交主轴形成了"双 S"形态,线路延伸至北塘地区,同时与 Z2 线北塘站形成换乘。中天大道的公交辅轴,布设在生态城东侧,且贯通各个片区,主要功能是贯通东侧的所有用地单元,形成一条南北向贯通的公交干线,并与 Z2 线的生态城站形成换乘。

支线公交系统 生态城内部建立支线公交系统,作为公交轴线的补充,为居民出行提供基本的公交可达性。支线公交将以干线公交为轴构建,其线路布设以补充干线覆盖范围及连接片区内部用地单元为主,最大限度增加公交覆盖面,使各个用地单元的联络更加便捷。支线公交系统设置为环线网络,即把生态城分成三部分:南部综合片区(起步区)、中部综合片区、北部和东北部综合片区。在起步区内设置三条环线:环 1 线、环 2 线和环 3 线。中部设置一条环 5 线,北部和东北部综合片区设置环 6 线和环 7 线两条环线。

内部公交线路 由于轨道交通的建设周期比较长,为了衔接轨道交通,采用近期和远期两种方案,两个方案不同之处在于公交场站的位置不同。

近期主要是指 2015 年至 2020 年,共设置 10 条公交线路,需要配备公交车辆约 139 辆,公交总里程约 102.2 公里,平均站间距 400—800 米,运行间隔为 5—8 分钟。

远期主要是指 2020 年至 2025 年左右,共设置 11 条公交线路,需配备公交车辆 247 辆,公交线路总里程约 110 公里,平均站间距 350—800 米,平均发车间隔为 3 分钟(见图10-16)。

途经生态城的公共交通建设正在起步阶段,目前已经建成主要对外交通道路有中新大道(原汉北路)和中央大道。目前,在这两条路上途经生态城的公交线路主要有 133 路(由汉沽中心站至塘沽外滩公园站)、459 路(由汉沽中心站至塘沽火车站)、506 路(由泰达现代产业园区至开发区一大街公交站)、519 路(由中心渔港至新港客运码头)、462 路(由汉沽中心站至天津东站)等。2012 年 12 月份开通了内外交通线 528 路,由生态城永定洲停车场至天津市东站后广场,共设置 42 站。区内两条公交线路 1 号线和 2 号线已经于 2013 年上半年开通运行,目前运行效果良好,公交带动效果显著。2013 年 5 月开通了生态城到滨海旅游区的微循环。

(二)轨道交通系统

生态城轨道交通系统分为对外轨道交通和结合生态城内绿道网络设置的有轨电车。有轨电车尽可能覆盖轨道交通无法服务区域,与公共汽车和对外轨道交通形成良好接

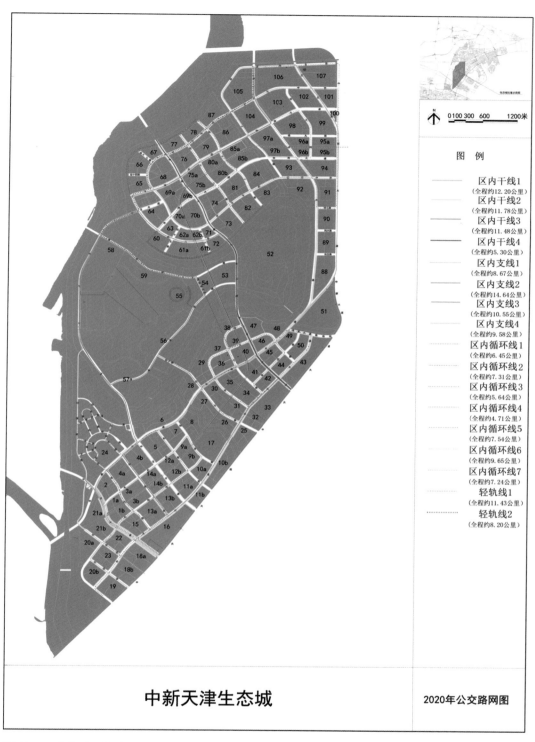

图例

区内干线1
(全程约12.20公里)

区内干线2
(全程约11.78公里)

区内干线3
(全程约11.48公里)

区内干线4
(全程约5.30公里)

区内支线1
(全程约8.67公里)

区内支线2
(全程约14.64公里)

区内支线3
(全程约10.55公里)

区内支线4
(全程约9.58公里)

区内循环线1
(全程约6.45公里)

区内循环线2
(全程约7.31公里)

区内循环线3
(全程约5.64公里)

区内循环线4
(全程约4.71公里)

区内循环线5
(全程约7.54公里)

区内循环线6
(全程约9.65公里)

区内循环线7
(全程约7.24公里)

轻轨线1
(全程约11.43公里)

轻轨线2
(全程约8.20公里)

中新天津生态城

2020年公交路网图

图 10-16：生态城远期交通图

驳,进一步提高公交网络的连贯性、可达性。

对外轨道交通 在生态城东侧的中央大道上规划有滨海轨道 Z2 线和 Z4 线,在中津大道与中央大道交叉口处、中泰大道与中央大道交口处设置两座换乘枢纽站,实现共轨敷设(见图 10-17)。其中轨道 Z2 线为南北方向,通往滨海新区于家堡交通枢纽站,与高铁、火车、动车、轻轨及长途公交实现零换乘;轨道 Z4 线为东西向,通往滨海高新区、空港等功能区域,与机场、市区地铁相连接,实现与市区的快速联系。

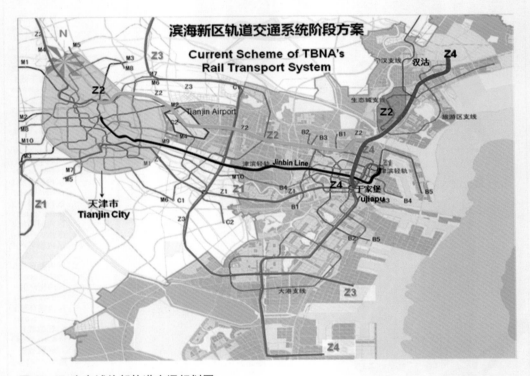

图 10-17:生态城外部轨道交通规划图

对内轨道交通 生态城内部规划轨道交通为有轨电车,规划线路 5 条,其中有三条为内部循环线,有两条线路与旅游区连接,形成串联。生态城内总轨道交通长度约 40 公里(见图 10-18)。

目前,生态城有轨电车 1 号线的可行性研究报告和各个站点的选址位置方案基本确定,对于有轨电车的车辆选型和比较已初步完成。按照生态城近期建设计划,2014 年上半年开工建设有轨电车 1 号线起步区段,该段长度约 5.6 公里。

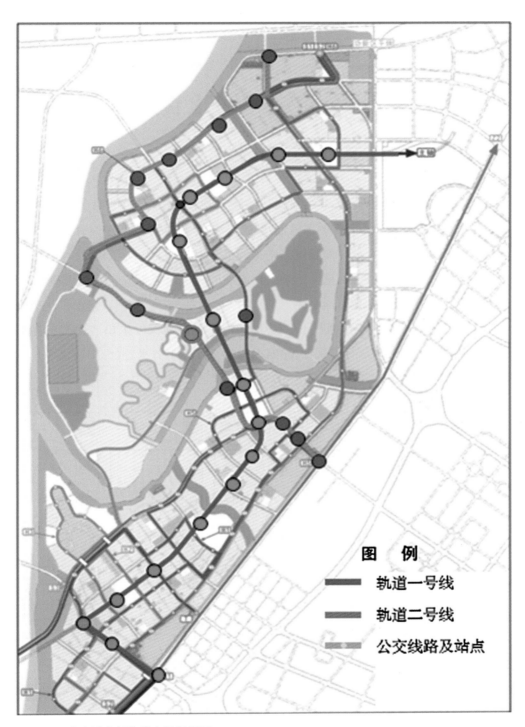

图 例

━━━ 轨道一号线

━━━ 轨道二号线

▬▬ 公交线路及站点

图 10-18:生态城内部轨道交通规划图

第十一章 绿色建筑：百分之百都是"绿"的

绿色建筑以"四节一环保"（节材、节水、节能、节地和环保环境）的特点，成为新型建筑的主要发展方向。我国绿色建筑事业起步较晚，生态城作为目前唯一一个全面实施绿色建筑的区域，在我国绿色建筑发展过程中扮演了重要角色。生态城建设伊始，就制定并强制实行绿色建筑评价标准，建立了全生命周期的绿色建筑管理体系、标准体系和评价体系，出台了一系列绿色建筑激励政策，至 2013 年 6 月 30 日，生态城建成和在建的 80 个项目、560 万平方米建筑全部通过了绿色建筑设计评价。其中，有 13 个项目已获得国家绿色建筑设计标识三星级标准认证，建筑面积达 100 万平方米，成为国内绿色建筑建设最为集中的区域（见图 11-1）。

图 11-1：生态城绿色建筑获奖项目一览表

一、绿色建筑管理

（一）全寿命周期的绿色建筑管理体系

为实现绿色建筑 100% 的目标，生态城制定了《中新天津生态城绿色建筑管理暂行规定》（以下简称《规定》），自 2010 年 9 月 1 日起实施，要求生态城所有建筑工程项目的规划、设计、施工、运营管理及评价等阶段的活动按照《规定》执行，在规划设计、绿色施工、运营管理、绿色建筑评价等环节制定控制要求，覆盖绿色建筑建设管理全过程（见图 11-2）。

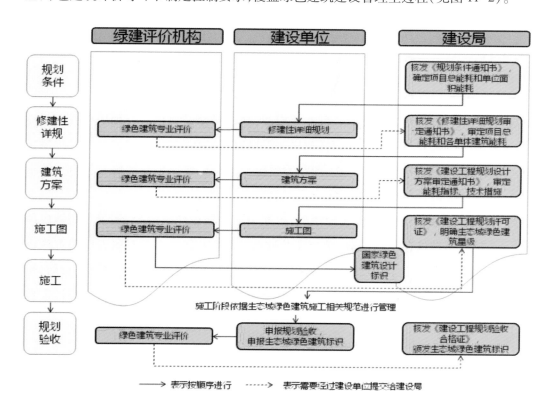

图 11-2：生态城绿色建筑规划管理流程图

生态城发展绿色建筑与国内其他区域最大的不同点在于，国内其他区域属于自愿式评价，而生态城是强制性和全覆盖。生态城将绿色建筑的管理纳入规划建设管理程序之中，在《中华人民共和国城乡规划法》规定的选址意见书、建设用地规划许可证、建设工程规划许可证（简称"一书两证"）的基础上，在不增加审批流程的前提下，加入绿色建筑评价内容，确保将能耗和碳排放要求层层落实到位。这一做法得到了住建部和天津市建委批准。具体审批内容如下：

在规划条件阶段,依据控制性详细规划,对项目的总能耗进行限定。该能耗指标将在土地出让或划拨时,与容积率一样,作为对地块的一项控制性指标纳入土地出让合同,要求建设单位必须强制实施。

在修建性详细规划阶段,审查项目的总能耗是否满足规划条件的要求,同时要求建设单位将项目总能耗分解到各单体建筑中。同时,还将在该阶段对建筑朝向、规划布局、日照环境、风环境等内容进行审核。

在建筑方案阶段,要求建设单位对设计方案进行能耗模拟。对能耗模拟结果和所采用的绿色建筑技术措施进行审查,通过审查的,核发《建设工程规划设计方案审定通知书》。

在施工图阶段,根据建设单位报送的施工图,进行能耗模拟。同时对施工图中采用的绿色建筑技术措施进行审查。能耗模拟合格,并且通过技术审查的,核发《建设工程规划许可证》。

在施工阶段,依据生态城绿色建筑施工相关规范进行管理。

在验收阶段,再次根据竣工图进行能耗模拟,同时对建设项目进行现场检查。能耗模拟合格,并且通过验收审查的,核发《建设工程规划验收合格证》。

上述审批阶段中,建筑方案、施工图和验收阶段的绿色建筑审查评价工作由于技术性较强,由第三方评价机构进行评价。

为了解决国内绿色建筑多头管理情况,生态城通过绿色建筑评价,实现建筑能效测评、可再生能源示范城市项目验收、节能工程验收、绿色建筑评价等四项工作的管理内容,达到"四合一"的目的。例如,生态城建设项目通过验收阶段的绿色建筑评价后,可以直接依据评价报告申报国家绿色建筑奖项,且不需要单独进行能效测评、可再生能源示范城市项目验收、节能工程验收。

(二)自主创新的绿色建筑评价标准体系

生态城已形成较为完善的标准体系,用以规范绿色建筑的设计、施工。这些标准具体可分为两大类,一类是可供建设单位、施工单位参考的生态城地方标准,另一类是供评价单位使用的绿色建筑评价工作手册与技术指南。

生态城绿色建筑地方标准 2009 年 10 月,《中新天津生态城绿色建筑评价标准》开始实施。评价标准在国家标准、天津行业规定的基础上进行了优化设计,对绿色建筑发展的相关利益群体包括政府管理部门、绿色建筑规划、设计、施工和管理运营以及咨询服务单位都提出明确要求,部分条文设置和量化指标要求方面高于国家标准;2010 年 4 月,《中新天津生态绿色建筑设计标准》开始实施。这是国内第一部绿色建筑设计方面的地方标准,结合天津生态城自然地理等条件,主要从规划与景观、建筑设计、结构设计、暖通空调设计、给排水设计、电气设计等方面进行了方法性说明,为绿色建筑设计单位提供了指导。2010 年 8 月,《中新天津生态城绿色施工技术管理规程》开始实施。着重对绿色施工规划、施工现场布置、"四节一环保"、绿色施工检查与验收等方面进行了规范和要求。绿色施工概念融合了文明施工、环境保护、施工节约三个方面的内容,是对我国传统的建筑业施工概念的延续和提升。

绿色建筑评价工作手册与技术指南 2012 年 9 月,《中新天津生态城绿色建筑评价技术规程》开始实施。该规程结合生态城的实际,综合绿色建筑评价、能效测评、节能工程验收、可再生能源建筑应用示范等工作的相关要求,形成以定量化能耗指标为核心的绿色建筑评价方法,并详述了设计方案、施工图和验收阶段的具体应用操作方法。2012 年 9 月,《中新天津生态城绿色建筑能耗标准》开始实施。针对生态城单位 GDP 碳排放强度 150 吨 CO_2/百万美元的指标进行了分解,并根据总体规划,按照各个组成部分和建筑功能进行研究和分析,确定原始基准能耗。在此基础上,确定未来的能耗指标和 CO_2 排放量。2012 年 9 月,《中新天津生态城建筑能耗模拟操作手册》开始实施。该手册借鉴美国绿色能源与环境设计先锋奖(LEED 认证)中能耗模拟的规定,充分考虑生态城的实际,对生态城绿色建筑的能耗模拟软件类型、版本、参数设置要求进行明确的规定,以 eQUEST 软件作为生态城能耗模拟的标准软件,用统一的标准对设计成果进行能耗模拟,保证能耗模拟结果的准确和公平(见图 11-3)。

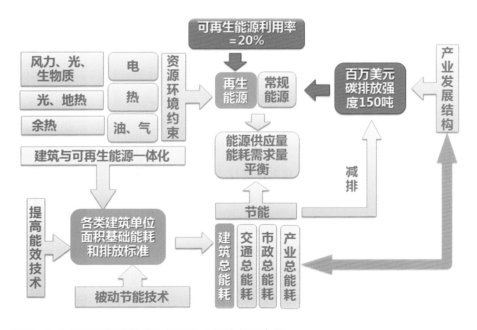

图 11-3:生态城绿色建筑能耗标准的分解路径示意图

（三）独立的绿色建筑第三方评价机制

2011年6月，生态城组织多家国家级科研、设计单位，成立了中新天津生态城绿色建筑研究院（以下简称"绿建院"），并将趋于绿色建筑评价和技术审查工作委托给绿建院承担。在建设项目的规划设计、建造和验收三个阶段，绿建院开展绿色建筑评价和技术审查，出具结论，作为建设主管部门实施许可审批的前提条件。从而，创新建立了绿色建筑第三方评价机制，提升了绿色建筑评价的公正性、专业性和科学性。

二、绿色建筑政策

生态城设立了绿色建筑专项资金，申请了可再生能源建筑应用专项资金，并制定相应管理办法，规范化、持续性地扶持绿色建筑发展。

设立绿色建筑专项扶持资金 按照国家财政部、住建部《关于加快推动我国绿色建筑发展的实施意见》（财建[167]号）文件要求，根据生态城绿色建筑管理规定及相关标准规范，设立了绿色建筑专项扶持资金。专项资金分为绿色建筑奖励资金及绿色建筑维护基金。绿色建筑专项资金用于对高等级绿色建筑进行资金奖励，奖励资金的数额随绿色建筑等级的提高而增加。奖励资金分设计和竣工验收两个阶段进行拨付，体现按环节激励的特点。绿色建筑维护基金用于获得绿色建筑奖励资金的商业性住宅项目与节能相关设施、设备的维修、改造和更换，确保绿色建筑的正常运营，体现绿色建筑全生命周期的理念。

设立可再生能源建筑应用专项扶持资金 2010年，生态城获得了国家财政部和住建部"可再生能源建筑应用示范城市"的近4600万元财政补贴。针对2010—2012年度应用可再生能源技术的建筑项目，生态城制定了可再生能源建筑应用专项资金管理办法，确定具体补贴标准为：采用太阳能热水系统的示范工程，按集热板面积补助，标准为600元/平方米；采用地源热泵系统的示范工程，按地源热泵井数补助，标准为7900元/井。对于商业性住宅项目，为了真正让居民受益，生态城没有采用通常将资金补贴给建设单位的做法，而是创新资金补贴模式，把资金直接补贴给小区物业管理单位。规定资金补贴只能用于可再生能源相关设备维修维护，并受生态城主管部门监管。

设立绿色建筑科技研发专项资金 2013年3月，管委会与新加坡国家发展部共同签署在绿色建筑及相关领域开展科技研发的合作协议。按照协议，未来三年双方将共同拿出6000万元专项资金，支持绿色建筑领域的科技项目研发及合作。目前，双方已确定的支持项目包括：《生态城微气候改善研究》、《生态城区域能源站系统优化及其基于气象预报的调度系统》、《节水、节地和节材领域技术研发及示范》。

三、绿色建筑技术

生态城鼓励采用适宜的被动式节能技术,合理采用可再生能源建筑一体化等其他绿色建筑技术,避免建设高成本、不可复制的绿色建筑。生态城所采用的绿色建筑技术,除了大量采用区域层面的可再生能源技术、分布式能源供应技术、雨水收集和再生水利用技术、可持续的规划技术外,单体建筑层面大量采取"四节一环保"五个方面的技术。具体如下表:

表 11-1:节地与室外环境技术

技术类别	主要技术示例	主要作用
节地技术	地下空间利用	集约节约利用土地资源。
室外环境规划技术	室外风环境模拟	通过优化建筑布局,控制室外场地风速,营造舒适的室外风环境。
	日照模拟	通过优化建筑布局,改善建筑日照条件,提高室内舒适度。
	室外透水地面	实现雨水收集,减少地表径流。
绿化技术	乔灌草多层次绿化	塑造优美的景观效果,提高绿地系统的生态功能。
	屋面绿化	提高场地内的绿化容量。
	垂直绿化	提高围护结构保温隔热性能。
	人工湿地景观	雨水收集,处理初期雨水。

表 11-2:节水与水资源利用技术

技术类别	主要技术示例	主要作用
节水器具	节水龙头	流量小于传统水龙头。
	节水马桶	单次冲水量小于传统马桶。
水质保障	给水水质紫外线消毒技术	提高自来水水质。
	中水水质臭氧消毒技术	提高中水水质,去除异味。
中水利用	中水冲厕	提高非传统水源利用率,节约水资源。
	中水景观补水	提高非传统水源利用率,节约水资源。
雨水利用	雨水下渗	增加地表水涵养,对土壤进行改良。
	雨水结合人工湿地过滤	节约处理成本,过滤后的雨水可用于绿化浇洒,节约水资源。

技术类别	主要技术示例	主要作用
节水灌溉	滴灌	比传统灌溉形式节约用水。
	微灌	比传统灌溉形式节约用水。
	微喷灌	比传统灌溉形式节约用水。
减少管网漏损	管材选择	选择耐久性好的材料。
	管网连接处理	减少管网漏损。
	管道敷设	合理布置室外管网。

表 11-3：节材与材料利用技术

技术类别	主要技术示例	主要作用
材料选择 废弃物为原料	生态木空调百叶	节约金属百叶材料使用。
	矿渣空心砖	节约土壤资源。
	生态板外墙面	建筑材料回收利用,节约外檐材料。
可循环材料	钢结构	建筑材料可回收利用。
建筑装修一体化	精装修住宅	降低建造能耗,减少二次污染。
厨卫标准化	统一厨房、卫生间尺寸	模数化设计,用材统一,节约装修材料。
建筑工业化、预制化		提高墙体、门窗、内装修质量,缩短工期,节约人力成本。

表 11-4：被动式节能技术

技术类别	主要技术示例	主要作用
建筑体形设计	控制体形系数	减少散热面积,降低采暖、空调能耗。
建筑外围护结构保温技术	提高外墙、屋顶保温材料保温隔热性能	降低采暖、空调能耗。
	提高门窗保温性能	降低采暖、空调能耗。
	合理的窗墙比	减少北向外窗热损失。
	气密性	减少热损失,降低采暖、空调能耗。
	水密性	防止门窗渗水。
	综合遮阳系数	降低建筑空调能耗。

技术类别	主要技术示例	主要作用
自然采光技术	外窗合理窗墙比	充分利用自然光。
	地下车库设置采光井	减少白天照明能耗。
	汽车库设置光导照明系统	减少白天照明能耗。
	户型设计中、厨卫全明设计	减少照明能耗。
	外墙设反光板	提高光照进深,改善室内照度均匀度。
	屋顶天窗为内区提供天然采光	减少照明能耗。
	下沉庭院为地下空间采光	减少地下室照明能耗,提高地下室室内舒适度。
	电梯间、卫生间公共通风与采光	减少照明能耗。
自然通风	防烟楼梯间及前室、车库及楼梯卫生间设有可开启外窗	有利于消防排烟,减少机械排烟电耗。
	地下车库设置通风百叶	减少地下车库新风能耗。
	总平面布局朝向夏季主导风向	创造良好室外风环境,促进建筑室内通风效果。
	玻璃幕墙外窗设可开启扇	减少过渡季节的新风、空调能耗。
	中庭热压通风,天窗可开启	减少过渡季节的新风、空调能耗。
	设置拔风井及顶部无动力风帽	减少过渡季节的新风、空调能耗。
建筑遮阳	铝合金百叶式活动外遮阳	减少空调能耗。
	铝合金电动外遮阳帘	减少空调能耗。
	东西向垂直外遮阳	减少空调能耗。
	中庭电动内遮阳	减少空调能耗。

表 11-5:主动式节能技术

技术类别	主要技术示例	主要作用
采暖	低温热水地板辐射采暖	提高室内热舒适度,节约采暖能耗。
	热源换热站供给	减少换热热损失。
	热力入口设置自动式压差控制阀	有利于热平衡,避免局部过热。
	采暖末端为立式明装风机盘管	提高供热效率。

技术类别	主要技术示例	主要作用
空调	各种节能空调设备	节约空调能耗。
	分区、分层设置空调系统	根据不同部位的建筑功能,合理选用空调系统,减少空调能耗。
主动通风	机械通风	改善室内空气质量。
	新风热回收	减少热损失。
温湿度控制	分室温度控制	降低采暖能耗。
	温度自动调节装置	降低采暖能耗。
	电动式恒温控制阀	降低采暖能耗。
照明设备系统	各种节能灯具	降低照明能耗。
	人体感应控制开关	缩短灯具开启时间,降低照明能耗。
	采用光控、程控、时间控制等智能控制方式	缩短灯具开启时间,降低照明能耗。
智能化控制系统	防盗对讲及住宅安防系统	提高建筑安全性。
	电子巡更系统	提高建筑安全性。
	车库智能管理系统	为使用者提供便利。
能耗监测	能耗分项计量系统	有利于监测、统计建筑各分项能耗,可以实现对建筑能耗的监测和控制,起到降低建筑运行能耗的作用。
	三表远传系统	有利于区域市政系统对建筑能耗情况进行监测和统计,减少人力成本。
可再生能源	土壤源热泵	减少采暖、空调能耗,降低碳排放。
	太阳能光热系统	系统效率高,技术成熟,节约电力消耗。
	太阳能光伏	节约电力消耗。
	风力发电	节约电力消耗。

表 11-6:室内环境质量相关技术

技术类别	主要技术示例	主要作用
空气质量净化设备	室内空气净化机	提高室内空气质量。
健康内墙涂料	硅藻粉涂料	吸附甲醛,提高室内空气质量。
	光触媒健康涂料	释放负氧离子,吸附甲醛,提高室内空气质量。
内墙材料	蓄能调湿内墙材料	利用材料蓄热性能改善室内热舒适度,节约采暖、空调能耗。

案例一:公屋展示中心

公屋展示中心位于生态城起步区 15#地块东北角,占地面积 8000 平方米,总建筑面积 3467 平方米,其中地上建筑面积 3013 平方米,地下建筑面积 454 平方米。建筑高度为 15 米,地上两层,地下局部一层。按照零能耗标准设计,即建筑全年能耗能够由场地所产生的可再生能源全部提供。该项目已获国家绿色建筑三星级设计标识。主要采用以下技术措施:

1.通过被动式节能技术最大限度降低建筑能耗

合理确定建筑总平面和功能布局。建筑总平面为六边形,主要朝向为南北向。在建筑功能布局上,将主要功能区布置在南向,将附属用房设置在北向。良好的建筑朝向和内部功能布局有利于天然采光和自然通风。

减小建筑体形系数。本项目建筑体形系数 0.22,可有效降低建筑在冬季的热损失。

根据建筑不同朝向设定立面窗墙比。建筑南向窗墙比为 0.4,尽量开大窗,在冬季接受阳光。北向窗墙比为 0.08,减小外窗尺寸,且满足采光要求。

提高建筑维护结构性能。建筑的外墙采用 300 厚砂加气和 150 厚岩棉,传热系数 $0.15W/m^2 \cdot K$。外窗采用双层中空悬膜玻璃和断桥铝合金窗框,综合传热系数 $1.1W/m^2 \cdot K$。建筑维护结构性能远低于规范要求(规范为外墙 $0.45W/m^2 \cdot K$,外窗 $2.5W/m^2 \cdot K$)。通过高效的维护结构,可大大降低建筑的采暖能耗。

天然采光。在建筑中庭设置高侧窗,并在内区房间的墙面和屋顶设置导光筒,为建筑内部提供自然光,减少人工照明使用。同时,在结构梁表面设置反光板,增加自然光照射深度,使房间内部自然光照度更加均匀。

自然通风。建筑设置大量可开启外窗,并利用地道通风和大厅空间的"烟囱效应"等措施,改善过渡季节的通风效果,降低建筑空调能耗。

自遮阳。将建筑外窗做倾斜处理,下部窗台向外悬挑,形成对下层窗的遮阳。通过遮阳设计降低建筑夏季空调能耗(见图 11-4)。

图 11-4:公屋展示中心导光筒和自遮阳系统

2.通过主动式节能技术提高设备效率并进一步降低能耗

建筑采用高温冷水地源热泵机组,并对温湿度进行独立控制,在保证使用者舒适度的前提下,降低建筑空调能耗。

建筑采用地板辐射采暖、低温散热器系统、干式直流无刷电机风机盘管等空调末端形式,提高室内舒适度,降低建筑采暖和空调能耗。

建筑采用节能灯具,并设置智能照明控制系统。办公区采用 T5 节能灯具。结合室内自然光照度和室内人员活动,控制灯光开启,降低照明能耗。

通过建立能源管理平台,借助能耗分项计量设备,实时收集建筑能耗数据,对建筑能耗情况进行分析,并可以对建筑不同的用能系统进行智能控制。

通过以上的被动式和主动式节能技术,将建筑能耗控制在 $62kWh/m^2 \cdot a$,能源需求量是同类型建筑的一半,达到发达国家建筑能耗较低水平。

3.利用可再生能源满足建筑能源需求实现零能耗目标

建筑采用地源热泵系统作为空调冷热源,在建筑周边室外场地地下打井 44 口。

建筑内部设置微网系统,对光伏发电系统的并网、电池的储能等进行智能控制,最大限度地利用可再生能源。光伏发电系统装机容量为 320 千瓦,年发电量为 290 千瓦时,大于建筑全年能耗 270 千瓦时,实现建筑零能耗目标(见图 11-5、图 11-6)。

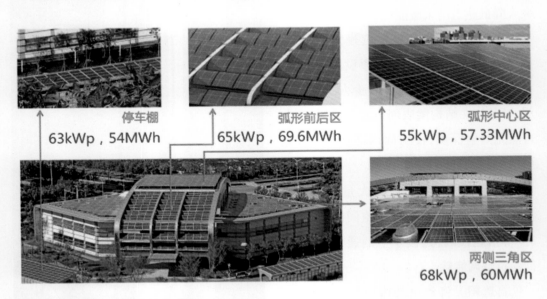

停车棚
63kWp , 54MWh

弧形前后区
65kWp , 69.6MWh

弧形中心区
55kWp , 57.33MWh

两侧三角区
68kWp , 60MWh

图 11-5:公屋展示中心光伏建筑一体化应用

此外,建筑采用节水型器具。卫生间采用无水型小便器,洗手盆采用节水式水龙头,一次出水量不大于 0.15 升/秒。建筑还设置了雨水收集系统,对建筑屋顶雨水进行收

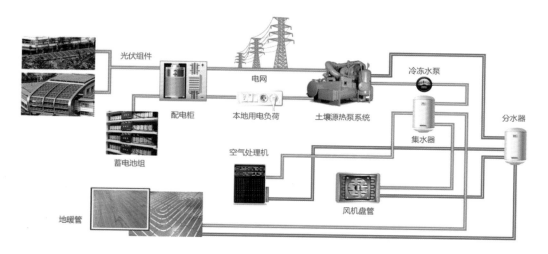

图 11-6：公屋展示中心可再生能源系统原理图

集,用于绿化浇洒,在地下设置 30 立方米的雨水收集池用于储存雨水。同时,将屋顶以外雨水排入 90 立方米渗水池,强化雨水下渗,保持地表水涵养。

案例二:05-10-03-01 地块住宅项目

05-10-03-01 地块住宅项目位于生态城起步区。地块用地南至和惠路,北至中津大道,东至中天大道,西至和畅路,规划总用地面积为 143459 平方米,总建筑面积 230707平方米,其中地上建筑面积 173250 平方米。该项目容积率为 1.5,建筑密度 10.06%,绿地率 51.02%。本项目获得了国标三星级绿色建筑的设计标识。项目采用的绿色建筑技术主要是可持续的规划布局、建筑节能和节材技术。

规划布局 通过日照、风环境、噪声环境等的计算机模拟分析,寻找适宜本地气候的节能居住模式,通过模拟分析调整规划结构,通过多方案比较优化布局,寻找有利于节能的最佳布局方案。

建筑朝向 选择东南向及正南向,通过光、热环境的模拟研究规划布局中的建筑阴影和太阳辐射热,使所有住宅获得良好的自然采光和太阳辐射环境,并有利于太阳能热水的利用。

风环境 分别模拟夏季和冬季主导风向在 1.5 米行人高度的风速,使规划布局有小于 5 米/秒的适宜风速,并在高层间减少涡流,遮挡冬季西北风同时促进夏季通风,从规划层面减少冬季采暖能耗和夏季空调能耗。在计算机气候及环境模拟基础上,得到优化的修建性详细规划总平面布局(见图 11-7)。

建筑节能 采用被动式节能技术减少能源需求。能源策略包含四个方面,一是从良

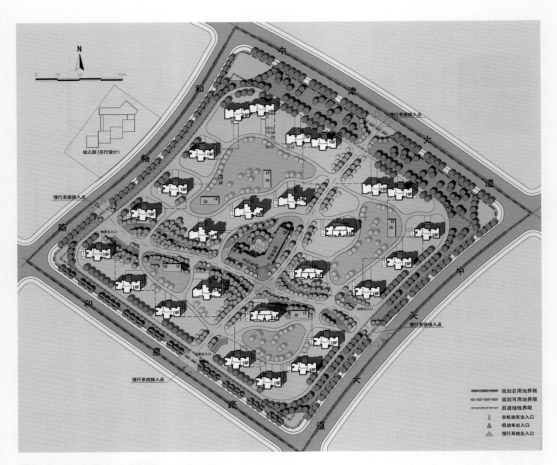

图 11-7：住宅修建性详细规划总平面图

好朝向、控制窗墙比、减少体形系数等被动式方法奠定节能的基础（见图 11-8）。二是通过外围护结构的高保温性能减少能源消耗。三是通过良好的自然采光通风减低电耗和空调能耗（见图 11-9）。四是利用可再生能源提供生活热水。05-10-03 地块住宅平衡居住与节能，设计了恰当的窗墙比与体形系数，外围护结构外墙、外窗、屋面的保温性能优于三步节能住宅（见表 11-7）。良好的自然采光和通风可以显著地降低照明和空调能耗，住宅设计中在电梯厅等公共空间设置外窗，户内卫生间也尽量设计为明卫。地下车库结合景观规划采用了半地下和全地下的形式，半地下车库由高侧窗自然采光通风，全地下车库则设置了不同尺度的采光井，可供自然采光与通风，年节电 3 万度左右。

表 11-7:围护结构保温性能

外围护结构	传热系数 W/(m² · a)	保温层构造做法
外墙	0.47	70 厚黑色聚苯板,λ=0.32W/(m² · K)
外窗	2.5	玻璃:6LOW-E+12A+6,K=1.8W/(m² · K) 窗框:断桥铝合金框,K=4.0W/(m² · K)
屋面	0.42	90 厚挤塑聚苯板,λ=0.03W/(m² · K)

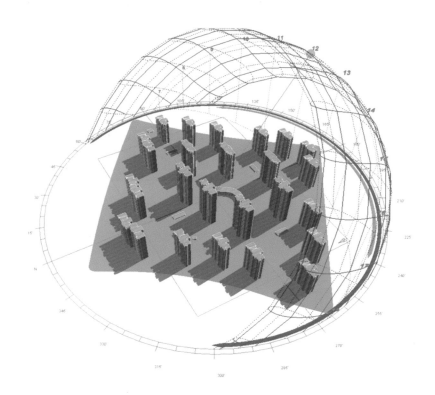

图 11-8:建筑朝向光热环境模拟分析图

可再生能源利用 采取太阳能光热系统与建筑一体化技术,针对高层住宅采用了屋顶集中式和阳台分户式太阳能热水系统相结合的模式(见图 11-10)。结合太阳能辐射分析和日照遮挡情况的分析,下部 4-6 层的住户利用屋面集中太阳能热水系统,上部住户将太阳能集热板布置在阳台,从而使 100%的住户享有太阳能热水系统,太阳能提供了64.7%的热水量,可再生能源利用率达到 10.6%。

建筑材料 住宅设计中采用建筑装修一体化,精装修交房。住宅户型设计中注重厨卫标准化,尽量减少厨卫种类,减少精装修的材料消耗(见图 11-11)。大部分建材选用本地材料,减少材料运输过程中的碳排放。建筑中可循环建材的重量比大于 10%,同时

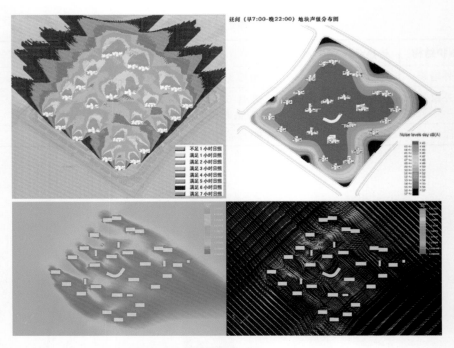

图 11-9：小区规划布局日照、风、噪声模拟分析图

图 11-10：太阳能热水系统建筑一体化应用

建筑墙体采用炉渣空心砖、空调百叶采用生态木等以废弃物为原料的建材,减少建筑材料生产的碳排放。在结构体系选择上,对住区内的会所及低碳展示馆采用钢结构体系,减少水泥生产的碳排放,并可循环利用。

图 11-11:精装修

四、绿色建筑施工

绿色建筑涉及建筑物的设计、施工、使用、管理各个阶段,其中绿色施工是绿色建筑实施阶段非常重要的一环。绿色施工是在工程建设中,在保证工程质量和安全生产的前提下,通过建设工程相关责任主体的管理,在施工过程中节约资源,减少对环境的影响,从而实现"四节一环保"。绿色施工在我国尚属新生事物,生态城通过绿色施工探索,扩展了绿色建筑的内涵。

创新绿色施工管理机制 生态城率先将传统建设管理的"招标站"、"建管站"、"质检站"三站合一,成立"生态城建设管理中心",形成"机构整合、职能合并、统一执法、提高监管效率"的建设管理体系,将各专业的专项管理沟通由"体外循环"变为建管中心各部门之间的"体内循环"。同时,通过机构整合,实现管理程序、办件要件、办件人员三统一,实现了简化程序、提高效率、服务社会的政府管理目标。

制定绿色施工管理标准　依据住建部《绿色施工导则》，生态城先后制定了绿色建筑评价标准、施工技术规程等规范性文件和《建管中心服务手册》、《生态城绿色施工手册——施工现场形象篇》、《生态城建设工程竣工备案》等服务性指南，规范建设工程责任主体各个环节的施工行为。

细化绿色施工管理措施　通过实施项目入区备案制，及时发现问题，及时清理生态城建筑市场，形成施工现场和建筑市场的联动机制。同时，强化施工过程现场监管，对施工质量、安全、建筑市场、绿色施工等内容实施综合管理，采取一票否决制。建立市容、公安、消防、环境等政府多部门联动执法机制，将施工现场纳入监管范围（见图11-12）。

图11-12：施工现场

第十二章　社会建设:老百姓的需求最重要

天津生态城按照"一切从百姓出发、一切为百姓着想、一切为百姓服务"的原则,坚持公共财政优先保障民生、惠及民生的理念,确立公共服务均衡布局,采取以理事会制度和"管办评"分离为核心的事业单位管理模式,广泛引入国内外优质医疗、教育、文化资源,借鉴新加坡经验,建立了分层级、标准化的社区体系,构建了基于社区中心的一站式、综合化服务的400米半径生活圈,以不断提升居民幸福指数。

一、面向百姓需求,统筹资源布局

在建设伊始,生态城就将社会事业发展规划摆在城市总体规划的重要位置,根据规划人口总量及结构,参考发达国家公共服务水平,规划预留和控制社会事业用地,结合生态城特有的生态细胞——生态社区——生态片区三级居住模式(见图12-1),建立与之对应的分层级的邻里之家、社区中心、城市次中心、城市主中心四级公共服务体系。生态细胞由400米×400米的街廓组成,人口8000人左右;4个生态细胞组成一个生态社区,人口3万左右;4—5个生态社区构成一个生态片区,人口8万人左右。

教育方面,按照步行500米、1000米、15000米为半径,分别配建幼儿园、小学和中学。全区共规划建设32所幼儿园、16所小学、8所中学,确保每个社区居民子女就近入学。卫生方面,建设1所大型综合医院作为区域医学中心,每个社区配建1000平方米左右的社区卫生服务中心,形成综合医院和社区卫生服务中心两级服务模式。文化方面,规划建设图书档案馆、少年科技宫、文化宫(文化馆)、生态论坛会议中心等城市级文化设施,与城市主中心和蓟运河故道一起形成中央文化区。体育方面,规划建设一座城市级体育中心和一个城市奥林匹克公园,在每个片区规划建设健身馆或健身中心,在每个生态社区规划建设社区体育公园。养老方面,在中部片区规划建设大型养老服务综合体,在起步区域建设亲老社区,在各生态社区建立老年日间照料中心(见图12-2)。

在细胞层面建设邻里之家　每个"邻里之家"约200平方米,作为社区居民的休闲、

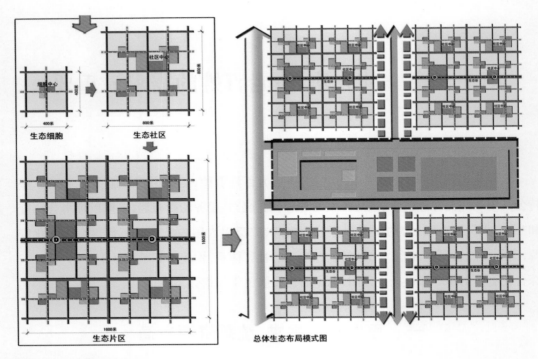

图 12-1：三级居住模式图

娱乐、交流场所和居委会办公场所,结合实际需要,推出儿童托管、自助式体检等特色服务。"邻里之家"由开发商配建并免费提供。

在社区层面建设社区中心 借鉴新加坡"邻里中心"综合服务模式,在每个生态社区配套建设一个"社区中心",建筑面积 2 万平方米左右,集商业服务和公共管理服务为一体,为居民提供餐饮、超市等十多项基本生活服务,建设"一站式社区服务中心",为居民就近提供卫生计生、社会保障等 14 项基本公共服务,并开辟老年人、儿童专门活动区。全区规划建设 10 个社区中心和 11 个生活中心,集商业服务和公益服务为一体,生活中心作为社区中心的补充,从而形成均衡布局的社区中心服务网络(见图 12-3)。

在片区层面建设城市次中心 在南部片区和北部片区的中心位置,各建设一个城市次中心,结合轨道站点建设教育、医疗卫生、文化体育、商业服务、金融、邮电等设施。南部次中心服务南部片区,用地规模为 17.4 公顷;北部次中心服务北部片区和东北部片区,用地规模为 30.5 公顷。中部片区和生态岛片区由城市主中心覆盖。

在城市层面建设城市主中心 在生态城中心地带——中部片区新津洲南侧建设城市主中心,用地规模约 74.7 公顷,规划建设商务办公、商业零售、文化娱乐、旅游休闲服务等设施和综合性市民中心,为生态城及周边地区服务。主中心和次中心采取城市综合

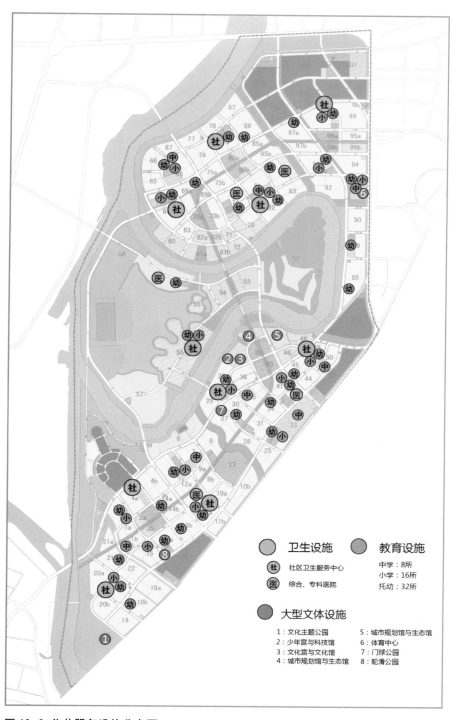

图 12-2:公共服务设施分布图

图 12-3：邻里之家和社区中心分布图

体建设模式,规划建设医疗、教育、养老、体育、娱乐等综合体。

二、创新体制机制,提高服务水平

生态城坚持政社分开的原则,尊重社会事业发展规律,积极探索社会事业建设、运营、管理、服务新模式,提升社会事业专业化管理水平和效能。

引入国内外优质社会服务资源 充分发挥国家项目优势,积极与国内外知名教育、医疗等机构开展合作,推动社会事业高起点、跨越式发展。先后与天津市南开中学、外国语大学、医科大学和新加坡南洋理工大学、杰美司(GEMS)国际教育集团等合作,在生态城建设教育、医疗机构,迅速形成品牌教育医疗服务能力,提升了区域综合吸引力,赢得居民广泛赞誉(见图12-4、图12-5)。

图12-4:南开中学滨海生态城学校

图12-5:天津医科大学中新生态城南部综合医院

鼓励民资参与社会事业发展　在做好公办社会事业的同时,广泛调动社会力量参与学前教育、社区服务、养老等社会事业发展,形成以公办为基础、民资为补充两者相互促进的社会事业服务模式。第一所幼儿园采取公开招标方式,设计了在"减免租金、补贴运营"政策扶持基础上的"低价格、高质量"目标,成功引入新加坡艾毅教育集团在生态城开办幼儿园,该园采取市场化运作、政府购买服务的方式,免费为生态城居民子女提供服务,从而构建了对幼儿园和居民针对性的直接补贴模式;社区管理服务通过项目策划,尽可能向第三方机构转移,扶持成立和引进专业化服务机构,通过公开招标选择服务提供商;养老产业坚持政府主导、民资参与的方式,以避免养老产业"房地产化",实现专业化经营管理。

推进事业单位法人治理改革　利用学校、医院等社会事业大多采取合作方式开展、具备建立法人治理结构的有利条件,全面推行理事会领导下的校(院)长负责制,对校(院)长实行业绩考核、待遇挂钩,淡化行政级别和人员编制观念,建立以岗位和绩效为基础的薪酬制度,避免职责不清、权利义务不对等、吃大锅饭等问题,打破铁饭碗,形成激励机制,增强事业单位自我管理、自主发展能力。目前,天津外国语大学附属滨海外国语学校已被列入天津市事业单位法人治理结构改革的首批试点单位。综合医院在保障基本医疗服务的基础上,强化优势学科发展,在加大政府投入的基础上,形成与服务功能对等的政府补偿机制,逐步树立起医生和医院良好的社会形象和社会声誉。

建立管办评分离的社会事业运营机制　结合办医办学实践,在建立完善事业单位法人治理结构基础上,逐步推行行政管理部门、举办方、社会评价机构相分离的社会事业运营机制。行政管理部门负责监管,举办方负责实体运营,社会评价机构采取第三方独立评价方式,对举办方运营情况进行评价,作为监管依据。克服了管办评不分造成的既当运动员又当裁判员的弊端,激发社会事业发展活力。

三、提升公共服务,推动服务均等

生态城将公共服务作为城市建设的出发点和落脚点,为了服务居民入住,2011 年 5 月,生态城超前启动首批民生工程建设,涵盖教育、医疗、文化、体育、社区、养老等领域,共计 17 个项目,累计投资 20 多亿元,建筑面积近 40 万平方米。2012 年 9 月,幼儿园、小学、初中正式开学,并推出第二批 6 项民生工程,启动滨水文化中心系列场馆建设。2013 年,首个社区中心、社区卫生服务中心、大型综合性菜市场正式投入使用,基本形成社会配套服务体系。

　　实现教育高起步发展　优质教育资源对于提升区域影响力、加快居民入住具有强大的引导作用。生态城坚持教育的优质化、国际化、公益化、普惠化发展思路,加大财政投入,按照国际领先的标准,建设节能环保、安全健康的教学设施,突出以双语教育、素质教育、创新教育、生态教育的办学特色,面向全国公开选聘师资力量和管理人员,全方位提升整体教育教学水平。生态城与天津外国语大学合作开办的小学,采取欧式英伦古典风格,校舍设计、选材、装修严格遵循绿色建筑标准。配置了生态展示、自然科技、史地、音乐、美术、舞蹈、心灵港湾等全市第一批高端情景教室(见图12-6)。以外语教学为特色,

图12-6:生态城小学系列情景教室

从小学一年级开始，即开设英语课程，实行小班教学，采用英国朗文和剑桥原版教材。2013 年 5 月，该校与新加坡华侨中学建立合作关系，在教师培训、O/A Level、学生交换等方面互动交流。2013 年开始，生态城启动 12 年制义务教育，将学前教育纳入义务教育范围，免除幼儿园学费和生活费，并配备专用校车。新加坡艾毅集团开办的幼儿园入园儿童达到 300 人，办学水准得到居民广泛认可（见图 12-7）。全球最大的私立教育机构——杰美司教育集团在中国的第一所分校在生态城正式交付使用，这是杰美司教育集团在中国乃至东亚地区设立的第一所分校，提供从幼儿园到高中生阶段的全程教育，可容纳 1200 名学生，提供 IB 特色教育。南开中学在生态城建设直属分校，将复原南开中学伯苓楼、范孙楼等重要历史风貌建筑，设置初中部和高中部，计划 2014 年南开中学创建 110 周年之际开学。在此基础上，生态城将努力发展高等教育、职业教育、社区教育、老年教育、特色培训，形成完备的终生教育体系。

图 12-7：艾毅幼儿园教室

　　打造两级卫生服务体系　　落实国家医疗体制改革战略，生态城坚持社区优先、基层优先的卫生发展思路，创新社区卫生服务模式，推进公立医院改革，提升区域卫生服务效能，形成便利高效、重点突出的大健康服务体系。结合区域人口规模和结构特点，确立综合医院和社区卫生中心（见图 12-8）两级模式。2013 年 1 月，生态城率先实行一体化的

图 12-8：社区卫生中心

社区卫生服务管理,将机关、学校、企业的保健服务纳入社区卫生服务中心统一管理,再将社区卫生服务中心纳入综合医院统一管理。建设1所三级甲等综合医院(即天津医科大学中新生态城医院)和10个社区卫生服务中心。综合医院适应区域滚动开发的实际需求,分两期开发,一期工程位于南部片区,坚持小综合大专科的发展方向,优先发展代谢病、康复、妇产等专科,配备系列高端医疗设备,按照人性化服务的原则提升公共空间比例,同时争创国际一流的绿色医院和数字化医院。占地面积2.5公顷,建筑面积6.9万平方米,规划床位350张,2011年开工建设,预计于2015年上半年投入使用。3—5年后,生态城开发进入中期阶段,将启动二期工程——北部主体院区建设。社区卫生服务中心规划面积800—1200平方米,在满足常见病诊疗的基础上着重公共卫生,作为综合医院的门诊和初级医疗设施,逐步形成社区首诊、分级医疗和双向转诊体系。生态城还将探索实行政府补助型的家庭医生服务制度,整合其基础医疗和公共卫生服务职能,为居民提供预防、保健、治疗、康复、计生服务、健康教育服务,统一建立居民健康档案。2013年5月,生态城推出了入住居民免费体检活动。生态城将建立若干特色专科医院和多元便利的私人诊所及门诊部,积极发展包括健康服务产业在内的卫生配套服务体系。

打造高水平文化设施 依托"邻里之家"、社区中心,开辟居民阅读、书画、健身等专门的文体活动区(见图12-9),每个邻里之家中有约100平方米的文体活动区,每个社区中心内的文体活动区达3000多平方米,占中心公益部分面积的60%。社区公园(见图12-10)和片区健身场馆(见图12-11)结合本地居民体育运动特色,体现针对性和高端化。大型滨水系列文化场馆全部按照发达国家人均公共设施标准建设,达到省级场馆水平。

图 12-9：社区文体活动区

图 12-10：社区公园

图 12-11：健身馆

图 12-12：轮滑公园

2012 年 5 月以来,生态城陆续在 5 个邻里之家里开放居民活动空间,最先建成的第三社区中心设有书画室、影音室、摄影沙龙、图书馆、青少年科技活动室、健身房、体测室、休闲茶吧、跳操房、多功能演艺厅等功能室。在每个小区内都配置有随处可见的健身设施。轮滑公园(见图 12-12)于 2013 年 6 月投入使用,设有天津市第一个专业比赛级轮滑场,儿童公园、青年公园将于 2013 年年底建成,门球公园将于 2014 年 7 月建成。南部片区健身中心预计 2014 年 7 月投入使用。生态规划馆、图书档案馆将在 2015 年年底投入使用。2012 年 9 月,生态城成功承办了第三届环中国国际公路自行车赛终点赛段的比赛,积极推动了居民的健身热情,很好地宣传了生态城所倡导的绿色低碳、健康快乐的理念(见图 12-13)。

图 12-13:第三届环中国国际公路自行车赛

实行综合化养老服务　生态城借鉴新加坡及发达国家先进的养老理念,积极探索新型养老服务模式。2012 年,合资公司引入新加坡良好的养老理念和先进经验,启动建设亲老社区。2013 年,生态城确定采取养老综合体发展思路,在中部片区规划建设一个综合性的养老服务综合园区,设计有老年公寓、度假酒店、银龄会所、老年医院、老年康体保健中心、老年产业研发中心等功能,为老年人提供一站式、现代化的全方位服务。

推动公共服务均等　按照公共服务均等化的总体思路,生态城制定了以房籍为基础的公平、无差别的公共服务方案,为生态城居民提供均等的社会服务。同时按照梯次递进和权利义务对等的思路,构建外来人口转换为本地市民的路线图,为生态城的开发建设做出贡献。具备城市生活能力的外来人口取得"城市居民权",将公共服务及社会保障扩展到新市民,使所有在生态城居住的人,在教育、卫生、文化、社区服务等领域能享受到同等服务。

2009 年 7 月,生态城在起步区域建成滨海新区首个大规模的专供建筑工人居住的建设者公寓,2013 年 6 月又在北部片区建成了新建设公寓,配以社区化的解决方案,配备专门的管理服务人员,银行、超市、阅览室、诊所等公共服务设施一应俱全,同时还有免费的专列班车往返于工地现场和公寓之间,使数万名建设工人真正享受到城市居民的待遇,不但住有所居,更实现了住有宜居。2013 年 7 月,生态城启动了统一的常住人口基础信息库建设,探索建立新型居住证制度,以此作为公共服务均等化的技术基础。

四、建设活力社区,夯实稳定基石

建立新型社区管理体制　生态城依托规范化的三级居住模式,从三个层面创新社区管理体制:一是缩小街道层面管辖范围,借鉴新加坡经验,在 15000 户、大约 3 万人的范围设置生态社区,在生态社区设立新型政府基层组织"分区事务署",负责基层事务和综合管理。生态城管委会各职能部门向"生态社区"派驻人员,提供贴近居民的管理服务。二是在生态城层面和生态社区层面创设社区理事会,统辖各居委会和其他社区组织。三是组合治理主体,将生态城管委会各职能部门、分区事务署和社区自治组织等治理主体结合在生态社区层面。依托社区中心,将政府职能下移、分区事务署统筹协调、居民自治三项功能横向紧密结合,依托一站式社区中心强大的载体功能,将生态社区建设成为功能社区。

建设一站式社区中心　社区中心是生态城社区管理服务的硬件载体,是居民的"一站式服务中心、交流交往中心和社区文体活动中心"。生态城统一社区中心的外观、规模、功能设置和运营管理,采取市场化运作,成立专业公司统一负责社区中心的投资建设,实行连锁经营。社区中心的功能按照"必备功能+选择性功能"、"非经营性设施+准经营性设施+经营性设施"的原则确定。必备功能、非经营性设施和准经营性设施为强制性内容,不得改变必备功能场所的用途;经营性设施的规模和功能,由专业公司根据市场需求自行建设经营。非经营性设施和准经营性设施建成后无偿移交生态城管委会。每个社区中心规模在 2 万平方米左右,与社区公园一体化建设。

起步区域的首批 3 个社区中心(见图 12-14、图 12-15、图 12-16)将于 2013 年 10 月起

图 12-14:第一社区中心

图 12-15:第二社区中心

陆续投入使用,配置有必备的居民文体活动、社区卫生、一站式办事大厅、办公管理和配套商业五大功能。首个投入使用的第三社区中心内还配有一个3500平米的大跨度、大层高、自然通风采光的大型鲜活农副产品专业市场,将以独特的装修、优美的环境以及连锁型、品牌化的新型经营管理模式彻底颠覆传统的菜市场概念,使居民舒心放心(见图12-17)。

图 12-16:第三社区中心

图 12-17:第三社区中心鲜活农副产品市场

大力培育社会组织　生态城积极开展社会组织管理改革,创新监管模式,有重点地培育民生类、社区类、环保类、公益类社会组织,用优惠政策和政府购买服务扶持社会组织发展壮大,按照社会化、专业化要求,加快推进各类社会组织自主发展,使其成为公共服务供给的有力补充,优化社会治理,激发社会活力。目前已扶持成立了天津生态城绿色之友生态文化促进会、天津生态城绿色产业协会、天津生态城文化创意产业协会、天津生态城物业服务协会和惠生社工服务社。

建立专业社工队伍　生态城将社工队伍作为社区事务的重要组成力量,按照每200户配备1名专职社工。2012年6月,面向全国公开选聘了首批15名专职社工,安排到新加坡挂职培训社会管理与服务,并制订社工职业发展规划,促进社工职业化、专业化。在建设专门社工队伍基础上,生态城大力发展民办社工组织,积极倡导志愿者和义工服务作为补充。除社区社会工作外,生态城还将建立慈善、教育、养老、扶幼、助残、社区矫正、心理调适等专业社工队伍。

创新社区服务项目　生态城策划了系列精细化、精品化、特色化的社区服务项目,以满足居民高品质、多样化的社区服务需求。"社区健康小屋",为居民提供自助式体检和健康咨询;"环保讲堂"聚集环保有志之士,传播环保知识和理念,开展环保活动;"四点钟儿童托管",为社区小居民提供贴心照料,为工作繁忙的家长分忧;"魅力楼道",让文化装点社区生活;"啄木鸟爱城联盟",推动居民参与城市管理;"点亮商业街",帮助商户改善经营环境,提升生活配套能力。

第十三章 公屋建设:圆百姓安居梦

生态城借鉴新加坡组屋和中国经济适用房的模式和经验,按照保障性住房达到20%的指标要求,坚持均衡布局、市场运作的理念,建立了公开透明、封闭循环的管理体系,创造了保障性住房规划、建设、管理新模式,形成了以公屋为主体的住房保障体系。全区规划建设公屋2万余套,总建筑面积约150万平方米,首期500余套公屋已投入使用,为中低收入家庭提供了坚实的住房保障。

一、建设理念

生态城将公屋建设作为解决中低收入家庭住房问题、建设分层次住房市场、构建和谐社会的重要手段,确立了全区域范围均衡布局、全面覆盖区域中低收入群体、品质与商品房相当、投资建设市场化的公屋建设理念。

布局均衡 在保障性住房传统规划建设中,往往服务于低收入家庭的保障性住房多建于城区边缘,远离城区中心地带,与现代、文明、高雅的城市建设格格不入,并伴随着管理缺失、治安混乱等负面状况。针对这一问题,生态城在开展公屋规划设计时,统筹兼顾城市布局、社会保障、产业发展、生活需求等因素,科学布局,合理配置,使公屋项目广泛融入整个生态城规划建设中,与其他商品住宅项目共同发展,并发挥着公屋这一新型保障性住房的功能和作用(见图13-1)。

覆盖广泛 为进一步保障和改善民生,国家“十二五”规划纲要提出,提高住房保障水平,“十二五”期末使城镇保障性住房覆盖率达到20%左右。按照生态城建设初期制定的总体规划,公屋数量将达到住宅总量的20%,总建筑面积约150万平方米,可满足超过2万个中低收入家庭的住房需求。目前,投入使用的首期公屋已为区内300余个家庭和众多企业员工提供了舒适的居住保障,深受驻区企业的欢迎。

品质优良　与传统意义上的保障房不同,生态城公屋建设在户型设计、施工标准、技术应用等方面体现了高标准、高品质、高水平的特点。一是户型设计多样。根据不同家庭的不同居住需求,公屋户型设计不拘泥于满足低层次居住需要的小户型,而是广泛涉及一室、两室甚至三室等不同面积和功能的户型,为不同家庭构成提供多种选择。二是全部精装修。生态城制定了公屋精装修相关标准和规定,对于材料设备的购置、装修施工的招投标过程等都明确了详细的管理办法,并严格执行精装修的交房标准。三是土建装修一体化设计施工。为保证土建设计和精装修设计的契合度,公屋在规划、设计阶段就将两者统一进行,避免了由于二次装修对土建部分造成破坏,同时也大幅度减少二次装修所带来的环境污染。四是全部达到绿色建筑标准。为了实现生态城内部绿色建筑达到100%比例的要求,公屋完全按绿色建筑标准设计和施工。五是广泛采用环保生态技术。生态城

图13-1:公屋规划地块示意图

注重强化可再生能源利用,公屋建设充分采用太阳能热水器、太阳能照明系统、墙体保温技术、垃圾回收系统和节能节水器具等环保生态技术,积极创造舒适生活环境。

　　市场运作　采取市场运作的创新建设模式,在生态城管委会建设主管部门的监管下,由生态城公屋公司按照市场化运作模式进行公屋开发、建设、销售及后期养护,发挥政府及公司各方优势,合力开展公屋的建设管理工作。

二、管理模式

生态城在建设局设立公屋署，专门负责公屋管理。自 2010 年以来，先后出台了《中新天津生态城公屋管理暂行办法》、《公屋购房服务指南》等多项政策措施，建立了工作制度和流程，形成了一整套多环节、全方位的公屋管理体系，实现了公屋管理工作的专业化、精细化、信息化。

先松后紧的申购标准 为了促进初期产业入驻及人口导入，生态城依据区域发展现状，借鉴新加坡"先松后紧"组屋政策经验，适当放宽了公屋申请条件、扩大受益人群，制定了"凡是在生态城就业工作的职工，并且收入达到收入线要求的已婚或单身人士都可以提出购买申请"的公屋申购标准。随着区域建设的不断推进，生态城将根据实际情况对公屋申购标准进行调整，使公屋能够切实满足中低收入家庭住房需要。

严格的申购流程 为了切实保证公屋受众人群的基本住房需求，生态城制定了严格的审核、公示等申购程序。公屋申购需由驻区企业与职工共同申请，申请人需要通过生态城公屋申请页面填写个人信息，打印购房审查表并通过所在单位统一进行购房资格申请，再由公屋管理部门进行严格审核和比较，将通过审核的申请人信息面向社会公示满5 日无异议后，方可下达购买通知书并正式购买公屋。

封闭循环交易模式 为了保证公屋的良性循环，生态城制定了公屋封闭式内部循环交易模式，即公屋后期的买卖必须在符合公屋署购房要求的人群中进行，并且需要通过公屋管理机构进行。按照《中新天津生态城公屋管理暂行办法》规定，购买公屋不足 5 年，本人及其家庭成员在生态城内购买或获得他处住房的，应按照原售价将公屋退还给公屋回购单位，因其他特殊原因确需转让的，经负责公屋回购的特定单位同意后，按照原售价的95%回购；满 5 年不足 10 年的可参照政府公屋指导价格转让给负责公屋回购的指定单位；满 10 年的可转让给具有购买公屋资格的申请人，转让价格由买卖双方议定。

公开透明信息化管理 借鉴新加坡组屋的信息化管理方式，生态城公屋采用了全过程的网络化管理。在公屋的申购、交易过程中，要求各个步骤都必须做到信息公开化，方便居民查询和监督，包括公屋的位置信息，周边的环境规划，各类房型的数据信息以及价格信息等。居民可通过网络及公屋销售现场公示等多种途径来获取公屋信息，最大限度地做到买卖双方信息的对称。

一站式申购服务 依托便捷的信息化手段，生态城公屋申购采用了全过程的网络化管理，建立完善了公屋资格审核系统和销售管理系统，采取网上申请、网上资格审核、网上查询购房资格、网上选房和网上销售管理等,为生态城职工申请和购买公屋提供了一站式服务,大大提高了服务效率。

三、实施案例

2009 年 10 月,公屋一期项目动工建设,2012 年 8 月,全面竣工并交付使用。项目位于生态城和风路与中天大道交口,属于南部片区的核心区域,地理位置优越,交通便利,是一个高品质低密度的居住区(见图 13-2)。项目占地面积 2.1 万平方米,建筑面积 3.45 万平方米,共 569 套,均为 60 平方米左右的小户型,5 种不同户型均具有设计小巧、使用功能齐全、空间利用率高等特点,容积率 1.62,小区绿化率高达 35%,其绿化具有植物品种丰富、造型多样、绿植和花卉交织、高矮层次分明等特点。公屋一期项目具有户型小巧、功能齐全、精装修配家具家电、应用先进科技环保技术等显著特点。

项目周边同时规划有多个社区中心、幼儿园、小学、培训中心、社区体育中心及健身中心等,建成使用后可为入住公屋的居民提供较为全面的生活配套。

作为生态城内的重要保障住宅项目,首期公屋均达到绿色建筑三星标准,并广泛使用低碳、节能、环保的新技术新材料,包括太阳能光伏发电发热设备、LED 及节能灯具、节

图 13-2:公屋

能节水器具、感应式照明系统、地板热辐射采暖系统、气力垃圾回收系统、高效外墙保温材料及节能的"Low-E"中空玻璃窗、光纤入户三网融合以及半地下式车库等。不仅充分展示了节能建筑特色及技术,还为居民提供了健康、舒适和高效的住宅空间(见图13-3)。

图13-3:室内实景

保温材料和技术　公屋在建设过程中采用高效外墙保温材料及节能的"Low-E"中空玻璃窗,Low-E玻璃的镀膜层与普通玻璃及传统的建筑用镀膜玻璃相比具有优异的隔热效果和良好的透光性。公屋通过这些保温措施,能够最大限度地控制室内热量散失、降低能耗,起到保温作用。

地板热辐射采暖系统　相较传统采暖方式供暖,地板采暖热效率更高,人体感受更加舒适,传送过程中热量损失小,在节能的同时降低运行费用。同时,公屋室内采暖实行分户控制,用户可自行调解室温,有效节约能源。

太阳能光伏　公屋顶部全部安装太阳能板及太阳能光伏发电系统(见图13-4),用无污染、可再生的太阳能进行发热发电,通过太阳能对水进行加热并直接入户,居民在家中即可随时使用太阳能热水,太阳能光伏发电系统则用于地下车库的整体照明。

半地下式车库　采用半地下式开敞式设计,引入室外光线和绿化,空间可视度强、无暗角,日间自然光照就能满足车库白天照明需求,夜间照明则通过公屋顶层的光伏太阳能发电系统供电。

公屋一期项目积累了丰富而珍贵的建设管理经验。后续公屋建设将结合区内居民实际情况,在坚持满足低收入群体住房需求的基础上,进一步完善调整公屋设计、建设和

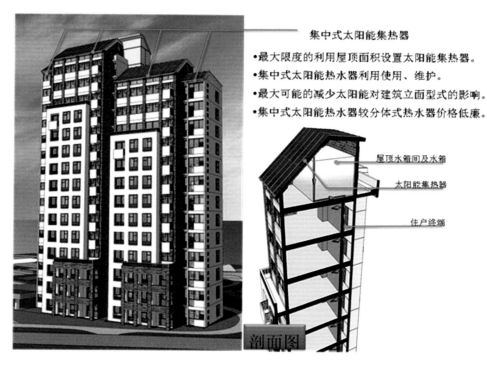

集中式太阳能集热器

- 最大限度的利用屋顶面积设置太阳能集热器。
- 集中式太阳能热水器利用使用、维护。
- 最大可能的减少太阳能对建筑立面型式的影响。
- 集中式太阳能热水器较分体式热水器价格低廉。

屋顶水箱间及水箱

太阳能集热器

住户终端

剖面图

图13-4：集中式太阳能集热器示意图

管理政策。一是要丰富公屋户型种类,根据不同家庭多样化的住房需要,适时推出两室和三室户型。二是探索公屋建设与商品房建设相结合的方式,在商品房地块出让时,涵盖一定比例的公屋,采取开发商投资建设、政府回购模式,推动公屋与商品房的融合,降低中低收入阶层对集中式公屋的负面心理,促进不同收入阶层间居民的交流。三是适当提高车位配比,完善周边配套设施,确保公屋与商品房处于同等水平。四是建立公屋价格与商品房价格紧密衔接的浮动价格机制,始终保持公屋的保障性和对居民的吸引力。

第十四章　垃圾处理:全新的方式

垃圾处理是城市管理难题,也是资源循环利用的重要领域。天津生态城借鉴国内外先进理念和技术,按照"减量化、再利用、资源化"的原则,积极探索实施"源头减量—分类收运—集中处理--资源再生"的垃圾管理新模式,建立了以居民一次分类为基础、专业公司二次分拣为补充、政府部门监管鼓励为保障的工作机制,构建了垃圾全过程管理体系,垃圾分类收集率80%,再利用率60%,住房和城乡建设部多次到生态城考察,支持生态城建设"全国垃圾分类试点城市"。

一、全程管理

按照全生命周期管理理念,积极推进垃圾处理、责任分工和分类保障三大体系,开创了垃圾处理的新路径。

(一)建立垃圾处理体系

坚持从关键环节入手,注重加强垃圾产生、收集、运输和处理各个环节的流程化管理,建立了按户分类收集、统一分类运输、就近分类处理的全过程垃圾处理体系(见图14-1)。

严抓收集环节　坚持从源头抓起,严把垃圾分类收集的"入口关"。按照《生态城垃圾分类管理办法》《生态城居民小区垃圾分类操作规程》等制度办法,对建筑垃圾、居民垃圾、餐厨垃圾、园林垃圾和生活垃圾进行"大分流"和"小分类",明确垃圾类别属性,提高居民垃圾分类收集的准确率,确保垃圾收集、运输、处理流程的顺畅运转。

严控运输环节　作为城市生活垃圾管理系统的一个组成部分,垃圾收运系统占据着重要的位置。借鉴国外垃圾处理先进技术,采用密闭输送管道收集垃圾,推行"垃圾不落地"模式,全过程无二次污染,垃圾密闭化清运率可达到100%。同时,也与新加坡企业益科威合作,在生态城引进创新排水式生物技术处理餐厨垃圾。

严把处理环节　在末端的处理技术上,作为新型的示范城市,生态城采取垃圾分类综合处理技术,按照分类处理和资源化、无害化的原则,将运转的各类垃圾通过回填利用、回收利用、焚烧发电、微生物处理等手段，使资源得到最有效的循环再生与合理利用。

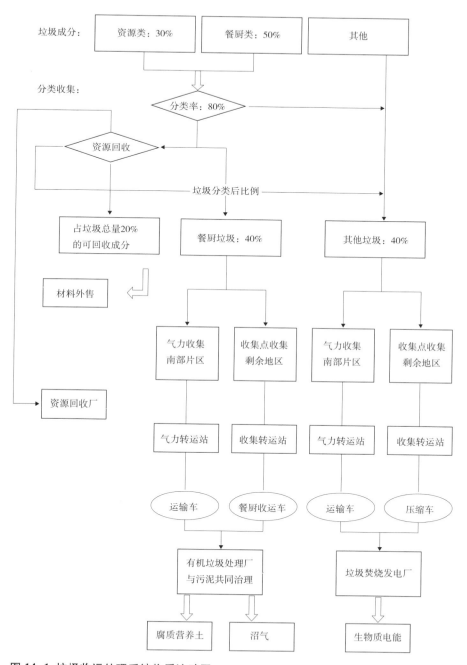

图 14-1:垃圾收运处理系统物质流动图

（二）建立责任分工体系

垃圾分类是城市管理和社会管理的双重任务,涉及面广,具有长期性、专业性、系统性特点,需要政府、企业、社会组织和居民等多方主体合力推进,逐步形成政府主导、企业实施、物业配合、居民支撑的责任分工体系(见图14-2)。生态城确定由城市管理综合执法部门作为垃圾处理的主管部门。成立了由城市管理综合执法大队牵头,其他职能部门和专业企业配合的垃圾处理工作小组,建立联席会议机制,加强统筹协调,组织开展垃圾分类、处理、利用及宣传推广;通过特许经营方式将垃圾处理工作交由专业公司负责;采取免费提供垃圾袋和开展社区宣传教育等措施,推动社区居民自觉分类投放垃圾。

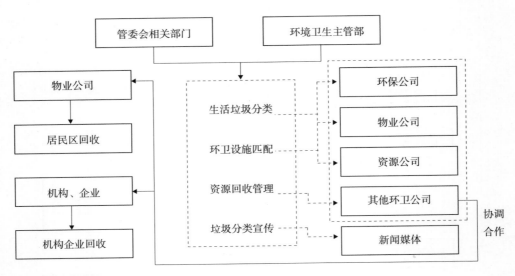

图14-2:生活垃圾管理责任分工图

（三）建立分类保障体系

夯实硬件保障 生态城大力建设垃圾分类处理设施,避免因分类处理设施不健全而出现"前端分类投放、后端混合处理"的问题(见图14-3)。在南部环卫家园高标准启建了南部餐厨垃圾处理站(见图14-4),作为餐厨垃圾集中处理点,预计2014年建成投入使用。届时,南部片区餐厨垃圾全部实现集中化处理、资源化利用。在中部片区,启建一处建筑垃圾临时消纳场,作为建筑垃圾回收场地,杜绝垃圾乱堆乱倒现象。针对建设初期餐厨垃圾较少的特点,采取政府财政补贴的方法,鼓励企业食堂、社会餐饮单位、居民小区自行购置餐厨微生物处理机,达到源头减量、就地消化的效果。规划在北部片区建设餐厨垃圾资源化中心,采用餐厨垃圾厌氧消化处理工艺(见图14-5),处理餐厨垃圾。

出台管理制度 定期召开垃圾分类领导小组联席会议制度,定期公布工作进度,接受各方监督。研究制定并组织实施垃圾分类管理办法等指导性规章;修改完善居民小区

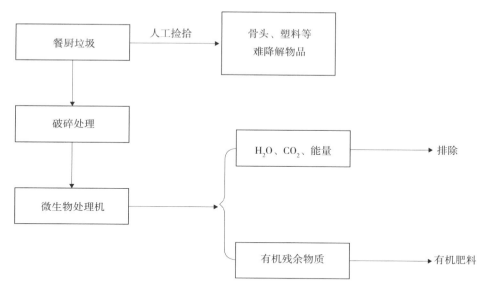

图 14-3：餐厨垃圾处理流程图

图 14-4：南部餐厨垃圾处理站

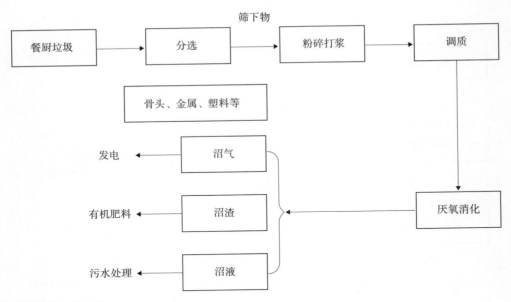

筛下物

餐厨垃圾 → 分选 → 粉碎打浆 → 调质

骨头、金属、塑料等

发电 ← 沼气

有机肥料 ← 沼渣 ← 厌氧消化

污水处理 ← 沼液

图 14-5：餐厨垃圾厌氧消化处理工艺流程图

垃圾分类操作规程、分类收集设施设备配置标准；研究制定生活垃圾处理费征收和使用管理办法，建立垃圾减量分类激励机制和后续运行经费保障机制；修改完善餐厨垃圾管理暂行办法，研究制定扶持垃圾减量、垃圾分类、资源再生利用试点企业和示范项目配套政策，建立垃圾分类企业市场准入和退出机制。建立完善垃圾处理制度规范，使垃圾处理有法可依，约束居民生活中的不良行为，逐步形成良好的生活习惯。

强化宣传教育　为了增强居民环保观念和责任意识，提高对垃圾分类认知和分类准确率，自觉做好日常生活垃圾投放、处理的责任和义务，生态城在全区开展了垃圾分类主题宣传活动。借鉴新加坡国家环境局优化指导手册和宣传资料样本，印发《生活垃圾处理知识系列问答》和《垃圾分类指导手册》等宣教资料。编制公益宣传广告，发放文明居民倡议书。联合天津绿色之友、南开大学环境科学协会等环保组织，在学校、社区开展垃圾分类宣传和推广活动。组织参观垃圾气力输送系统，帮助区内企业、居民、学生等各类群体了解垃圾分类，提升分类意识。促使居民逐步养成垃圾分类习惯，确保城区环境干净、整洁、靓丽。

二、分类收集

分类收集是垃圾科学化处理的基础，切实把握好、运用好垃圾分类管理方式、分类运行政策和收运体系，对做好垃圾分类收集的推广和普及化显得尤为重要和必要。

(一)实施垃圾分流分类的管理方式

生态城的垃圾分类工作依据"大分流、小分类"原则(见图14-6),将"建筑垃圾、居民垃圾、餐厨垃圾、园林垃圾"等种类实行大分流;居民小区的生活垃圾分为可回收物、厨余垃圾、有害垃圾及其他垃圾、大件垃圾五类;宾馆、饭店等餐饮场所的垃圾分为可回收物、餐厨垃圾、其他垃圾三类;公交场站(候车亭)、公园、游园景区、加油站等公共场所的垃圾分为可回收物、其他垃圾两类;政府机关、企事业单位办公区域、学校等场所的垃圾分为可回收物、其他垃圾两个大类,大型办公区的可回收物可进一步细分为纸张类、饮料瓶罐类、其他塑料类。

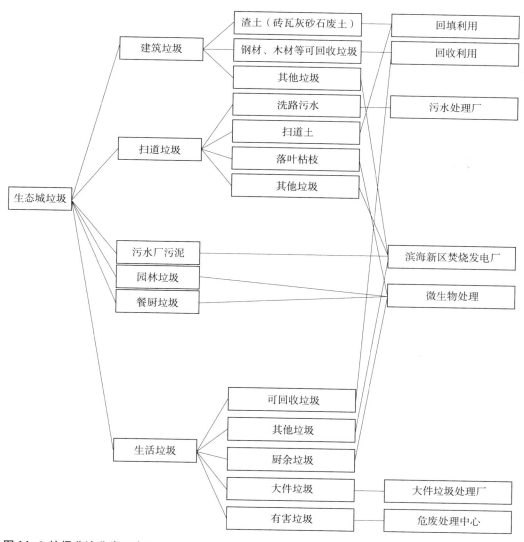

图 14-6:垃圾分流分类示意图

（二）实行垃圾减量分类试点

生态城垃圾分类收集工作按照"以点带面、试点先行"思路，以居民区为分类重点，以利于资源回收和后期处理，避免环境污染为目的，根据城区内易产生的垃圾类别和规模进行合理地选择试点项目，先后与万科锦庐园物业（见图14-7）、北京盛世物业公司（红树湾项目）、长城物业公司（美林园项目）等企业合作，在万科锦庐、嘉铭红树湾、美林园等小区开展了垃圾减量分类试点工作。通过源头分类，将可回收垃圾、有毒有害垃圾、不可回收垃圾、厨余垃圾、大件垃圾分开，实行垃圾分类收集与分类处理（见图14-8）。同时，随着居民的逐渐导入，对区内居民开展了垃圾分类指导，并将配套的分类监管与奖惩措施告知每一户居民，切实提高居民知晓率、参与率。

图14-7：万科垃圾分类收集设施

图14-8：垃圾袋

（三）积极推行三级收运体系

生态城积极尝试多种促进垃圾分类的工作方式，建立推行三级收运体系，即居民—物业公司—环保公司。针对厨余垃圾的收运，基本确定采取"桶换桶"的方式，即，家庭自行分类后，投放至小区分类的垃圾桶，再由收运人员通过桶换桶的方式，用专用餐厨垃圾清运车运至餐厨垃圾处理站，整个环节垃圾不外露，大大避免了二次撒漏；每个物业小区设置单独的垃圾储存间，居民通过拨打专用回收热线，物业公司按照市场行为上门收集，统计暂存后由回收公司一并收运。通过实施垃圾袋一户一码制、居民分类效果展示、垃圾分类数据信息化管理等措施，形成了一整套垃圾分类及监管体系，使垃圾分类行为在技术上变得真正可行。

三、气力输送

生活垃圾气力输送,指通过预先敷设好的管道系统,利用负压技术将垃圾抽送至中央垃圾收集站,再由压缩车运送至垃圾处置场的过程。气力输送系统采取自动化、全封闭式运营,可降低运行消耗,有效减轻区域内垃圾储存和物流运输压力,密闭传输避免了垃圾裸露二次影响环境卫生的现象。

生态城在南部片区探索建立了国内第一套垃圾干湿分类的生活垃圾气力输送系统,也是当前世界上技术最先进的垃圾传输系统(见图 14-9)。系统由阀门系统、管道系统、分离系统、真空动力系统和压缩系统组成。2009 年 5 月开工建设,至 2013 年 6 月 30 日,已完成南部片区 4 套系统公共管网 6700 米管线的土建施工及设备安装,2#中央收集站的主体施工、设备安装及 2 号系统联合空载及负载调试。正式进行 3#、4#、5#系统中央收集站的方案设计工作。

图 14-9:生活垃圾气力输送系统示意图

南部片区生活垃圾气力输送系统,覆盖面积约 5.6 平方公里(具体管线布置见图 14-1),服务人口约 10 万人,总设计输送能力为 87.2 吨/日。项目包括 2#、3#、4#、5#4 个系统,每个系统相互独立,均包含公共管网、中央收集站及物业管网三部分。公共管网:DN500 地埋管道 6700 米、垃圾室外投放口 12 套、室外进气口 12 套。中央收集站:4 座中央收集站,总建筑面积 4184 平方米,总占地面积约 5770 平方米。每座收集站包括抽风机 5 台、分离器 1 个、压实机 2 个、集装箱 4 个。同时完成配套附属工程及环保工作的建设,大型转运车辆 5 辆、大件垃圾收集站及相关附属建构筑物的土建工程、电气、自控、给排水、消防、环保等工程。

生活垃圾气力输送系统设置干湿两类投放口(见图 14-10),自源头即实现干、湿分类投放,通过系统排放阀、转换阀的分时段控制,实现垃圾的分类运输并被压缩至不同的集装箱内,分类收集率可达到80%。对回收的湿垃圾进行厌氧发酵产沼,干垃圾进行焚烧发电,资源回收利用率可达到60%。

图 14-10:生活垃圾气力输送投放口

第十五章　城市管理:原来可以如此亲切

　　城市是人们生存、寻梦、发展的空间。在城市管理领域冲突频现的当代社会,天津生态城以服务为主线,注重城管队伍建设和合作机制再造,构建了管理、执法、服务三位一体的新型城市管理格局,实现了由管理型向服务型、由粗放型向精细型、由单一封闭管理向多元开放互动管理的重大转变,探索了服务型城市管理新路径,成功地改变了城管形象,放大了城市管理价值。

一、小城管大服务

　　城市管理不仅是管理,更是服务。生态城积极借鉴国内外先进城市管理经验,坚持在执法中管理,在管理中服务,着力推行人性化执法,构建了一条"和谐城管"新型城市管理模式。

　　规范执法行为　做到"三理、四心、六公开",即"纠正违章有理,处理违章讲理,执法尺度合理","调查核实细心,说服教育诚心,对方不服耐心,纠正违章公心","身份公开、依据公开、程序公开、标准公开、责任公开、结果公开"。坚持教育在先、处罚在后。未经劝说教育不处罚,初次违章不处罚。对店外经营、流动摊点、乱停乱放,"一规劝、二警示、三处罚、四取缔",消除抵触情绪,争取广大市民的理解与支持。

　　推行教育感化　扎实开展城管执法"进学校、进社区、进门店、进广场、进企业"活动,深入城区校园、街头广场,深入各个社区、企业,深入沿街经营门店,面对面宣传,广泛征求广大市民对城管执法工作的意见和建议,及时解决市民群众的实际困难及问题,将各类违规问题发现和解决在萌芽状态。用诚挚引导、亲情服务、无言行动感化商户、感化市民,化埋怨为理解,变旁观为支持。

　　开展亲和执法　尊重执法对象,树立正确群众观。实施换位思考,以情感人、以理服人、依法行政。做到敬礼在先、尊称在先,通过一个尊称、一个敬礼,带出一个好秩序、一个好市容、一个好环境、一个好形象、一个好威信。

践行随处服务 强化"出门就是上班"的观念,做到走到哪里,纠章在哪里,服务在哪里,纠正一点,影响一片,教育一人,影响一群。以人性化的管理方式,积极引导广大市民、商户自觉约束和规范行为,为"和谐城管"的推行打下良好基础。

坚持预防为主 推行"前置式"执法,按照"早发现、早制止、早处理"的原则,积极主动,把工作的重点放在预防违章行为的发生上,超前宣传、超前执法、超前纠章,不断提醒、提示市民和商户,把违章苗头熄灭在萌发中,有效避免处罚成本高、群众意见大的难题。

关爱弱势群体 对特困群体、弱势群体,不盲目取缔,多做换位思考,正确处理好市容和繁荣、市民谋生和市容整治、堵与疏、治标与治本的关系。按照"主干道严禁、次干道严控、背街小巷规范"的原则,统筹规划、定位管理,在既不影响市容、交通,又能较大满足、方便市民消费的条件下,开辟经营场地,实行定点设置,统一管理标准,尽最大能力给摆摊者以生存空间,为弱势群体找出路,使其"有场可进"、"有市可归"。

二、小细节大文章

为做好新时期城市管理工作,生态城确立了打造"精品城市"的目标定位,以强化城市精细化管理和构建数字管理平台为抓手,努力在广度上做到"全面覆盖,不留死角",在深度上做到"精雕细琢,精益求精",不断提升城市形象,展示城市魅力。

实施城市网格化管理 以城区内社区、学校、公园、市场、广场为基础,以主要街道为经纬,以网格内工作量大小、区域面积为依据,将生态城划分为6个网格,各网格管区实行"六定":定管段、定点位、定线路、定时段、定队员、定标准。明确执法责任人和责任区域,形成"大队管面、中队管线、队员管点"的"三位一体"的全方位网格化管理机制,实现具体管理事项从"安排部署——落实执行——监督检查——反馈结果——考核评比——再行部署"的有序循环,消除管理空挡。

建设智能城市管理平台 2011年10月,生态城智能化城市管理平台(一期)投入运行(见图15-1)。实行单元网格管理和城市部件、事件管理相结合的办法。整合城管执法指挥调度、数字城管派遣、应急处置、城市热线处置等功能,成立城市管理指挥中心,构建集应急管理、执法管控、数字城管三大功能为一体的全区域智能化城市管理服务大平台,实现了工作标准、目标任务、绩效考核的量化,形成了视频监测、过程控制、信息分析的同步,提高了管理效率(见表15-1)。

图 15-1：智能化城市管理平台

表 15-1：智能化城市管理指挥平台案卷工作流程图

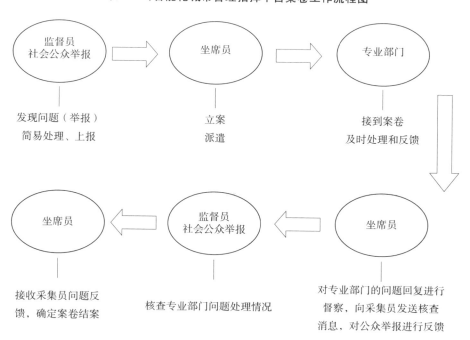

通过视频系统的常态化监控,实现对执法情况的时时查看、分析与追溯,提高了突发事件处置能力。在应急处理工作中,通过视频,对抗雪防汛、群体性事件的情况了解更加及时、清楚,指挥调度更加便捷、顺畅,处置办理更有成效。"数字城管"的扁平化交办模式,使交办时间由过去的 30 分钟减少到目前的即时交办;处理过程全视频跟踪,由过去的 3 小时减少到目前的 1 小时;反馈时间大大缩短,由过去的人工核查变为视频监控核查。创建了服务热线与采集员采集信息"一同管理、一同立案、一同处置、一同监督、一同考评"的闭环处理模式,实现了管理资源的"一体化联动"。至 2013 年 6 月 30 日,该平台共接报案件 21310 件,立案 19789 件,已派遣案卷 18383 件,结案 14281 件。

加强渣土撒漏管理 针对城区内道路撒漏治理难度较大的实际,本着"疏堵并举、标本兼治"原则,生态城摸索总结出了"抓源头、控途中、把三关"的方法,有效治理了施工渣土撒漏现象。

抓源头。紧抓施工现场的源头,严格工地出入口的设置标准(见图 15-2、图 15-3)。一是施工现场出口处必须设置门禁,并派专人职守,对不符合出场标准的车辆严禁放行;二是施工现场出口道路必须硬化,按照标准设置车辆冲洗设施,对驶出场区的渣土运输车辆进行冲洗,禁止带泥出入工地;三是施工现场出口外 50 米范围内必须保持地面清洁,并派专人进行日常清扫;四是渣土运输车辆必须配装密闭装置、不得超载,禁止未采取密闭措施的渣土运输车辆进出施工现场。

图 15-2:工地出入口冲洗装置

图15-3：工地出入口引导牌

控途中。针对混凝土搅拌车撒漏问题，精心设计并制作了绿色环保防漏袋，向混凝土搅拌单位免费发放，要求区内混凝土运输车辆必须使用，有效控制了混凝土搅拌车辆污染道路的现象（见图15-4）。在主要道路、建筑工地周边道路以及渣土撒漏高发路段，

图15-4：绿色环保防漏袋

设卡守点,实行 24 小时全天候不间断巡查治理。当发现渣土撒漏污染路面的现象,本着"先处理、再协调、后规范"的原则,及时安排力量完成清理工作,真正做到"及时发现、及时控制、及时解决",发现一起查处一起。要求环卫公司加大保洁投入,进一步落实清扫保洁责任制,提高道路保洁频率和效率,坚持主次干道两扫全保 16 小时滚动作业,定期冲洗城市道路,确保路面干净、整洁。

把三关。一是严把登记关。项目开工前,建设单位和施工单位必须到执法大队办理入区登记手续,建档立卷,签订《建设工程防治渣土运输撒漏承诺书》。同时提交《施工组织设计》,明确项目位置、施工进度;提交建设单位、施工单位人员架构及联系方式,明确责任人、责任体系;提交《文明施工方案》、《工地管理制度》,明确防治渣土撒漏的办法及措施,以此作为办理施工许可证的前置条件之一。二是严把备案关。严格实施渣土运输备案制度,对渣土车进行严格控制管理。工地渣土运输前,施工单位和运输单位必须提前向执法大队备案,提供土方运输合法性的函件,书面报告渣土运输时间、路线、运输量、运输车辆名单、保证措施、联系方式,申领《文明施工运输卡》,并由执法大队监督实行。三是严把处置关。渣土运输监管过程中,发现撒漏污染道路现象,及时制止,说服教育,对情节严重、屡教不改的,下达整改通知书,查扣车辆,甚至责令总承包单位停工整顿,限期改正。建立渣土整治长效管理机制,设立施工单位和运输企业渣土运输信用档案,把治理渣土洒漏作为建设、施工、监理企业诚信考核的一项重要内容,与工程招投标挂钩;对严重违反文明施工规定且拒不整改的,列入"黑名单"公开曝光,直至清除出建筑市场(见图15-5)。

图 15-5:渣土撒漏治理

严格户外广告管理 坚持"分区管理、总量控制、协调统一、创新精品"的原则,编制户外广告规划,将城区划分为禁设区、严控区、一般区等不同层次的管理区域,突出重点,严格控制对城市景观影响较大的户外广告。严格设置标准,出台了《生态城户外广告设置技术规范》和《生态城店招牌匾规范》(见表15-2),对户外广告的设置条件、尺寸、颜色等方面进行了规范(见图15-6)。

图 15-6:市容牌匾

表 15-2:生态城店招牌匾规范

基本要求	1.牌匾的设置分为贴附于建筑物外墙面和突出于建筑物外墙面两种方式; 2.牌匾的设置要相对整齐划一,实行一店一牌、一单位一牌,不得多层设置; 3.牌匾的设置对正常的生活、交通、居民心理严禁产生不良影响和不便。
形式	1.牌匾的设置应结合建筑色彩及材质选择相协调的牌匾色彩与形式; 2.牌匾字体宜突出于其背景层面,增加牌匾的光影效果和层次感,突出尺寸不得大于0.15 米; 3.突出于建筑物外表面的牌匾必须采用统一形式; 4.不得采用低质低档的灯箱式或广告布式的牌匾形式。
材质	1.建筑牌匾的设置宜采用新材料、新技术,如铝板、玻璃钢、石材、优质木材等,且应具有耐久性和可维护性; 2.根据具体建筑色彩和外墙材质,选择金属板、铝板、石材饰面、条形挂板等统一牌匾底板与原建筑相协调; 3.牌匾字体和标识宜采用可透光材质,便于营造夜间景观效果。
字体	1.牌匾字体应简洁明快,店名与店标相结合,字体建议使用艺术字体,并可与英文或拼音等字幕形式相结合; 2.牌匾字体的总高度(c)与牌匾的高度(C),应满足 $1/3 \leqslant c/C \leqslant 3/5$; 3.道路宽度与店招字体关系比例。

至 2013 年 6 月 30 日，共开展 116 次渣土文明运输专项治理，发放 6631 多个环保防漏袋，处理违规运输搅拌车 240 辆，规范土方运输 10163459 余万方；共清理乱涂乱画乱张贴广告 752 处，清理贩卖点 15 处，治理、取缔小商贩 140 家；完成施工单位备案 507 次，纠正施工单位违规现象 23000 次，拆除违章建筑 35 处。

三、小互动大和谐

城市管理是一个庞大、复杂的系统工程，几乎涵盖城市社会生活的各个领域，涉及多个部门，全社会广泛参与已是城市管理发展的必然趋势。

建立联动机制 建立了由管委会主要领导直接负责的智能化城市管理协调联动机制，形成了多部门联动的执法服务体系。组成人员包括各职能单位分管负责人，委员会办公室设在综合执法大队，由大队长担任办公室主任。2011 年，编制《生态城智能化城市管理联动指挥手册》。组织机构的建立，职责作用的发挥，使生态城城管工作逐步形成了齐抓共管的大城管格局。

通过数字化城管系统，将市政、建设、能源、公安、交管等职能部门整合纳入城管服务体系，合理划分各职能部门的职责与权限，保证数据共享，同步更新，实现城市管理一张图，一个系统，一个平台（见表 15-3）。通过联席会议、点评会议等形式，召集有关职能部门及时研究、解决城市管理中的热点、难点问题。制定落实城市管理考评机制，调动各部门力量，落实目标任务，形成了统一领导、责权明确、步调一致、协调高效的城市管理新体制。

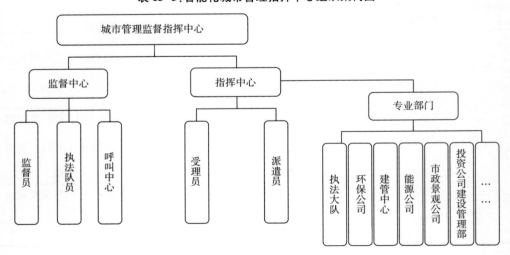

表 15-3：智能化城市管理指挥中心组织架构图

鼓励公众参与　生态城构建了公众参与、人人融入的互动平台和参与机制,营造了
"人民城市人民管、管好城市为人民"的良好氛围。一是开展"市民体验日"活动。邀请
市民代表参与、监督城管工作,拓展市民了解监督城管执法工作的渠道,让市民走近城
管,"零距离"体验城管工作,了解城管工作的辛苦、理解城管工作的意义、点燃参与城管
工作的热情(见图15-7、图15-8)。二是建立城管志愿者队伍。以城管执法志愿者工作

图15-7:垃圾分类进小学活动

图15-8:垃圾分类社区宣传

站为平台,围绕"服务社会、奉献群众、协助管理、倡导文明"的城管志愿者宗旨,在全区组织开展宣教引导、参与巡查、携手执法等双向互动活动,激发了城管志愿者自觉参与城管工作的积极性。三是拓展岗亭功能。充分发挥岗亭"一站多能"的作用,建立推广岗亭式执勤点和徒步式巡查模式,在岗亭内配置医药箱、地图等便民服务工具,进一步拓展岗亭在维护街面秩序、服务群众方面的功能。

强化社区管理　社区是城市社会的最基本单元,是城市管理的"神经末梢"。切实把城市管理的触角延伸到居民社区,是实现城市精细化管理的必然途径,也是构建和谐社区的必然要求。生态城成立联合执法工作站,与管委会社会局所属社区理事会和分区事务署相结合,依靠"社区为主、条块结合、齐抓共管"的机制,采取定人联系社区、定期参与社区居民协调会等方式,不断发挥社区功能作用,利用全民的力量和智慧齐心合力提升城市管理水平。

采取市场运作　环境卫生是城市文明形象的最直观表现。生态城从改革环卫管理体制入手,将道路清扫保洁、垃圾收集运输逐步推向市场。实行政企分开、干管分离、企业化管理、市场化运作,由专业公司全权负责清扫保洁作业。政府强化监督、考核职能,由办环卫转向管环卫,改拨付经费为按合同付费,初步建立起了"政府引导、企业运营、财政监管、职责明晰、运行高效"的环卫新机制。以生态片区为单位,将区内道路清扫保洁、绿地保洁及其他市政设施立面保洁有机结合,实行统一的作业主体,加大设备机械化和新型化更新改造,优化整合环卫作业人力及设备资源,实行定人、定岗、定责的常态保洁方式,实现了全天候、长效化、高水平的保洁效果(见图15-9、图15-10)。

图 15-9:环卫一体化保洁作业　　　　　图 15-10:清融雪

采取市场化运作方式,采集城市管理信息,降低成本。通过招标委托社会服务机构(公司),按标准进行采集,管理部门严格监督,较好地克服了政府雇员采集信息存在的成本高、效率低等问题,同时又保证了问题及时发现和信息的公正、客观。

四、小团队大形象

　　城市道路整洁顺畅,建筑立面整洁美观,园林绿化郁郁葱葱,夜景亮化璀璨夺目,施工围挡牢固美观。这既是城市形象,也是城市管理者文明团队形象的外在体现。

　　城市管理工作代表的是政府的形象,赢得的是政府依法行政、执法为民的声誉。生态城按照"政治坚定、纪律严明、业务精通、作风过硬"的要求,内强素质,外塑形象,提升能力,强化队伍建设,全力打造一个"特别能吃苦、特别能战斗、特别能奉献、特别能忍耐"的文明团队。

　　塑造执法形象　牢固树立"执法就是服务"的执法理念,强化服务意识,增强服务本领,推行阳光执法、柔性执法、说理执法。成立"女子执法中队",增强城市管理的亲和度。颁布城管系统《文明执法公约》,开展了"思想、纪律、作风"三整顿活动,使全体干部职工的精神面貌焕然一新。

　　加强学习培训　开展各项业务知识的培训。坚持每周集中学习制度,采取领导讲、专家评、跟班学、相互学等方式,使队员基本素质得到提高。开展执法文书竞赛、优秀案件评比等一系列竞赛活动,达到队员学习新本领、掌握新技能、练就新体能的目的。开展规范执法言行培训。专门制定了《城管现场执法文明用语》《城管局队容风纪规定》等,提高全体队员的法律运用能力、言行自控能力、语言表达能力、做群众工作的能力。

　　健全考核机制　建立科学合理的目标化考核体系,进一步加大对城管人员的考核力度。全面推行竞聘机制,对执法小组长公开选拔、竞争上岗、择优任用。实行行政问责制,强化队伍执行力,切实增强干部职工的服务意识、责任意识、创新意识。

第十六章　平安城市：幸福在这里

平安和谐是城市建设发展的基础和先决条件。生态城结合开发建设初期征地拆迁、施工工地多、外来务工人员多等现实情况，将公安机关的组建摆在优先地位，2008 年 3 月，协调天津市公安局，采取公安、消防、交管"三警合一"的方式，成立生态城民警办。2011 年 5 月，在民警办的基础上组建生态城公安分局，着力打造一流的干警队伍、一流的工作标准、一流的服务质量，为区域开发建设提供了坚实的体制保障。

一、围绕中心，致力于服务新城开发建设

生态城公安机关始终把服务和保障生态城经济社会发展作为中心工作，不断强化宗旨意识和责任意识，注重在构建和谐劳动关系、打击违法犯罪等方面出招发力，为生态城开发建设保驾护航。

多措并举构建和谐劳动关系　针对区域内建筑企业多、务工人员数量大、劳资纠纷易发的实际，生态城构建了以综治信访服务中心为支撑，公安机关与相关单位共同参与的服务帮促工作体系，通过组织召开用人企业与务工人员民主恳谈会、工资支付监管等手段，使劳务工资分配从"暗箱操作"向"阳光行动"转变，较好地维护了外来务工人员的合法权益。每年定期开展走访排查，对近年来曾拖欠工资，平时有举报投诉的工程和企业逐户排查，发现问题及时督促纠正，力争把问题解决在基层和萌芽状态。建立完善了全区维稳联席会议制度、农民工工资保证金制度、维稳信息员管理制度等一系列长效机制，健全了劳动保障支持、法律援助辅助、执法打击及社会各层监督的全方位监管模式，有力地推动了和谐劳动关系的建设工作。5 年来，共化解 1200 余起劳资纠纷，涉及务工人员 1600 余人，涉及劳务工资约 1600 万元，为保障劳资双方的合法权益、建立新形势下和谐的劳动关系起到了积极作用，确保了生态城开发建设平稳推进。

打防结合遏制高发案件发生　建设初期，区内施工工地点多、线长、面广，施工工地盗土以及盗窃钢筋、钢管、电缆等施工材料等案件时有发生。为严厉打击偷窃违法行为，

生态城公安机关遵循"预防为主、打防结合、重点打击、标本兼治"的工作方针,组织刑侦组、治安组、派出所和联防队员联合出击,频出"重拳",开展了"打击盗窃工地施工材料犯罪专项行动"、"打击多发性侵财犯罪专项行动",先后成功侦破了工地施工电缆、钢筋、珍贵树苗、路灯蓄电池、员工宿舍财物被盗等系列刑事案件,及时为企业挽回了损失,震慑了犯罪分子,净化了治安环境。

注重防范提升企业安全水平 以加强安全防范,消除各类隐患为着力点,结合辖区内企事业单位安防工作的实际需求,积极推行规范化标准化安全防范建设工作,协助企业完善健全内部安全管理制度,提高安全系数,先后在23家二级单位建立了基础安全档案,对确定的38处重点要害部位,逐一建档管理,做到底数清、情况明。深入企事业单位开展安全检查,5年来共发现整改各类不安全隐患1213处,下发隐患整改通知书1213份。积极开展各类专项安全检查治理工作,2010年7月,组织开展了保险柜专项安全检查工作,对各单位财务室、保险柜逐一建立基础档案,规范安全管理制度,提高了防范能力。2011年组织开展了为期百日的"视频监控技防设施安装治理工作",督促施工建设单位对视频监控设施进行了完善和整改,有力地防范了各类安全事故和案件的发生。

二、以人为本,全力确保区域和谐稳定

随着居民陆续入住,生态城公安机关按照以人为本、为民服务的原则,秉持寓管理于服务之中的理念,深入开展平安社区共创、流动人口管理和文明执法工程,确保社会和谐稳定。

共创平安和谐社区 以营造和提供居民安全、和谐、幸福生活环境为主题,以加强内部管理机制建设为抓手,生态城建立完善了社区巡逻防范、案情沟通通报、监控设备维护保养等长效机制,充分利用社区治保、治安积极分子、平安志愿者等民防力量,确保社区安全防范的各项工作有人抓、有人管、有人落实,实现"巡控队伍动起来,重点部位控起来,盲区死角亮起来,发案数量降下来,治安形势好起来"的工作目标。针对社区消防安全,组织警力督促小区物业公司落实消防安全主体责任,组织保安员和住户进行消防安全培训,利用各类新闻媒体加强消防安全宣传,增强群众防火安全意识,切实提高自防自救能力。通过平安社区共创工作的开展,基本实现了社区管理"发案少,秩序好,群众满意"的目标。2011年以来,全区已建居民小区连续两年实现零发案和零安全事故。

实施流动人口动态管理 针对流动人口逐年上升的实际,生态城公安机关于2012年成立了流动人口管理办公室,以社区警务为依托,组建专职的外来人口管理队伍,对入区人口开展了全面细致的摸排、调查、登记和管理工作,累计登记达到 10.7 万人次,外来务工人员登记率基本达到 100%。以生态城农民工集中的建设公寓员为重点,组织干警积极开展多种形式的法制宣传工作、帮扶解困工作,千方百计提高农民工的法律意识和生活保障水平,在外来务工人员以每年递增 28% 的情况下,治安状况实现了连年好转。2010 年、2011 年、2012 年,违法犯罪类警情分别下降 31.4%、9.5%、12.1%,刑事案件分别下降 6.1%、10.6%、15.7%。同时,通过开通办理蓝印户口的绿色通道,积极争取优秀外来务工人员落户名额,推出了"大型企业员工公寓"等群体性居民引入措施,为生态城人口的引入奠定了基础。

强化规范公正文明执法 生态城公安机关把严格依法办案、文明执法作为公安工作的生命线,逐步完善了执法办案场所规范化建设,制定了《公安生态城分局办案区使用管理规定》、《公安生态城分局涉案财物管理规定》,建立完善了法制部门案件审核制度、法制部门阅卷笔录要求和标准,行政案件定卷标准、讯问、询问笔录制作标准,着力推进执法工作的法制化和规范化。努力改进执法工作方式方法,积极倡导"以人为本,人性化执法"的工作理念,采取"前置式"、"亲和式"、"服务式"的文明执法方法,在全区树立了"城区治安的带头人,社情动态的知情人,帮教对象的引路人,企业群众的贴心人"的良好形象。

三、科技先行,精心构建整体防控体系

积极适应社会治安的发展变化要求,以提高社会治安控制能力为出发点,推行扁平化指挥、网络化巡控、多警种联动,建立全覆盖的技防网络,提升社会治安保障能力。

创建迅捷高效的扁平化指挥调度机制 结合生态城新建城区的治安特点,建立了以分局"110"接处警指挥平台为中枢,由分局授权的指挥长代替局领导行驶指挥调度权力,以派出所、刑侦支队、巡控队等基层所队处警警力为"受令点",全面实施"点对点"扁平化指挥机制,即常规状态下的巡警支队和派出所巡控警力,刑警增援巡控警力,以及特殊情况下机关科室巡控警力,均受令于 110 调度指挥,根据警情由相关警种就近处警,并接受指挥长的跟进指挥,同时由 110 指挥中心(见图 16-1)对各单位的出警工作进行考核。特殊的扁平化指挥体系的建立,有力地提高了快速反应能力和处警水平。至 2013 年 6 月 30 日,共计接警 11491 起,有效处警达 99% 以上。

创建网络化棋格式的社会面巡控机制 为提高动态社会治安条件下的管控能力,2010 年始,探索构建网络化、棋格式巡控机制,将全区划为若干巡控区域,整合巡警支队

图 16-1：110 指挥中心

和派出所警力承包负责，全部投入街面巡控，改变过去的"坐等待警"为"巡逻待警"，从而做到"最大限度地把警力摆上街面，最大限度地挤压犯罪时空"；在全区主要进出口道路建立 6 个治安卡口，负责对进出的车辆和人员开展日常检查盘查，以及布控盘查堵截；在重点时段、重点易发案部位沿线，由巡控警力开展机步结合巡逻，控制发案，从而形成了点、线、面相结合、动静相宜的全方位巡控工作机制。同时全部警车安装 GPS 卫星定位系统和车载视频监控系统，利用 110 指挥中心的电子地图系统，实时监督、指挥、调整街面巡控警力布局，切实强化快速反应能力，提高了现行案件破获水平。

创建多警种合一的联动机制 为切实增强区域内公安机关各警种间的联动反应和应急反应能力，结合辖区实际，积极探索与交警、消防部门的联动机制。通过有线、无线通讯设备的连接，加强了与交管、消防警种间的警情沟通、互动，实现了分局与交管、消防部门警种联动，对路面交通事故、肇逃案件、火灾现场，发挥"棋格化"巡逻民警快速反应优势，协助做好先期处置工作；对排险救助警情、大型保卫活动及发生在交通干线的群体事件，交管、消防警种予以援助，最大限度地发挥了区域警种之间整体警务效能（见图 16-2、图 16-3）。

创建全域覆盖的技防系统的一体化机制 按照"统一规划、突出重点、分步实施"的

图 16-2：消防站

图 16-3：和风路派出所

原则,不断加大技防建设整合工作,计划至 2015 年年底,在生态城主要道路交叉路口及警卫、迎宾、治安重点道路,建设完成 150 个高清视频监控点位,2012 年年底已完成 30%;在生态城与外区交界主要道路及重要道路节点,建设 6 处高清电子卡口。大力推动在银行、金银珠宝店、加油站、车站、大型公共建筑设施、新建住宅小区等重点单位、要害部位开展技防建设,并与分局技防平台联网,逐步实现"全域覆盖、全时监控、全息感知、全景分辨"。同时,加强系统管理、维护和应用工作,力争各类在用技防系统监督检查率达到100%,周期技术检验率达到80%,完好使用率达到98%,实现技防系统运行质量明显提高,在预防、制止和惩治违法犯罪中的重要作用和城市管理综合效能得到充分发挥。

第十七章　智能城市：让生活更轻松便捷

新型城镇化离不开信息化的支撑，信息化与城镇化必将融合发展。天津生态城按照"面向服务、统筹规划、统一建设、资源共享"的思路，制定了智能城市建设总体框架，建设了信息高速网络、公共数据中心、资源共享平台、视频监测系统等公共性、基础性工程，规划了"一站式"服务企业和居民平台，积极探索智能城市建设新模式，2013 年年初，以高分被住建部评为首批国家智慧城市一类试点城市。

一、以顶层设计为指引

智能城市是天津生态城建设目标之一。《总体规划》明确提出：要充分利用数字化信息处理技术和网络通信技术，科学整合各种信息资源，将生态城建设成为高效、便捷、可靠、动态的数字化城市。智能城市建设渗透到城市管理服务的方方面面，是一项复杂的系统工程。天津生态城以"统一共享"为基本目标，先期开展顶层设计，力图打破条块封锁和信息孤岛，实现资源高度共享。2011 年 11 月，制定了智能城市总体架构，确定了信息化基础设施、信息资源中心、应用服务体系、应用门户、制度标准规范体系和安全保障体系六个部分的建设任务（见图 17-1）。2012 年，编制《中新天津生态城智慧：城市 2013—2015 年行动计划》，对未来三年信息大厦、公共空间信息平台等 43 个智能城市建设骨干工程制定了详细的行动计划和实施方案。

二、以基础设施为依托

智能城市需要强大的硬件环境支撑，天津生态城适度超前、统一建设了通讯基础网络、公共数据中心、视频监测平台、呼叫中心等，形成了信息化基础条件。

通讯基础网络　采取"三网融合"方式（见图 17-2），按照新一代宽带接入标准，建设了 676 孔/公里通讯管道，敷设了 115 缆/公里通讯光缆，建成南部片区核心通讯机房

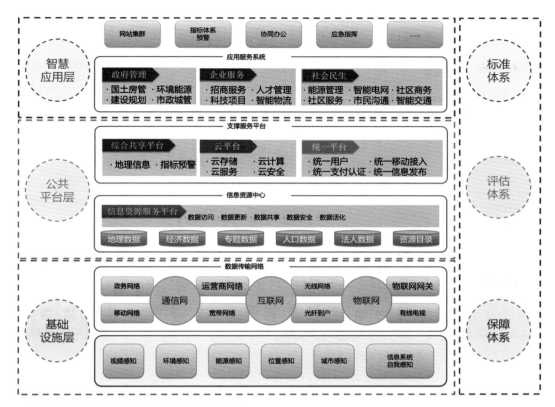

图 17-1：天津生态城智能城市系统总体架构

和 13 个小区共计 7168 户光纤通讯网络，实现了一根光纤可承载 IP 电视、宽带上网、IP 语音通话业务，带宽达 20 兆。采取统一建设骨干网络、租赁给运营商的模式，避免了单一运营商的垄断，项目建设方可根据电信服务的性价比自行选择运营商。建成了 8 个基站和 3 个临时基站，实现了千兆光纤到楼、百兆到户、十兆到桌面和建成区域 wifi 与 3G 网络全覆盖。

公共数据中心 结合数据中心发展趋势，生态城规划积极推进以"云计算"和"绿色"为特征的公共数据中心（见图 17-3），集成运用了热回收利用、循环水使用、提高制冷效率、使用可再生能源、耗能检测系统、建筑表面设计、生物识别、智能照明控制系统等技术方案，充分运用了 RFID 定位、3D 机房漫游、防振系统、智能建筑系统等新技术，分别建设政府、企业、容灾、运营四个管理服务平台，为政府、企业和公众提供绿色、节能、安全、高效的系统托管服务和增值服务。2013 年 6 月，数据中心已进行桩基建设，预计2015 年竣工投入使用。

公共视频监控平台 按照统筹规划、统一建设、分期实施、综合服务的原则，摈弃传统城市多头建设、各自独立的建设模式，采取只建一套公共视频监测系统（见图 17-4），

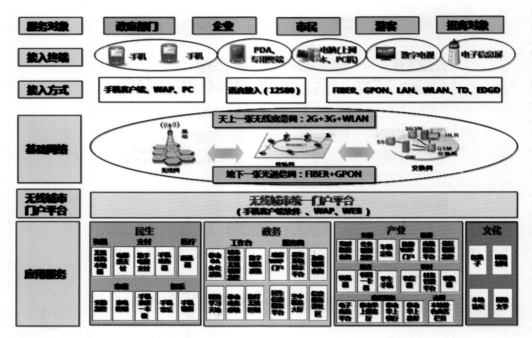

图 17-2: "三网合一"通讯基础设施

图 17-3: 信息大厦

统一服务公安技防、交通管理、城市管理、环境检测、能源管理、市政监管等多个领域,后期可延伸至居民和企业。建立视频管理和服务的标准体系,实现分级控制、资源共享。2013 年 6 月,完成一期工程建设,安装近 300 套视频监控设备,实现起步区和区域出入口

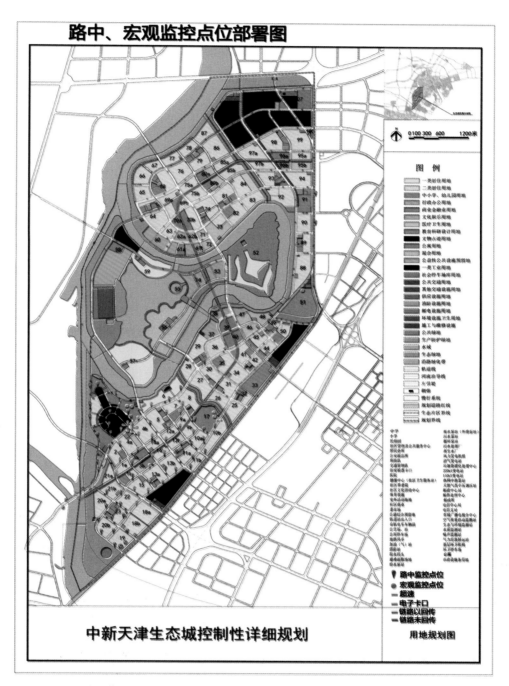

图 17-4:公共视频监控平台示意图

视频监控全覆盖。

公共呼叫中心 根据建设初期需要,先期建设了城市管理呼叫子中心和水电气热能源服务呼叫子中心,下一步将整合形成区域公共呼叫中心建设。区域公共呼叫中心包括城市日常运行中的水、电、气、热等能源监控,也包括城市管理中的问题和案件管理。

三、以统一服务为导向

天津生态城从建区伊始即鲜明提出,信息资源是城市公共资源,任何部门或单位不得以任何理由拒绝信息共享服务,坚决打破"信息孤岛",在此基础上,启动建设地理信息、数据交互、用户认证、移动应用等公共服务平台,提供统一共享的数据应用服务。

统一地理信息,搭建公共空间信息平台 将传统上由规划建设或国土房管部门管控空间地理信息系统拓展为公共服务平台。以公共空间信息数据为底层支撑,建设多尺度、多分辨率、多种类的基础地理数据体系,建立数据更新机制、数据开放机制、信息共享规范、共享服务接口,形成了"公共空间信息平台、专项业务支撑平台、规划建设业务平台"的高、中、低安全等级服务体系。政府部门和企业的业务应用在统一模式下开展,实现业务信息和空间地理信息有机关联,形成了可持续发展的信息共享平台。

统一数据交互,建设信息资源中心 将信息资源中心建设作为区域信息化建设的"一号工程",在未形成部门信息孤岛前,建立整合、更新和服务机制(见图 17-5)。2012年年底完成一期工程,形成了以信息资源数据库、信息资源目录体系、共享交换平台、运维管理系统为主的基本框架,实现了信息资源中心与各应用系统的有效对接和同步更新,形成了有生命力的人口、法人、宏观经济、地理空间信息、专题、决策、运维信息等信息子库,为数据挖掘和共享服务奠定坚实基础。

图 17-5:信息资源中心系统结构图

统一用户认证,搭建单点登录系统 从政府、企业、公众三类用户角度出发,建设统一的用户登录平台,形成统一的身份验证机制,实现接入规划化、标准化,推动网络、平台、信息资源的融合和业务集成,为一站式服务奠定了基础。统一用户登录平台分三个阶段实施,即电子政务应用系统集成对接、企业应用系统对接、公共服务平台对接。

统一移动应用,搭建公共移动平台 适应移动办公新趋势,启动公共移动平台建设,移动终端已完成业务报表、日程安排推送、移动会议等系统部署,逐步丰富移动应用,实现了业务系统终端的扩展,形成统一服务模式,提升管理服务效能。

四、以示范应用为突破

信息化成效最终要在应用中得以检验。天津生态城以实际应用为突破口,采取了从小整合到大整合的思路,先期建设了规划审批、数字城管、环境监测、市政管理、能源服务等业务系统。

规划审批系统 搭建统一的城市空间数据共享平台,建立基于管理流程的地理信息数据与建设项目信息同步更新机制,采取空间数据库的集中存储与协同维护,实现一次测绘、同步更新和综合利用,避免职能部门条块分割导致的数据重复建设、资源整合困难、数据时效性、权威性不足、服务内容形式单一等问题,实现了"一张图"管理。该项目获得天津市科学技术进步奖二等奖。

数字城管系统 在万米网格化管理基础上,全面对接市政、建设、能源、环卫等业务部门,形成城市管理事件和部件的信息反映、分拨、处理、反馈闭环处理机制,保证数据共享,同步更新,实现城市管理一张图、一个系统、一个平台,形成了协同化、流程化、可视化的城市管理体系,拓展了网格化管理与服务范围。围绕"我的城市我的家"城市管理理念,搭建市民通平台,形成政府与居民共同管理城市的数字城管新模式。

环境监测管理系统 构建"用户—建筑—小区—社区—片区—城区"六级监测统计体系(见图17-6),实时监测水资源、碳排放、固废、空气质量、噪声、污染源、区域能源等环境指标,形成数据监测、采集、整理、审核、加工、发布体系,整合地理信息、污染排放、交通流量等数据,为环境保护、污染源治理、市容美化提供决策支持,为全面落实指标体系奠定基础。

智能交通系统 智能交通系统与道路系统建设同步实施。系统主要包括智能化交通管理、交通信号控制、交通信息服务、应急处理、公交优先、自动收费、决策支持等功能,计划建设交通信息中心、交通监控中心、交通信号自动控制系统、交通状况诱导板、停车诱导板、交通紧急事件接警处、公交优先系统、GPS定位导航系统、停车场自动收费系统、ERP(Electronic Road Pricing)系统等,在这些系统的基础上,采集、整理相关交通信息,为

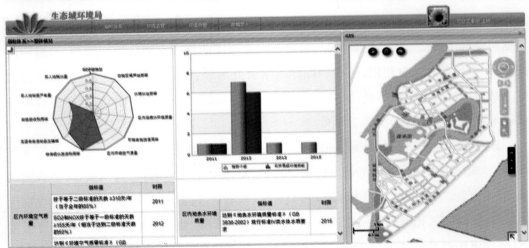

图 17-6：环境监测管理系统结构图

智能化交通管理提供基础。至2013年6月30日，生态城南部片区智能交通系统施工已基本建成，包括智能交通指挥中心、信号灯控制系统、公交场站和公交车辆信号传输系统以及信息发布系统。

市政综合管理系统 采用"万米单元网格管理法"与"市政基础设施部件、事件管理法"相结合的方式，建设了由多种通信手段相融合的集监控、应急、指挥、管理、服务等功能为一体的数字市政综合管理服务体系，实现对路灯、桥梁、排水、道路、泵站等市政设施的智能化管理，以科技养管提升市政服务能力。

能源服务系统 系统由"一个平台、三个中心"组成，即能源监控平台、运营管理中心、维修调度资源中心与客户服务中心。三个中心均集成了业务管理组织、标准化规范与信息化系统三部分。系统已完成数据采集，形成了一套完整的运营体系。通过该系统，居民可及时了解家用电器用能情况，自行设置设备运营时段和运营状况。系统改变了传统上燃气、自来水和电力各自抄表收费的方式，形成了统一、智能化的"三表合一"、"三表集抄"模式。

信息技术进步突飞猛进，智能应用没有止境。天津生态城结合国家智慧城市创建，全力推动通信基础设施、公共服务体系、制度标准规范建设，形成"一个门户对外、一个窗口服务、一个账户登录、一张地图共享、一个平台支付、一张网络感知、一个中心支撑、一套机制保障、一套标准规范、一套指标检验"的智能化城市服务体系，为政府、企业、居民提供便捷、可靠的智能化应用。设想一下，上班时不用面对一堆堆繁琐的数字，而是由系统为你智能处理生成报表；下班后智能家居系统已为你洗好衣服、烧好热水、做好饭菜；不用为出行堵车而烦恼，智能交通为你自动规划好出行路线；不用为缴纳水电气热费而东跑西颠，手机移动交费帮你一键搞定；购物、送花、各种预定都可在家里轻松实现，方便快捷。这些智慧生活体验，其实离我们并不遥远……

第十八章　行政体制:服务也是生产力

机构设置管长远、管根本、管全局,在很大程度上决定着一个机构的活力、服务能力和竞争能力。天津生态城利用滨海新区全国综合配套改革试验区和国际合作项目的优势,以建设服务型政府为目标,积极探索政府行为的法制化、组织机构的扁平化、服务职能的社会化,初步建立了统一、精简、协调、高效、廉洁的管理体制。

一、精简高效的机构设置

统一行使行政管理权限　2008 年 1 月,天津市委市政府批准成立中新天津生态城管理委员会,代表天津市统一负责生态城开发建设管理。2008 年 9 月,天津市政府颁布了《中新天津生态城管理规定》,授权管委会代表市政府对本辖区实施统一的行政管理。管理权限包括:土地、建设、环保、交通、房屋、工商、公安、财政、劳动、民政、市容环卫、市政、园林绿化、文化、教育、卫生等公共管理工作;管委会根据市人民政府的授权或有关部门的委托,集中行使行政许可、行政处罚等行政管理权。在充分授权的同时,要求生态城的发展要坚持体制机制创新、先行先试,推进综合配套改革试验,成为新型城市发展和城市管理模式的示范区,为生态城先行先试创造了较为宽松的体制空间和法制环境。

逐步建立健全职能机构　2008 年,管委会成立伊始,首批设立了办公室、建设局、商务局和环境局四个正处级机构,负责区域的综合事务协调、基础设施建设、招商引资、生态环境治理修复等工作。2009 年,随着开发建设的推进,先后成立了法制局、财政局两个正处级机构和建设管理中心、市管理综合执法大队两个事业单位,分别负责区域的政策研究和规范性文件制定、资金运作管理、建设管理及城市综合管理执法。2011 年,随着招商企业的陆续入驻和房地产项目的开始销售,为做好房地产市场的管理、迎接居民入住、服务入区企业,分别成立了社会局、人力资源和社会保障局、经济局 3 个正处级机构和房地产登记发证交易中心 1 个事业单位。2012 年,随着入住居民和企业的逐渐增多,又成立了生态环境监测中心和社区服务中心,进一步加强区域环境监测管理水平和社区服务能力。目前,管委会共下设 9 个行政管理机构和 5 个事业单位(见图 18-1)。

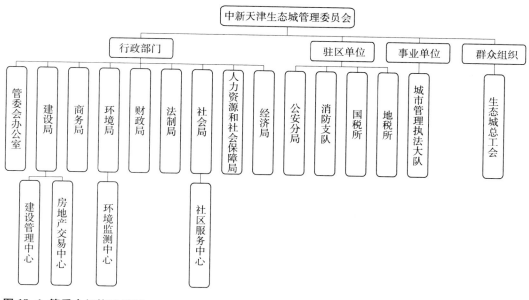

图 18-1:管委会机构设置图

　　设立大部制内设部门　尽量归并部门职能、精简机构设置、控制员工规模,将职能相近的业务事项集中到一个部门,提高行政效能。例如:建设局承担区域的规划、土地、建设、房屋、公用事业、交通、园林、水务、防汛、人防(民防)管理等 10 项职能;商务局加挂工商分局牌子,承担区域的招商、发改(外资核准)、商务、工商、质监、外事、会展等 7 项职能;社会局承担了区域的文化、教育、卫生和计生、体育和民政 5 大领域的行政管理和社会事业促进等职能。这些相近职能归集在一个部门内,实现了不同专业、不同工作环节之间的信息共享和相互配合,避免了企业、居民办事重复报件的问题,为政府推行首问负责制、减少审批环节、精简办事流程、提高办结效率奠定了基础。在此基础上,生态城建立一站式的行政审批大厅,统一受理、集中审批、限时办结、跟踪服务,形成了行政审批服务持续优化机制。

　　设置专业性事务机构　借鉴新加坡机构设置的经验,率先在建设局和商务局探索设立了专业办事机构——"署",明确"署"独立统筹负责部分事务性工作。在建设局设立了公建署、公用署和公屋署,各署可独立推进各项事务性工作,协调委内不同局室、局内各科室开展事务性工作,提升了工作的主动性和能动性。在商务局按照产业方向和项目来源地设立了 4 个投资促进署,各个"署"职责和方向明确,各有侧重,互为补充。这种设置形成了招商工作的内部激励机制,提升了招商服务的专业化水平和办事效率。

二、竞争择优的干部管理

实施公务人员全员聘用　在行政编制和事业编制总量控制的前提下,推行科级以下干部聘任制管理。采取签订劳动合同的方式,聘用城建、规划、生态管理等各方面急需的高层次、高素质人才,并给予较好的待遇和发展空间。管委会聘用制工作人员比例达到70%,已成为开发建设一线的主力军。采用聘用制,解决了机关编制不足的问题,成功引进了体制外优秀人才,激发了体制内干部的生机活力。

强化员工专业培训　充分利用国际合作的平台优势,积极组织开展管理人员专业培训。自2009年起,生态城管委会与新加坡政府合作,每年组织1—2次的绿色建筑管理专题培训,选派建设单位管理人员赴新加坡学习绿色建筑标准体系、绿色施工技术规程和城市建设管理经验。2012年,管委会组织干部赴德国进行环境保护与污染治理培训,重点学习德国促进可再生资源利用、提高能源使用效率以及低碳社区建设等方面的经验。同年,管委会还组织了一支社工队伍赴新加坡进行了为期三个月的社会管理与社会服务培训,采取"课堂授课+拜访交流+岗位实习"等方式,深入学习新加坡先进的社会管理模式和方法。管委会根据干部员工培训需求,先后组织开展了行政管理、政务礼仪、商务接待等专业培训。

实施岗位考核管理　根据工作需要设立具体岗位,明确岗位职责和权限,安排合适人员,实现定编、定岗、定员的科学化、合理化,做到岗位"因事而设、因人而用"。在此基础上,根据岗位确立考核要素,注重自上而下的日常考核,各项工作的完成情况考核,坚持重点工作的督办督查。在事业单位和服务岗位建立与考核挂钩的绩效考核制度,健全激励机制,按照定量考核为主,定性考核为辅的原则,建立考核指标体系和考核方法,制定和完善每个岗位的考核标准,并组织严格的考核,把每个岗位上干部承担的风险、创造的效益和得到的回报结合起来,将薪酬待遇、晋升机遇与工作实效挂钩,做到同工同酬、优绩优酬,从而充分调动员工的积极性和能动性。

推进干部交流轮岗　有计划、有目标地安排干部员工在各局室之间交流轮岗,形成年度性的、常态化的交流轮岗制度,锻炼了员工的业务能力,拓展了员工的工作视野,促进了内设部门的交流沟通,推动了部门之间的横向合作,提高了管委会整体的工作水平。

三、有竞争力的人才高地

建立人才汇聚机制 区域之间的竞争本质上是人才的竞争。生态城成立了人才工作领导小组,负责全面统筹、协调和管理生态城的人才引进、培养、奖励和服务工作。编制了《中新天津生态城中长期人才发展规划》,明确人才工作战略目标;出台了《中新天津生态城人才引进、培养与奖励的暂行规定》及《中新天津生态城吸引紧缺急需人才意见》,创新人才政策,优化工作环境,探索建立"人才特区"、人才管理改革试验区,增强了对人才的向心力,着力打造人才高地。

引进急需紧缺人才 根据生态城重点发展的文化创意、节能环保、信息技术等产业方向,确定急需紧缺人才类型,与各大专院校、人才服务中心、招聘网站建立联系渠道,设立人才储备库,通过组织校园招聘、社会招聘、网络招聘和猎头代理等多种方式,协助入区企业开展人员招聘。对引进的高层次紧缺人才,在户籍转移、购房补助、收入分配、子女入学等方面给予特殊政策,帮助企业降低用人成本,解决落户人才的后顾之忧。

建立人才激励政策 坚持精神奖励和物质奖励相结合的原则,建立起以政府奖励为导向、用人单位和社会力量奖励为主体的人才奖励体系。管委会设立"人才发展专项资金",对生态城内企业在人才引进、培养、激励和服务等方面提供专项资金,更好地发挥企事业单位在人才培养与开发方面的主体作用;出资设立"生态城杰出人才奖",主要奖励在生态城建设发展过程中创造出显著经济或社会效益的专业人才;设立"生态城中小企业优秀创业奖",主要奖励在科技成果转化上取得重要成果并创造显著效益的个人或团队。

完善人才综合服务 围绕重点发展领域,开展人才需求预测,定期发布急需紧缺人才目录,搭建人才供需平台。为驻区企业提供人才引进、劳动保障及免费的人事代理、档案管理等服务,降低企业的用人成本。采取校企联合培养模式,与南开大学、天津大学等在国家动漫产业园联合建立大学生实习基地。组织国际化人才培训交流,引导扶持企业员工到发达国家开展交流培训。

生态城将继续转变政府职能,努力建设服务型政府,使政府服务能力成为区域综合竞争力的重要组成部分。生态城将建立健全公开招聘、岗位管理、干部管理、专业培训等制度建设,形成制度化的、公开、公正、竞争、择优的干部聘用和晋升机制,提升政府管理服务能力。按照"小政府大社会"的原则,探索建立法定机构,以制度规范的形式将部分政府事务性工作交由法定机构承担。探索建立政府购买服务机制和监管体系，尽可能地将可以社会化、能够市场化的政府管理服务事务，让渡给社会力量，促进社会组织发展壮大，提升政府服务的专业水平，精简政府机构和人员，进而推动政府由"管制型、全能型"向"服务型、有限型"转变。

第十九章　市场机制:给企业插上腾飞的翅膀

2007年7月,国务院副总理吴仪访问新加坡会见李显龙时表示,中新合作建设生态城要坚持政企分开。两国框架协议进一步明确,中新双方成立商业联合体承担开发建设任务。按照这一要求,生态城成立了投资公司、合资公司两个市场化、股份化、专业化的主体开发企业,分别赋予了区域开发投资建设运营管理的权利和义务,形成了特殊竞争优势,从而形成了"政府引导、政企分开、企业主体、市场运作"的开发体制。这种开发主体企业不隶属于当地政府的新型"政企合作"关系,区别于以往功能区主体开发企业在管理上、资金上受制于当地政府的开发模式,实现了自主经营、自负盈亏、自我管理、自我发展,极大地拓展了发展空间,避免了政企职责不明、资金界线不清、发展动力不足的问题,为转变政府职能、深化市场经济体制改革奠定了基础,也为我国功能区开发体制改革创新探索了新的路径。

一、投资公司的发展战略及主要成就

投资公司由泰达控股、国家开发银行和四家天津市属国有企业共同出资成立,注册资本30亿元。投资公司围绕"生态城市实践者"的发展定位,采取专业化、市场化发展思路,全力开发城市资源,搭建资本平台,建立运营体系,打造战略联盟,至2012年年底,全面承接基础设施和公建项目建设运营,总资产达到155亿元,发挥了开发企业建设主体作用,实现了自身快速健康发展。

(一)发展战略

取得政府专项授权　根据《管理规定》,投资公司取得了生态城土地整理储备和基础设施、公共设施的投资、建设、运营、维护的职能。同时,作为合资公司的中方股东,承担着房地产、产业园区和商业开发职能。据此,生态城管委会先后授予投资公司18项特许经营权,投资公司取得了土地运作、水气热供应、公共交通、垃圾处理、园林绿化、环境卫生、商业设施、社区中心、广告、旅游等方面的投资、建设、运营权限,参照市场标准,获取投资经营收益。全口径的城市经营特许授权,为投资公司打造投资、建设、运营与管理一体化平台,统筹、持续、深入地开发城市资源,提升品质、降低成本奠定了基础,从而构成了投资公司的特殊竞争优势。

坚持市场化经营 投资公司因其开发主体地位和政府专项授权,获得了包括土地、基础设施和公共设施等城市资源,为市场化经营提供了基础。作为多家股东联合组建的有限责任公司,投资公司建立了符合现代企业制度的公司治理结构,始终以实现股东价值最大化作为出发点。在承接商业协议确定的各项开发建设任务时,参照市场标准,取得代建、运营等收益。采取公开招标等方式,将相关业务委托给第三方承担,降低成本。这种方式,区别于传统上基础设施建设运营和公共服务设施建设运营所采取的事业单位模式,投资公司作为独立于政府的开发主体,实现了从服从行政指挥到履行商业合同的转变,与政府形成了市场化的采购方和供应方的关系,根据政府标准提供服务,并取得相应的收益。

采取专业化运作 秉持专业化理念,采取自建和联合建设的方式,陆续成立商业地产开发、能源供应、环境保护等 11 家专业化子公司(详见表 19-1),提升专业化经营水平。2013 年,投资公司还组建了公交公司和信息园公司。此外,投资公司在规划设计、住宅开发、可再生能源建设、气力垃圾收集系统建设等领域,与国内外知名的研究机构、开发企业和专业公司进行广泛合作,建立战略联盟,取得了良好成效。

表 19-1:投资公司下属专业公司一览表

序号	名称	主营业务
1	能源公司	供热、供水、燃气、通信等建设、管理、运营和维护,可再生能源建设、开发、利用
2	市政景观公司	市政设施及景观绿化工程的建设管理、运营维护
3	建设投资公司	公建项目投资、建设、维护和自营房地产开发
4	环保公司	污染治理、生态修复、环卫设施投资、建设、运营维护
5	动漫园公司	国家动漫园开发、建设、运营及管理
6	公屋公司	公屋建设、管理
7	城市资源公司	城市资源统筹开发、建设、运营
8	水务公司	污水处理、水资源综合利用
9	绿色公交公司	班车运营、轨道交通建设、交通设施维护
10	信息园公司	信息园的开发、建设、管理和运营
11	环境技术咨询公司	建设项目环境影响评价、生态与环境规划咨询、修复技术开发等

实施规范化管理 建立了基础设施"投资一体化、建设标准化、管理信息化、运营系统化"体系,规范公司运营管理(见图19-1)。投资一体化,由投资公司统一作为投资与资金结算中心,对市政公用设施采用"红线内外一体化"建设,统筹协调各专业公司,实现统一投资、配合施工、同步完成;建设标准化,制定了10余项专业施工导则和涉及工程项目的标准合同、合同变更、资金管理、履约保证等专项制度;管理信息化,建立基础设施地理信息系统,将道路、管网等市政基础设施信息数据整合到统一平台,提供比较完备的、可视化的统计、查询、定位等服务,为运营维护和经营决策提供支撑;运营系统化,建立统一的客户服务中心、运行维护中心和运营管理中心,实现日常服务、运行调度、维修维护、统计分析、应急抢险的集成管理(见图19-2)。

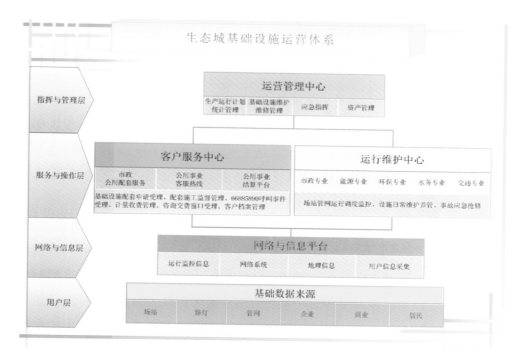

图19-1:基础设施运营体系

(二)主要成就

投资公司成立5年来,资产总额、营业收入从2008年的42.8亿元和1.7亿元,增加到2012年的155亿元和26亿元,分别增加了2.6倍和14.3倍,累计上缴税收13亿元,累计分红1亿元,为区域发展做出了重要贡献,实现了自身的良性发展。

土地收储整理 至2013年6月30日,共征收土地23平方公里,占生态城应征收土地的92%;完成土地平整16平方公里;累计转让土地541公顷,形成股权、债权及收入价

图 19-2：公用事业运行维护中心

值约 57.7 亿元。

基础设施建设　至 2013 年 6 月 30 日，完成道路、绿化、能源等基础设施投资 910 亿元，累计完工道路 61.2 公里、建设雨污水泵站 4 座、公交场站 1 座、桥梁 2 座；竣工能源管网 258 公里，给水、燃气场站 4 座；通信管孔 875 孔公里，光缆敷设 256 公里；完成绿化 261 万平方米，各类景观提升 64 万平方米。

市政配套服务　建立水气热等基础设施一站式服务中心，按项目固定客户经理，全程对接服务，精简、再造业务流程，降低成本，提高效率。至 2013 年 6 月 30 日，共受理各类开发项目 169 项，受理项目建筑面积达 727 万平米，已完成 12 个住宅小区的配套任务，保障了 4771 户居民按期交房。开通公用事业服务热线，实行 24 小时服务（见图 19-3）。至 2013 年 6 月 30 日，共受理市民公用事业类相关信息 2434 件次，其中区域内业务诉求 2433 件次，区域外业务诉求 1 件次；办结率 100%；市民满意率达到 97%。

产业园区建设运营　建成 75.6 万平方米的国家动漫园（见图 19-4）。至 2013 年 6 月，动漫园已累计注册企业 627 家，区内员工达 2000 余人，发挥了经济发展的"启动器"作用。2012 年，投资公司与合资公司合作启动信息园建设。

图 19-3：服务热线

图 19-4：国家动漫园创意空间

图 19-5：信息产业服务与孵化中心

城市资源开发经营　2010年,投资公司成立城市资源公司,负责商业设施、社区中心、汽车租赁、旅游、广告、会展等业务。2012年7月,"天和新乐汇"商业街投入使用,已开业商户25家,集中提供银行、餐饮、超市等基本民生服务,成为生态城第一个比较集中的生活配套服务场所(见图19-6)。城市资源公司采取连锁化经营方式,经营生态城社区中心,首个社区中心——第三社区中心即将投入运营。

图19-6:商业街

新能源开发利用　建设蓟运河口风电设施,中央大道、北部产业园、动漫园、污水处理厂等光伏发电项目,以及使用多项可再生能源耦合技术的动漫园二号能源站项目,总投资额超过7亿元。光伏及风电项目设计年发电量达1900万度,可供约8000户居民日常使用。

技术研发应用　制定《科研项目管理办法(试行)》,构建企业科技研发和应用体系。至2013年6月,投资公司及下属子公司累计投入技术研发转化2.56亿元,承接19项国家级、市级及新区级课题,涵盖环境治理、新能源、绿色建筑、动漫制作等领域,形成了一批在国内外具有影响力的科研成果和技术应用案例。申请国家专利47项,获得授权15项,取得软件著作权11项。污水库治理项目作为"十一五"国家科技支撑计划项目圆满结题。"十二五"国家重大科技水专项项目成功立项。

二、合资公司的发展战略及主要成就

2009 年 8 月 12 日,根据两国协议相关条款,由投资公司和以吉宝集团为主的新方联合体共同出资设立的合资公司正式成立,注册资本 40 亿元,双方股东各占 50%,新方联合体以现金入股,中方以土地入股(见图 19-7)。生态城内全部经营性用地,除双方股东少量自主开发地块外,将按照商业合同分批次全部注入合资公司。根据两国要求和商务部批复,合资公司定位为"城市综合开发商",既承担基础设施建设、住宅及产业园区开发,追求经济效益,也参与生态城医疗、教育、养老等社会事业和招商推广,以形成社会效益和经济效益相辅相成、相互促进的局面。

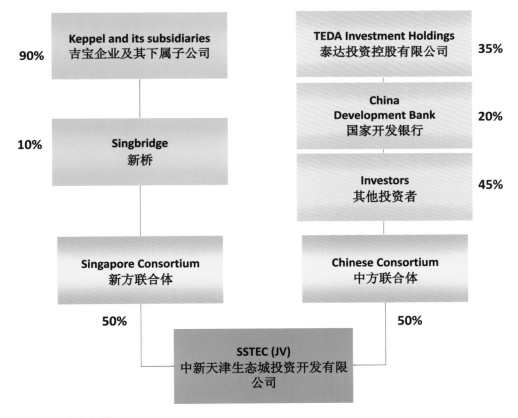

图 19-7:企业架构图

(一)发展战略

依托土地资源优势,实施联合开发 以商业开发为核心任务,充分发挥掌控生态城全部经营性用地的优势,利用新加坡在亚洲广泛的影响力和合作伙伴关系,采取联合开发为主、自主开发为辅的模式,积极引入日本、韩国等优秀房地产企业投资。同时,积极与中国优秀房地产企业展开合作,拓展房地产开发资金渠道,加快房地产开发速度,丰富房地产开发模式和产品,实现最大程度的土地资源增值和商业价值。

依托园区运作经验,建设产业园区 依托新加坡大规模海外投资、参与开发工业园区的经验和优势,充分发挥合资公司股东吉宝集团在相关领域的成功经验,独立建设并运营管理专业化产业园区,引进新加坡企业和其他国内外企业,使产业发展与房地产开发相互呼应、相互促进,体现综合开发商的责任和价值。

体现综合开发理念,履行社会责任 落实综合开发商的总体定位,在推进商业开发的同时,引入新加坡社会管理服务经验,积极参与生态城教育、医疗、养老、社区服务等建设事务,使生态城更多地体现"新加坡元素",打造特色和亮点,提升区域综合竞争能力,吸引居民入住和企业投资,推动住宅销售和产业园区招商,既履行合资公司作为中新合作载体应承担的社会责任,又促进商业开发,收到事半功倍一箭双雕的效果。

依托国际平台优势,开展区域推广 利用新加坡沟通中西、国际接轨的有利地位,发挥金融、商贸、科技和节能环保等领域优势,依托 BBC、CNN、《纽约时报》、《联合早报》、《海峡时报》等世界知名媒体渠道,深入宣传生态城国际合作项目的特殊定位、发展机遇、建设成就,广泛参与国际重大会议会展活动,提升生态城的国际影响力,促进项目引进。

(二)主要成就

合资公司发挥中新合作优势,以专业化、国际化、多领域的员工团队,在住宅开发、招商引资、基础建设、社会发展、品牌推广等方面的工作取得了显著进展。

房地产开发 至 2013 年 6 月 30 日,合资公司已累计从投资公司获取土地 405.5 公顷,价值 39.8 亿元,通过项目合作方式与新加坡吉宝、日本三井、韩国三星、菲律宾阿亚拉、马来西亚双威、北京首创、北京万通、上海世茂、台湾远雄等国际、国内知名房地产企业合作,落实生态城 100%绿色建筑要求,在所开发项目中全方位应用绿色建筑技术。至 2013 年 6 月 30 日,合资公司与合作方开发房地产项目 11 个,包括 8 个住宅项目,2 个产业园区项目以及 1 个国际学校项目,合资公司累计推出住宅 5515 套,总建筑面积达 64 万平方米,已销售住宅 2852 套,销售率超过 50%,实现销售面积 32 万平方米,销售收入 32 亿元。合资公司与远雄和世茂合作开发的住宅项目获得国家绿色建筑最高星级三星级认证。已入住的部分项目凭借高水平的规划设计、良好的施工质量、完善的配套设施、优质的物业服务获得了居民的好评。

图 19-9：低碳体验中心

图 19-8：生态科技园研发大厦　　图 19-10：生态产业园标准厂房

国际化招商　中新双方工作人员共同组建招商队伍,全面推动招商引资工作,积极向两国政府争取优惠政策和鼓励措施。合资公司的生态科技园由新加坡裕廊顾问公司进行规划设计,同时,裕廊集团高级官员也出任合资公司高管,为科技园注入新加坡产业园区开发的成功经验。由合资公司开发的生态科技园将于 2013 年下半年正式启动,科技园的研发大厦(见图 19-8)、启发大厦、标准办公楼、低碳体验中心等项目总建筑面积达 15 万平方米(见图 19-9)。当前生态城市产业园区已有 12 万平米标准厂房完工(见图 19-10),将在 2013 年陆续投入使用。合资公司通过打造与国际接轨的高水平硬件及软件服务,满足企业落户和发展的各项需求。生态科技园和生态产业园的客户包括飞利浦、西门子、兴业太阳能、上海三菱、百益胜、吉宝区域供热供冷、吉宝讯通、新科工程、天津中融合等国内外知名企业。新加坡国际企业发展局连续 5 年共投资 950 万新元,支援有意进入华北市场投资的新加坡企业。

先进技术引进　先后与飞利浦、西门子等国际知名企业在城市基础设施、建筑工程、节能照明、绿色生活产品和解决方案等领域进行全方位合作和试验,促进高效节能技术和产品在生态城应用。与西门子合资成立西门子生态城市创新技术(天津)有限公司,从事城市基础建设的技术方案研发、孵化和产业化工作,与新科环境工程合作,在产业园区内建设了循环式气动垃圾收集系统。

社会事业建设 在着力开发住宅项目的同时,合资公司全面介入教育、养老、医疗等住宅配套设施的建设和运营,打造多元化城市,实现"宜居"(Liveable)和"乐居"(Loveable)。2012年9月,淡马锡控股旗下的艾毅教育集团投资的幼儿园开学,2013年3月,与英国环球教育集团合作建设的杰美司国际学校开学,为居民提供了高品质的双语教育。2013年合资公司自主开发的亲老公寓——家和园开工,项目设计中充分考虑亲老元素,强化用户体验,结合建设中的生态城老年社区中心、综合医院等设施为乐龄居民创造便利舒适的生活环境,探索应对人口老龄化问题的新路(见图19-11)。

图 19-11:亲老公寓

区域品牌推广 合资公司先后代表天津生态城参加了在联合国"里约+20 全球市政厅会议"、亚洲开发银行亚洲城市论坛、北京国际绿色建筑博览会、中国国际城市智能化技术与服务大会、中国(天津滨海)国际生态城市论坛暨博览会、新加坡世界城市峰会、新加坡国际水资源周等多个海内外会议和博览会推介生态城。CNN、BBC、《国家地理》、CCTV、《中国日报》、《商业周刊》、《联合早报》等国内外知名媒体也刊发了关于生态城建设理念和进展的新闻报道(见图19-12)。组织国内外学生访问生态城,举办"生态城杯"大学生绿色创新大赛、"建设中的中新天津生态城"摄影大赛和"我眼中的生态城"绿色摄影比赛,在青年中推动绿色创新和可持续发展理念。2011 年,合资公司被《国际融资》杂志授予"十大绿色创新企业"称号。

图 19-12：各国媒体报道

第二十章　资金运作:持续不断的资金链条

一座新城的开发必须以强大、持续的资金为基础。天津生态城经过 5 年的探索实践,初步建立了权责独立、界面清晰、投向明确、流转高效的资金运作体制,既实现了从一穷二白到财政收入规模突破 30 亿元的历史性跨越,又促进投资公司和合资公司两个区域开发主体实现业务和资产规模成倍增长,稳健、持续的资金供应体系,有效支撑了生态建设、区域开发、产业促进、社会服务等领域的各项任务顺利完成。

一、适应开发需要,创新财政体制

授予财政权限　为支持生态城这一国家项目的建设,天津市给予生态城"不予不取、自我平衡"的财政支持政策:将生态城地方财政收入全额留归生态城,天津市原则上不再安排专门资金支持生态城建设。相较其他功能区,生态城本级留成比例显著提高,增加了建设资金来源和地方可支配财力。

落实财政体制　天津市赋予了生态城管委会独立的财政管辖权。2008 年 3 月,生态城管委会成立财政局。7 月,天津市下发《关于中新生态城项目税费和市政公用设施大配套费返还政策的复函》(见图 20-1)和《关于中新生态城税收征管分工和收入归属问题的通知》(见图 20-2),明确生态城财税体制和财政收入收缴、入库、返还方式,对于生态城区域内产生的税收地方留成部分、行政事业性收费和土地出让金政府收益,全部留成生态城用于环境治理和开发建设。11 月,市国税局、地税局在生态城设立税务所。2010 年,新区国库成立,替代天津市国库收缴生态城财政收入并按比例返还。

确立开发主体　按照管理规定,生态城管委会代表天津市政府统一行使行政管理职能。投资公司负责土地收购整理出让和基础设施、公共设施的投资建设运营,并享有收益权。合资公司作为中新合作平台公司,负责土地商业开发和"一路三水"(道路、雨水、中水、污水)建设。政府与两个开发主体分工明确、各负其责,既相对独立又相互联系,为开发建设奠定了坚实基础。

天津市人民政府办公厅

津政办函〔2008〕32号

关于中新生态城项目税费和市政
公用设施大配套费返还政策的复函

市滨海委：

你委《关于请市政府为中新生态城项目制定税费及市政公用设施大配套费返还政策的请示》（津滨管报〔2008〕13号）收悉。根据2007年12月12日第90次市长办公会议确定的不予不取、自我平衡，由天津生态城投资开发有限公司承担生态城项目有关中方负责的土地整理和污水处理、园林绿化等配套建设任务的原则，经市财政局会同有关部门研究，并报市人民政府领导同志同意，现函复如下：

一、关于税收返还。从2008年起在一定时期内，中新生态城规划范围内企业（包括建筑施工企业）在属地产生的税收地方留成部分和教育费附加、行政性收费等收入，全部留归中新生态城。

— 1 —

图 20-1:关于中新生态城项目税费和市政公用设施大配套费返还政策的复函

天 津 市 财 政 局
天津市国家税务局 文件
天津市地方税务局
中国人民银行天津分行

津财预〔2008〕60号

关于中新生态城税收征管分工和
收入归属问题的通知

中新天津生态城管理委员会、市国税局直属税务分局、市地税局直属局、市地税局登记局、天津市施工队伍管理站:

为进一步推进滨海新区开发开放,加快中新生态城开发建设,根据市政府《关于中新生态城项目税费和市政公用设施大配套费返还政策的复函》(津政办函〔2008〕32号),现就中新

图 20-2:关于中新生态城税收征管分工和收入归属问题的通知

二、界定工作关系，推进资金循环

　　根据商业协议，投资公司承担的土地收储和公共设施建设所需投资，由投资公司先行垫付，管委会通过后期财政收入按项目审核返还。合资公司承担的"一路三水"建设投资，主要通过配套费收入按项目予以返还，从而形成了以开发主体先行投资建设、财政收入后期返还为特征的资金循环体系（见图20-3）。

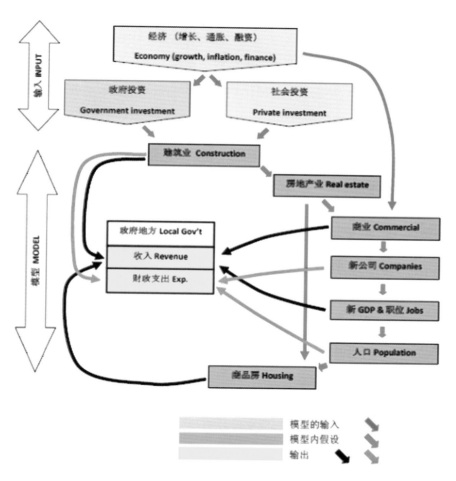

图20-3：财政收支预测模型图

　　生态城财政收入主要包括四个部分，即税收、建设行政事业性收费、土地出让金、中央财力补助和其他专项支持资金（见表20-1）。至2013年6月30日，生态城累计实现财政收入119.48亿元，其中税收收入52.63亿元，建设行政事业性收费收入18.06亿元,土地出让金收入46.44亿元,中央财力补助和其他专项资金14.15亿元。开发建设前两年,土地出让收入占总收入比重较大,2010年后企业税收出现较快增长,从2011年开始,国家每年给予生态城定额财力补助,缓解了建设初期资金压力。

表20-1:天津生态城财政收入情况表(2008—2012)

指标	2008	2009	2010	2011	2012
财政收入	22.74	19.40	14.20	21.83	27.90
其中:税收收入	0.63	2.97	7.79	15.33	16.27
非税收入	22.11	16.43	6.41	6.50	11.63

生态城管委会根据不同来源收入确定资金用途。土地出让金收入返还投资公司用于征地拆迁、土地平整、环境治理和绿化景观;建设行政事业性收费收入包括市政基础设施配套费、非经营性公建配套费和生活垃圾气力输送系统公网建设费,主要用于支付投资公司和合资公司代建的各项市政公用设施建设和非经营性公建(主要为教育)设施建设;税收收入主要用于其他公建项目建设以及招商引资和社会服务等;取得的专项资金按照指定用途,用于环境修复以及绿色建筑、可再生能源项目建设等。

对于政府投资项目,统一采用代建方式,由企业垫资先期进行建设,财政根据工程进度进行支付;对授权企业投资建设的基础设施和公共服务项目,根据实际情况给予财政补贴,确保项目持续健康运行。

到2013年6月30日,生态城财政支出累计达到107.13亿元,其中用于基础设施建设66.13亿元,环境治理5.98亿元,公共设施建设9.76亿元,可再生能源项目建设和补贴资金0.8亿元。在全部支出中,累计向投资公司及其子公司支付51.9亿元,向合资公司支付10亿元。

管委会和投资公司、合资公司之间形成了委托代建关系,三者之间界面清晰,独立核算,政府以土地出让金、税收、配套费支付政府投资项目建设资金和城市运营管理费用,实现了资金良性循环,放大了资金使用效益,保证了大规模开发建设的资金需求(见图20-4)。在开发建设的头两年里,生态城完成出让的土地总价款达到86亿元,总成本超过50亿元,远超过投资公司的注册资本和同期管委会的财政收入规模。实践证明,这种以企业垫资财政回补为核心的资金循环方式,在土地成片开发整理、配套设施大规模建设过程中发挥了重要作用,企业垫资有效放大了财政资金的效能,撬动了大规模的开发建设,同时成为财政资金支付的有效缓冲,避免了建设初期财政资金紧张对工程项目进

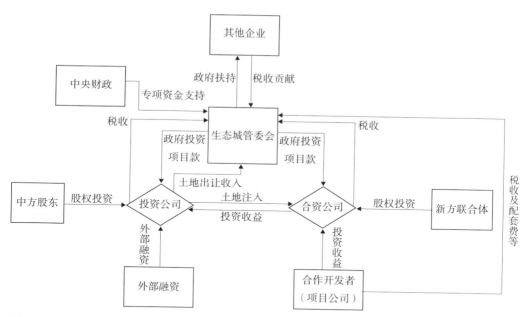

图20-4：资金循环示意图

展的影响,成为政企分开、市场运作的典型案例。

三、着眼长远发展,实现综合平衡

根据生态城的建设发展规划,要实现 10 年基本建成,全社会总固定资产投资将超过 2160 亿元,年均投资超过 200 亿元。要在 5 年左右基本建成 8 平方公里起步区,完成区域内大部分环境治理、生态修复以及市政道路管网等基础设施建设,期间累计投资将超过 600 亿元,其中政府直接投资将超过 150 亿元。筹措大规模开发建设所需的巨额资金,实现区域开发建设综合平衡,对产业基础薄弱、缺少原始资金积累的生态城而言,是亟待解决的问题。

为全面掌握建设期内的财政收支和经济运行特点,管委会自 2008 年开始,以生态城总体规划、年度建设计划为基础,建立了生态城财政收支预测模型,较全面地反映了生态城短期(5 年)以及中长期(15 年)财政收支状况,为政策制定及政府投融资决策提供参考。经测算,到 2020 年,生态城财政总支出累计达到 560 亿元,其中政府投资建设项目 360 亿元,城市运营 150 亿元,融资成本 50 亿元,财政总收入约 460 亿元,资金缺口约 100 亿元。

为了避免财政收支出现较大赤字,生态城结合建设期内产业发展和投入特点,积极开源节流,加快产业发展,培育税收来源,强化政府投资项目管理和城市运营费用核算,积极争取中央财力和专项资金扶持。

奠定坚实产业基础 2012 年,生态城产业税收超过 4.44 亿元,同比增长超过 31%,文化创意、广告传媒、图书出版、金融商贸等产业企业成为税收贡献的主体。到 2020 年,生态城将依托五大产业园区,大力发展文化创意、节能环保、信息技术、金融服务和高端制造等产业,贡献税收超过 50 亿元。

发挥开发主体作用 投资公司作为开发主体之一,是政府行使部分投融资职能的重要平台。利用其掌握的不同盈利能力的资产,进行自身平衡,争取长期外部融资,替代政府直接投资,减少或延后政府支出。通过集约化经营,降低城市运营成本。至 2012 年年底,投资公司已经实现外部融资 61.06 亿元,其中贷款融资 49.18 亿元,发行企业债券 12 亿元,在政府投资项目中已经垫资超过 20 亿元。经测算,至 2020 年,投资公司对外总投资将达到 16.15 亿元,企业总资产规模达到 154.93 亿元,其中经营性资产达到 140 亿元,准经营性资产达到 15 亿元,年度盈利超过 8833.86 万元,累计盈利规模将达到 10 亿元。发挥合资公司房地产、产业园区以及商业开发作用,为区域开发建设做出更大贡献。根据商业协议,合资公司经营产生的相关受益,将继续投资到生态城的后续建设,这将为生态城综合平衡提供有力支撑。

推动公共服务市场化 生态城在建设的过程中,广泛推行市场化手段。政府从传统的从建设到运营的全方位投入转移成为了标准的制定者和服务的采购者。对企业代建的纯公益项目进行回购;对准经营性的设施给予投资和运营维护补贴,逐步减少补贴金额;对经营性设施提供阶段性补贴,最终实现完全企业化运作。推动传统经营性项目和半经营性项目转化为市场投资项目,减少资金投入,利用投资公司市场融资缓解投资压力,实现从短期到长期平衡,最终实现区域开发建设的综合平衡。

多方争取外部财力支持 自 2009 年以来,生态城已先后获得包括中央专项财力补助在内的各项专项补贴,累计约 14.15 亿元,专项补贴主要包括:城镇污水管网专项建设资金;中央文化产业发展专项资金;可再生能源建筑应用示范城市补贴;"金太阳"示范项目补贴;绿色建筑示范城区补贴以及全球环境基金(GEF)赠款等。未来生态城仍需要充分发掘项目资源,展现项目示范性、先进性特点,不断提高项目和资金管理水平,争取更多专项资金,补充生态城建设资金需求。

四、围绕开发重点,提升资金效益

结合生态城的开发建设顺序和中心任务,财力安排主要倾斜在环境治理、基础设施建设、产业促进、企业融资、保障民生等方面,5年累计投资96亿元。

开展环境治理 主要包括盐碱地修复和绿化、大型主题公园建设、污水库治理、湿地保护和修复、河岸景观建设、水生态修复、污水处理厂建设、空气噪声污染监测和控制等方面,累计投资5.98亿元。

建设基础设施 主要包括道路桥梁、市政管网、公共绿化等,至2013年6月30日,累计完成总投资315.9亿元,南部片区基础设施基本完成,区域内主干道路和管网基本完工,各项能源、电信等实现接入。在总投资中,政府拨付资金66.13亿元,其余资金全部由企业出资,垫资和财政实际支付比例达到3.78:1,放大了财政资金的效益。

促进产业发展 主要包括扶持建设国家动漫产业园、给予南部片区商业企业经营用房租金和物业费补贴、根据税收贡献扶持文化创意、节能环保等现代服务业发展,提供免费通勤班车等。通过争取文化部中央文化产业专项资金和地方资金配套,建成国家动漫产业园公共技术服务平台。至2013年6月30日,用于产业扶持资金累计12.37亿元。生态城兑现政策的良好信誉,在业界赢得良好口碑,进一步推动了企业入区发展。

完善社会事业 主要包括教育、医疗、文化、体育、保障性住房等,2011年,首批幼儿园、学校、综合性医院、社区服务中心、主题公园等17项重点民生工程开工,总投资超过62亿元。生态城制定了一系列针对社区商户、居民入学入托、社区公益服务的补贴政策,吸引居民入住。每年安排500万元专项储备,用于社会保障应急和救助资金。至2013年6月30日,累计支出10.49亿元。

支持企业融资 在支持园区开发企业融资过程中,管委会通过签署回购协议、特许经营协议等形式明确代建项目和企业自营项目的资金回流,提升金融机构信心,增加融资规模。至2013年6月30日,投资公司在未使用政府担保或其他形式的抵押质押的前提下,银行贷款余额超过55亿元,备用授信额度超过20亿元,并且资产负债率一直保持低于70%的较好水平。支持投资公司发行企业债券,2012年8月,投资公司首笔总额12亿元的公司债券公开发行。为支持区域产业升级和中小企业发展,财政出资3000万元与日本亚洲银行合资设立创业投资基金,出资2500万元参股获得中央财政参股支持的现代制造业基金。

第二十一章　党的建设:凝聚科学发展力量

生态城积极创新党建工作理念、方法和机制,着力找准支点、抓住重点、突破难点,充分发挥党组织的战斗堡垒作用和党员先锋模范作用,绘就了一幅幅服务科学发展、党政融合相依、事业不断进步的和谐图景。

一、找准支点,激发活力

生态城党建工作围绕加快开发建设大局,深入贯彻落实党中央、市委和区委的重大决策部署,以实际工作需要为支点,不断加强思想理论武装,努力提升领导班子能力,激发干事创业热情,有力地推进了生态城开发建设创新发展。

深入推进理论与实践相结合　思想是行动的先导,理论是实践的指南。2008 年年底,正是生态城各项建设事业全面提速、较劲爬坡的关键时期,生态城管委会作为全市第一批开展深入学习实践科学发展观活动的单位,坚持将学习实践活动与实际工作进行结合,全体员工自觉学习、主动参与、全心投入主题活动,不走形式、不走过场。主题活动历时 5 个多月,扎实完成了 3 个阶段、11 个环节的工作。活动期间,党组共征求群众意见232 条,党组成员撰写完成重大课题调研报告 11 篇,全体党员干部撰写学习体会 52 篇,梳理出制约生态城科学发展的突出问题 6 个,制定整改落实措施 9 项 28 条,建立健全制度机制 7 项,出台"保增长、渡难关、上水平"的重要措施 5 项。主题活动成功实现了理论学习与工作实践的紧密结合,得到了市巡回检查组、新区指导检查组的充分肯定。2012年年底,按照市委和区委的统一部署,结合生态城工作实际,管委会党组研究制定《关于学习宣传贯彻落实党的十八大会议精神的安排意见》,明确指导思想、学习内容、方法步骤、具体措施和要求,召开了学习动员会、党组理论学习、专题辅导培训和座谈交流会,深入研究讨论十八大新精神、新要求、新提法,特别是对生态文明、美丽中国、城镇化建设等与生态城建设使命密切相关的内容,精读读懂,使之成为指导生态城实践的重要理论基础。经集体学习讨论,生态城党组在《天津日报》理论版刊发了《推进生态文明　建好生态新城》的理论文章。

积极创建学习型党组织活动平台 各级党组织坚持把"推进学习型党组织建设,提升领导生态城科学发展水平"作为党建工作的"主打曲"。结合工作实际,制定了《关于推进学习型党组织建设的实施意见》,建立健全了中心组学习制度、政治学习制度和述学、评学、考学等学习机制。利用网络 OA 系统、远程教育站点等手段,探索开展研究式、团队式、共享式学习模式,引导广大党员干部自觉树立终身学习、创新学习、学习工作一体化的理念,努力营造了重视学习、崇尚学习、善于学习、坚持学习的浓厚氛围。

注重抓示范,管委会党组紧紧抓住提升领导班子能力建设这个关键,把中心组学习打造成为全委各级组织学习的"示范班"。领导带头学习、带头发言、带头辅导、带头调研,充分发挥示范和引导作用,催生了一批学习型党员干部;注重抓培训,每年年初向各支部下达培训计划任务,指导各支部认真组织党务知识培训工作。组织开展了生态环保、绿色建筑、电子商务、现代礼仪等业务技能培训。共选送 500 余人次参加全国和天津市、新区举办的各类培训;注重抓活动,定期举办读书竞赛、演讲比赛、征文比赛等丰富多彩的活动。充分发挥团组织、工会、妇联的作用,广泛开展丰富多彩、健康向上的文体活动,寓教于乐。

广泛开展创先争优活动 充分发扬"创新、水平、速度、细节、拼搏、合作"的生态城精神,在 30 平方公里的盐碱荒滩上,敢为人先,攻坚克难,锐意进取,谱写了一曲曲忠诚、奉献、创业、感人的新篇章。以"我为发展献计策"活动为载体,组织全体党员干部积极参与生态城市理念研讨,营造了勇于创新、敢于争先的浓厚氛围。面对生态城起步阶段工程任务繁重、时间要求紧迫、基础设施不足的实际,各级党组织将创先争优活动作为强大动力,通过"百天会战",激励参建人员发扬"五加二"、"白加黑"精神,锐意进取、迎难而上,全力加快推进各项工程建设。在服务中心、动漫园、蓟运河示范段、商业街项目建设和污水库项目治理现场,党员领导干部做到靠前指挥、亲历亲为、身先士卒,没有节假日、没有作息时间,做到工作任务在哪里,组织设置到哪里,作用发挥到哪里。

生态城涌现出一批先进人物和先进事迹,先后有 6 人受到天津市表彰,8 人受到新区表彰,3 个党支部连续三年被新区评为"先进党支部",管委会机关党委在滨海新区组织的"纪念建党 90 周年知识竞赛"活动中取得优秀组织奖,3 人受到表彰。1 人在滨海新区举办的科学发展观"三进一体现"征文活动中获得二等奖。1 人在新区工会组织的演讲比赛中取得第一名成绩。两个部门分获天津市、新区"市级文明单位"和"区级文明单位"荣誉称号。

二、抓住重点，夯实基础

党的基层组织是党全部工作和战斗力的基础，是落实党的路线方针政策和各项工作任务的战斗堡垒。生态城管委会党组注重在加强基层组织建设、队伍建设、制度建设、作风建设和廉政建设上下功夫、作文章，不断增强基层党组织的凝聚力、创造力和战斗力。

强组织，固根基 随着生态城开发建设快速推进，党组织覆盖面不断扩大，基层党组织建设也得到了进一步加强。在生态城管委会党组领导下，现有机关党委 1 个，综合党委 1 个，8 个基层党组织，在建规模以上非公有制经济组织党支部 6 个。党组织覆盖社区、机关、企业、社会组织等各个领域，形成了坚实的基层党组织堡垒。

壮队伍，促发展 众人划桨好开船。按照建设一支"素质优良、结构合理、规模适度、作用突出"的党员队伍要求，建立健全完善党员发展教育管理服务工作机制，不断吸收优秀分子加入党组织。至 2013 年 6 月 30 日，全委党员数量由最初 31 名达到了 132 名，党员质量明显提升，整体结构和分布更加合理，为加快生态城建设发展提供了重要保证。

严制度，明规范 认真执行《三会一课制度》，不断完善《党支部工作职责》、《党员学习制度》、《发展党员工作实施办法》、《党员联系群众制度》、《民主评议党员制度》等各项制度，着力构建了教育、管理、监督、服务为一体的工作制度体系。大力推行发展党员公示制和票决制，确保发展党员质量。着手建立《党员目标管理制度》，制定工作方案，明确责任人员，落实推进措施，形成一级抓一级，层层抓落实的工作格局，确保基层党组织建设步入制度化、规范化和程序化轨道。

改作风，提效能 事业成败的关键在作风。管委会党组紧紧扭住干部作风建设这个"牛鼻子"，以干部作风的大转变推动各项工作的加速度。围绕"解难题、促转变、上水平"主题活动，积极开展"机关作风建设年"、"党员干部包企业、排忧解难促发展"、"调查研究解难题，深入企业送温暖"等活动，及时帮助项目单位和企业解决问题。2011 年春节后的一周时间里，党组领导就深入到工地一线，召开 11 个专题会议，精心策划推出 40 项重点工程，并逐一明确责任单位、责任人，确定时间进度表，确保年底慧风溪以南区域全部项目开工。2013 年 1 月 16 日，以中央出台的八项规定为依据，制定《生态城关于改进工作作风　密切联系群众的具体办法》，强力推动生态城工作作风的良好转变。

讲廉洁，树形象 "水清则明，人清则廉"、"慎独慎微，防患未然"等警句均出自党组办编撰《廉政格言 100 句》，这只是生态城加强廉政文化建设的一个缩影。近年来，建立完善《生态城党组议事规则》、《工程建设项目招投标监督管理暂行规定》和《大额专项资金使用管理办法》等制度法规,积极推进"筑堤行动"。组织开展了"扬清风正气 树廉洁形象"主题学习实践活动,开展廉洁从政教育、警示教育和保持党的纯洁性教育等活动,不断强化党员干部廉洁从政意识和自律观念。树立和宣扬了勤廉兼优的先进典型,先后有 3 名同志受到了新区纪委的表彰。

三、突破难点,发挥作用

基层党组织建设如何适应新形势下党建工作和生态城开发建设需要?如何妥善处理和解决好党建工作与其他工作的关系?如何推进非公有制企业党建工作,实现党的工作全覆盖?"他山之石,可以攻玉。"各级党组织结合召开民主生活会、党支部组织生活会,紧紧围绕当前党建工作难点问题,加强调查研究,广泛征求意见,力求向基层、向群众找到解决和推进工作的"钥匙"。

优化基层党组织设置 采取"板块化"模式,按照职能相近、业务关联的原则,在 11 个局室中组建了 8 个党支部,其中组建了 4 个联合党支部,整合了党建资源,强化了工作合力。同时,按照"哪里有经济工作,哪里就要有党的工作;哪里有党员,哪里就要有党的组织"的思路,紧跟经济结构调整步伐,根据非公有制企业规模及党员情况,采用联合组建、行业组建、区域组建、挂靠组建等有效形式建立党组织,使党的基层组织体系不断健全,规模不断壮大。

推动党建与业务融合发展 针对党建工作与业务工作"两张皮"的现象,各基层党组织注重把党建工作与经济工作、业务工作紧密衔接,建立部署、检查、调研、落实、考核同步机制,坚持以业务工作作为党建工作的载体,运用业务工作实践党的主张,使党的建设与业务工作拧成一股绳,推动党建和业务工作相互促进、共同发展。

强化非公企业党建 针对驻区非公有制企业党员少、分布散、流动快、从业杂、组建难的情况,坚持"因企制宜、灵活组建、讲求实效"的原则,采取单独组建、联合组建、临时组建、属地管理、整体接收、关系挂靠等六种方式,把有组织的联系起来,无组织的建立起来,流动党员管理起来,做到了党组织成熟一个组建一个,巩固一个提高一个,实现了党在非公有制经济的组织覆盖和工作覆盖。

大 事 记

（2007 年 4 月—2013 年 6 月）

2007 年

4 月 25 日　中共中央政治局常委、国务院总理温家宝会见来访的新加坡国务资政吴作栋，共同商议在中国合作建设一座资源节约型、环境友好型、社会和谐型的生态城市，作为中国其他城市可持续发展的样板。

7 月 9 日—12 日　中共中央政治局委员、国务院副总理吴仪访问新加坡，提出中新合作建设生态城的"四项要求"：突出资源节约型和环境友好型；符合中国有关法律法规和国家政策要求；有利于增强自主创新能力；坚持政企分开。明确在选址过程中要把握的"两条原则"：体现资源约束条件下建设生态城市的示范意义，以非耕地为主，选在水资源缺乏地区；靠近中心城市，依托大城市交通和服务优势，节约基础设施建设成本。按照这一要求，乌鲁木齐、包头、天津、唐山四个城市被列为备选城市推荐给新方。

7 月 23 日　天津市委书记张高丽、市长戴相龙会见建设部部长汪光焘一行，就生态城选址交换了意见。

7 月 25 日　天津市专门成立生态城选址工作领导小组，由市长戴相龙任组长，常务副市长黄兴国、市委常委苟利军、副市长陈质枫任副组长。具体工作由市规划局牵头，滨海委、市发改委、市建委、市外办、市科委、市国土房管局、市国税局、市地税局、市商委、市环保局、塘沽区政府、汉沽区政府参与。

8 月 3 日　建设部副部长仇保兴主持召开会议，分别听取天津、唐山、乌鲁木齐、包头四个城市关于生态城选址工作的汇报。副市长陈质枫代表天津汇报选址方案。

8 月 11 日　市长戴相龙、常务副市长黄兴国会见新加坡国家发展部副常任秘书蒋财恺一行。副市长陈质枫介绍天津市生态城选址情况，并陪同考察选址现场。

8 月 19 日—21 日　市委常委、滨海新区工委书记、管委会主任苟利军率团访问新加坡，与新方就生态城选址、规划建设等有关问题交换意见。

8月29日　市委书记张高丽、市长戴相龙会见前来考察生态城项目选址的新加坡驻华大使陈燮荣一行。

9月5日　市委书记张高丽会见新加坡国家发展部部长马宝山一行,双方就生态城选址工作交换意见。市长戴相龙主持召开双方工作会谈,并陪同马宝山考察生态城选址现场。

9月6日　市长戴相龙在大连会见出席达沃斯年会的新加坡国务资政吴作栋,就生态城选址交换意见。

9月10日　市委书记张高丽、市长戴相龙会见新加坡吉宝集团董事长林子安一行,就生态城选址工作交换意见。

9月12日—13日　国务院副总理曾培炎到滨海新区考察,听取生态城选址方案工作汇报。

9月29日　国务院秘书二局转来国务院领导同志对《关于天津滨海新区需要国务院有关部门帮助解决的问题》的批示,原则同意在天津滨海新区建设生态城。

10月9日　常务副市长黄兴国会见新加坡国家发展部政务部长傅海燕一行,并陪同考察生态城选址现场。市委常委、滨海新区工委书记、管委会主任苟利军,副市长陈质枫出席。

10月13日　市长戴相龙率团赴京参加新加坡中国节,与新加坡副总理兼内政部长黄根成就生态城选址交换意见。

10月25日　常务副市长黄兴国会见新加坡国家发展部副常任秘书蒋财恺一行。

同日　市委常委、滨海新区工委书记、管委会主任苟利军与新方就生态城项目所涉及的土地、税费、公共设施和市政基础设施建设等问题进行沟通。

10月26日　中共中央政治局委员、天津市委书记张高丽,市长戴相龙听取与新方会谈相关筹备情况汇报。会议要求务必明确生态城概念和建设标准,并提出会谈的原则和方向。

10月28日—29日　新加坡国家发展部部长马宝山考察生态城选址。中共中央政治局委员、天津市委书记张高丽,市长戴相龙会见马宝山一行。常务副市长黄兴国主持召开双方工作会谈,市委常委、滨海新区工委书记、管委会主任苟利军,副市长陈质枫出席。

11月5日　市长戴相龙主持召开会议,专题研究生态城有关工作。市领导黄兴国、苟利军、陈质枫和市政府秘书长何荣林出席。会议明确由常务副市长黄兴国向建设部汇报工作,副市长陈质枫向国土资源部汇报工作。

同日　常务副市长黄兴国与新加坡国家发展部副常任秘书蒋财恺就生态城选址进行沟通。市委常委、滨海新区工委书记、管委会主任苟利军出席。

11月6日　常务副市长黄兴国向建设部部长汪光焘汇报生态城相关工作进展情况。

同日　市委常委、滨海新区工委书记、管委会主任苟利军与新方进行会谈，就生态城建设工作达成多项共识。

同日　副市长陈质枫就生态城有关土地政策向国土资源部作专题汇报。

11月8日—9日　常务副市长黄兴国两次主持召开会议，研究向建设部汇报生态城建设事宜。市委常委、滨海新区工委书记、管委会主任苟利军，副市长陈质枫出席。

11月10日　建设部部长汪光焘主持召开第143次常务会议，听取天津市常务副市长黄兴国关于中新生态城选址天津滨海新区工作情况的汇报。市委常委、滨海新区工委书记、管委会主任苟利军，副市长陈质枫出席。

11月11日　常务副市长黄兴国主持召开会议，要求市有关部门与国家对口部委进行沟通，争取对生态城项目的支持。副市长陈质枫出席。

同日　常务副市长黄兴国会见中国工程院院士周干峙，就生态城建设事宜进行沟通。市委常委、滨海新区工委书记、管委会主任苟利军，副市长陈质枫出席。

11月14日　建设部部长汪光焘主持召开会议，向天津市反馈各部委和新方意见，明确中新生态城选址天津滨海新区，要求天津市落实满足生态城建设的13项指标要求。常务副市长黄兴国，市委常委、滨海新区工委书记、管委会主任苟利军出席。

同日　常务副市长黄兴国和市委常委、滨海新区工委书记、管委会主任苟利军赴京与新加坡国家发展部副常任秘书蒋财恺进行会谈，通报生态城选址工作进展情况。

11月15日　天津市政府将《中新生态城工作实施方案》报建设部。

11月18日　国务院总理温家宝和新加坡总理李显龙在新加坡共同签署《中华人民共和国政府与新加坡共和国政府关于在中华人民共和国建设一个生态城的框架协议》；建设部与新加坡国家发展部签署《中华人民共和国政府与新加坡共和国政府关于在中华人民共和国建设一个生态城的框架协议》的补充协议，标志着生态城项目落户天津滨海新区。

访新期间，温家宝在会见新加坡总统纳丹时表示，生态城建设起点要高，设计要高瞻远瞩，符合人民节约资源、能源和保护环境的愿望，成为留给后人的一笔财富。

11月20日　市委常委、滨海新区工委书记、管委会主任苟利军组织召开会议，研究生态城近期工作安排。

11 月 21 日　建设部部长汪光焘访问新加坡,与新加坡国家发展部部长马宝山就生态城近期工作安排进行会谈。会议重申中新两国合作建设生态城的目标,对下一步工作做出部署。

11 月 23 日　建设部部长汪光焘在京主持会议,部署生态城近期工作。市领导苟利军、陈质枫出席。会后,会同建设部规划司整理制定中新天津生态城近期工作方案。

11 月 25 日　副市长陈质枫主持召开会议,研究部署生态城规划建设近期工作分工。会议决定成立工作小组,副市长陈质枫任组长,市规划局局长任雨来任副组长,市法制办、建委、国土房管局、容委、环保局等部门分管领导为小组成员。会议明确生态城规划编制、规划标准制定、建设管理标准制定、管理条例制定等工作分工和时间进度要求。

11 月 28 日—29 日　天津市举办生态城规划专家研讨会,副市长陈质枫出席会议并致辞。

12 月 3 日—7 日　副市长陈质枫带队访问新加坡,就生态城的规划建设事宜与新方深入交换意见。

12 月 10 日—11 日　副市长陈质枫会见新加坡市区重建局局长蔡君炫一行,并陪同考察生态城选址现场。

12 月 12 日　国土资源部副部长、中新天津生态城联合理事会成员鹿心社来津调研生态城选址及土地政策工作,并对规划编制、起步区建设、土地规范运作、科学集约用地等提出具体要求。

12 月 14 日　市委常委、滨海新区工委书记、管委会主任苟利军会见国家开发银行有关负责人,双方就组建生态城中方联合体和合资公司有关问题交换意见。

12 月 19 日　市委常委、滨海新区工委书记、管委会主任苟利军向市委常委会汇报生态城项目进展情况。

12 月 21 日　建设部科技司在京主持召开会议,专题研究生态城规划标准相关事宜。

12 月 24 日　天津生态城中方投资联合体成立。由天津泰达投资控股有限公司牵头,国家开发银行、天津市房地产开发经营集团有限公司、天津塘沽城市建设投资公司、天津市汉滨投资有限公司、津联集团(天津)资产管理有限公司参加,注册资本 30 亿元。

12 月 28 日　副市长陈质枫主持召开会议,专题研究生态城规划建设工作。会议听取有关单位工作进展情况汇报,并对工作小组成员进行调整。由副市长陈质枫任组长,市规划局局长尹海林任副组长,市法制办、建委、国土房管局、容委、市环保局等部门分管领导为小组成员。会议要求加快规划编制、建设管理标准和管理条例制定等的工作进度。

12月29日　市环保局组织召开生态城建设标准专家研讨会。

2008 年

1月8日　市委常委、滨海新区工委书记、管委会主任苟利军和副市长陈质枫与新加坡国家发展部副常任秘书蒋财恺举行工作会谈,就生态城规划建设标准、管委会组建、开工建设筹备工作等交换意见。

1月9日　市委组织部常务副部长齐二木与崔广志、蔡云鹏、张彦发、蔺雪峰谈话,宣布市委关于组建中新天津生态城管委会领导班子的决定。崔广志任党组副书记、管委会副主任,主持生态城全面工作。蔡云鹏、张彦发、蔺雪峰任党组成员、管委会副主任。领导班子成员随即开会,就认真落实市委决定、迅速开展生态城下一步重点工作做出安排。

1月10日　中共中央政治局委员、天津市委书记张高丽,代市长黄兴国会见建设部部长汪光焘一行。在津期间,汪光焘到天津生态城项目选址现场进行了考察。市领导苟利军、段春华、陈质枫等参加会见或陪同考察。

同日　建设部部长汪光焘听取市政府关于生态城工作进展和指标体系编制阶段性成果汇报,并提出具体要求。代市长黄兴国,市委常委、滨海新区工委书记、管委会主任苟利军,副市长陈质枫出席。

同日　市委常委、滨海新区工委书记、管委会主任苟利军召集生态城管委会领导班子成员开会,就生态城建设提出具体要求。

1月11日　天津滨海新区工委召开会议,宣布市委关于成立中新天津生态城管委会的决定,并宣布管委会领导班子成员。

同日　生态城管委会副主任崔广志主持召开第1次主任办公会,就管委会机构设置、人员编制、领导分工及当前重点工作进行了研究。会议明确崔广志分管办公室;蔡云鹏分管征地、土地利用及管理工作;张彦发分管城市建设工作和商务局,协助蔡云鹏推进征地工作,负责联系协调各区县局;蔺雪峰分管规划工作和环境局,负责联系协调新加坡和市各部委办局、国家各部委。管委会设置一办三局,分别是办公室、建设局、商务局、环境局,人员编制为30人。

1月18日　市委常委、警备区司令员王小京和市委常委、滨海新区工委书记苟利军共同主持召开中新天津生态城管委会征用警备区后勤部农副业基地土地工作会议,就加快土地征用报批、文件准备、征地补偿、战备土地置换、职工安置、村民稳定等问题进行研究。

1月28日　生态城管委会副主任崔广志主持召开管委会与投资公司第1次联席会，会议听取了土地征用、规划编制、起步区建设、临时办公楼方案设计及指标体系阶段性成果汇报，并提出具体要求。

同日　中共中央政治局委员、市委书记张高丽分别会见住房城乡建设部部长汪光焘、副部长仇保兴等中方联合工作委员会成员和新加坡国家发展部部长马宝山等新方联合工作委员会成员。

1月31日　中新天津生态城联合工作委员会第一次会议在天津召开。会议由住房城乡建设部副部长仇保兴和新加坡国家发展部部长马宝山共同主持。市领导黄兴国、苟利军、熊建平、陈质枫出席。会议审议并原则通过生态城指标体系。

2月1日　市委常委、滨海新区工委书记、管委会主任苟利军到管委会调研，要求全体干部继续发扬埋头苦干、奋勇拼搏的精神，坚持高标准、站在高起点、抢占制高点，规划好、建设好生态城。

2月10日　市委常委、滨海新区工委书记、管委会主任苟利军听取服务中心设计方案汇报，对设计方案表示肯定，并将项目正式定名为"中新天津生态城服务中心"。

2月12日　管委会副主任崔广志主持召开第2次主任办公会，会议就2008年工作要点、近期重点工作及各部门职能和岗位职责等进行了研究，并做出具体部署。

2月14日　中共中央政治局委员、市委书记张高丽，市长黄兴国听取并原则同意生态城服务中心设计方案。

2月15日　管委会副主任崔广志主持召开外宣工作专题会，会议就2008年外宣工作重点和计划进行研究部署。

2月20日　市政府下发《关于同意中新天津生态城选址方案的批复》和《关于商请征用天津警备区农副业基地土地的函》。

2月21日　市委常委、滨海新区工委书记、管委会主任苟利军会见新加坡国家发展部副常任秘书蒋财恺一行。双方就生态城宣传、合资公司组建、服务中心建设、蓟运河防洪、产业发展规划、环境整治、政府引导基金设立等事宜进行沟通。

同日　建设部城乡规划司司长唐凯和新加坡国家发展部副常任秘书蒋财恺共同主持召开生态城工作会议，会议讨论了指标体系和总体规划方案，研究了下一步工作。

2月22日　起步区填土工程开工。

2月23日　市长黄兴国到生态城调研，并出席服务中心开工仪式。他要求管委会以国际化的视野、国际化的思维、国际化的规范,推动各项工作达到国际水平。市领导王小京、苟利军、熊建平、陈质枫和市政府秘书长何荣林出席。

2月25日　管委会副主任崔广志主持召开第3次主任办公会,会议就资金问题进行了研究部署。

本月　根据市编委《关于组建中新天津生态城管理委员会的通知》(津编机字[2008]10号),中新天津生态城管委会获准成立,暂设办公室、建设局、商务局、环境局四个正处级机构。

3月2日　市长黄兴国主持召开市规划委员会全体会议,审议《中新天津生态城总体规划纲要》。市领导杨栋梁、苟利军、熊建平、李文喜、王治平、任学锋和市政府秘书长何荣林、天津警备区后勤部部长张建国出席。

3月17日　管委会副主任崔广志主持召开专题会,会议原则通过《中新天津生态城管委会2008年工资计划》《关于车辆购置及分配使用的方案》,审议了《中新天津生态城管委会规章制度汇编》。

3月23日　中新天津生态城总体规划国际专家论证会在滨海新区召开,中国科学院、工程院院士吴良镛,芬兰未来社区委员会主席艾洛·帕罗海默等国内外知名专家学者出席。

3月26日　管委会副主任崔广志主持召开"一泥三水"(污水库的泥、水及营城水库、蓟运河的水)专题会,就生态城环境治理工资做出具体部署。

同日　管委会副主任崔广志主持召开交通规划专题会,会议就生态城新型交通体系和新型住宅体系构建提出具体要求。

3月30日　汉北路一期绿化及门区景观工程开工。

4月1日　管委会副主任崔广志主持召开第5次主任办公会,会议原则通过《中新天津生态城管委会规章制度汇编》,并就《中新天津生态城管理规定》制定提出具体要求。

4月3日　生态城投资开发有限公司与天津警备区后勤部签署征地协议。

4月6日　市委常委、滨海新区工委书记、管委会主任苟利军主持召开协调会,要求市法制办、市公安局、市财政局(地税局)、市工商局、市国税局、人民银行天津分行、市技术监督局、市发改委、市商务委、滨海新区管委会等单位,解放思想,增强服务,全力帮助生态城解决实际问题。

4月8日　中新联合工作委员会第二次会议在新加坡召开。会议再次确认生态城指标体系,审议并原则通过总体规划。新加坡国家发展部部长马宝山、住房和城乡建设部副部长仇保兴、市委常委苟利军、中国驻新加坡使馆临时代办洪小勇及中新联委会成员单位负责人出席。

4月10日　生态城投资开发有限公司取得起步区国有建设用地使用权。

4月14日　管委会副主任崔广志主持召开第7次主任办公会,会议听取了总体规划、控制性详细规划、专项规划、起步区修建性详细规划、城市设计及绿色建筑标准、绿色施工标准等工作进展情况汇报,并提出具体要求。会议还决定全体干部员工每周六照常上班。

4月24日　中共中央政治局委员、市委书记张高丽主持召开市委常委扩大会议,听取管委会关于联合工作委员会第二次会议情况和总体规划方案汇报,并对总体规划予以肯定,要求高度重视生态城开发建设。

5月6日　副市长王治平率市科委负责同志到生态城调研,听取开发建设情况汇报,并就加强生态环保科技创新、制定产业规划提出要求。

5月19日　《人民日报》社长张研农、副社长何崇元到生态城考察。

5月20日　商务部副部长马秀红到生态城考察,并就生态城文化创意、服务外包等产业发展提出要求。

5月25日　污水库治理工程本底调查工作启动。

5月26日　管委会副主任崔广志主持召开第10次主任办公会,会议原则同意《中新双方补充协议二》,并就《中新天津生态城管理规定》、《中新天津生态城管委会与合资公司双方的商业协议》的修改完善提出具体要求。

5月27日　市长黄兴国会见新加坡吉宝集团总裁林子安及合资公司新任CEO吴财文一行。

6月2日　管委会副主任崔广志主持召开第11次主任办公会,会议原则同意《中新天津生态城管理委员会预算管理制度》、《中新天津生态城管理委员会资金支付暂行办法》。

6月10日　市长黄兴国对《中新天津生态城管理规定(草案)》做出批示:草案已有一定基础,还要借鉴新加坡在生态城市卫生管理、园林管理、废弃物管理、水系统管理和交通管理的经验。这个办法要具体化,逐步完善。

6月20日　中共中央政治局委员、市委书记张高丽会见前来生态城洽谈环境科学领域合作的原全国人大常委会副委员长蒋正华、科技部副部长刘燕华一行。

7月1日　住房和城乡建设部副部长仇保兴、新加坡国家发展部兼教育部高级政务部长傅海燕在天津共同主持召开联合工作委员会第三次会议。会议听取并审议起步区详细规划初步方案、生态城总体规划公众意见、中新教育合作进展情况及三方定期沟通机制方案。

同日 管委会和中方投资联合体、新方投资联合体签署《关于位于中华人民共和国天津市之中新天津生态城商业协议》。

同日 生态城市政景观有限公司取得营业执照。

7月2日 管委会副主任崔广志与新加坡国家发展部副常任秘书蒋财恺就总体规划和起步区修建性详细规划进行沟通协商。会议确定居住用地比率不低于40%，住宅建筑面积不低于1440万平方米，产业用地比例应达到10%。会议还决定成立"生态城开工典礼推动小组"，组长由崔广志、蒋财恺共同担任。

7月4日 生态城环保有限公司取得营业执照。

7月8日 中共中央政治局委员、市委书记张高丽率市委理论学习中心组读书会暨深入贯彻落实科学发展观现场交流推动会与会领导到生态城视察工作，他强调生态城项目来之不易，意义重大，影响深远，是天津项目的重中之重，要倍加珍惜；生态城开发建设要永不满足、再接再厉，确保高标准、高水平完成历史使命。

7月18日 生态城召开半年工作会议，管委会副主任崔广志在会上总结上半年工作，部署下半年任务，号召全体干部树立强烈的机遇意识、创新意识、实干意识、速度意识、合作意识、廉政意识。

7月22日—27日 管委会副主任崔广志带队出访新加坡，与新加坡国家发展部副常任秘书蒋财恺共同主持召开四方联席会议。期间，双方举办生态城投资说明会，150余家新加坡企业的负责人参会。

8月1日 市委常委、滨海新区工委书记、管委会主任苟利军到生态城调研，对起步区修建性详细规划编制工作给予肯定。

8月4日 起步区一期道路工程开标。

8月5日 生态城建设投资有限公司取得营业执照。

8月8日 管委会副主任崔广志主持召开"一泥三水"治理工作专题会，会议要求3—5年完成全部治理任务。

8月13日 管委会与市科委、市教委签署《共同推动中新天津生态城建设工作的框架协议》。

8月15日 商务部党组书记、部长陈德铭到生态城考察。

同日 住房和城乡建设部副部长仇保兴主持召开联合工作委员会第一次中方成员会议，研究生态城拟争取国家支持政策等相关事宜。

同日　服务中心竣工验收,标志着区内首座绿色建筑落成。

8月18日　中共中央政治局常委、国务院副总理李克强到天津生态城视察,中共中央政治局委员、市委书记张高丽,市长黄兴国陪同。

8月28日—30日　由市政府副秘书长王维基牵头,市发改委、市财政局、滨海新区管委会和天津生态城管委会有关负责人组成的工作小组,赴苏州、上海等地调研争取国家支持政策情况。

9月1日　生态城管委会、新加坡国家发展部生态城办事处和投资公司入驻服务中心办公。

9月3日　中共中央政治局委员、国务院副总理王岐山,新加坡副总理黄根成到生态城视察,中共中央政治局委员、市委书记张高丽,市长黄兴国陪同。

同日　中新天津生态城联合协调理事会第一次会议举行。会议由国务院副总理、理事会中方主席王岐山和新加坡副总理、理事会新方主席黄根成共同主持。中共中央政治局委员、市委书记张高丽出席。会议要求生态城在资源利用、生态环境、发展模式等方面实现可持续。

9月4日　财政部副部长王军带队到生态城考察。

9月5日　市政协副主席陈质枫率市政协人口资源环境和城市建设委员会成员到生态城调研。

同日　管委会副主任崔广志和新加坡国家发展部副常任秘书蒋财恺共同主持召开第1次双方工作会议,就总体规划、起步区详细规划有关问题进行研究协商,并达成一致意见。

9月8日　《中新天津生态城管理规定》经市政府第14次常务会议审议通过。

9月9日　生态城能源投资建设有限公司取得营业执照。

9月12日　开工奠基道路工程竣工,整个工程历时37天。这是生态城成立后修建的首条道路。

9月13日　外交部副部长何亚非到生态城考察,部署两国领导人考察的前期准备工作。

9月17日　市政府第13号令颁布《中新天津生态城管理规定》,授权管委会代表天津市政府对生态城实施统一行政管理。

9月18日　管委会副主任崔广志和新加坡国家发展部副常任秘书蒋财恺共同主持召开第2次双方工作会议,就服务中心展示模型、经济发展和产业定位、慢行系统用地类型和开工仪式等问题进行会谈。

9 月 19 日　市财政局、市国家税务局、市地方税务局、中国人民银行天津分行联合行文《关于中新生态城税收征管分工和收入归属问题的通知》（津财预〔2008〕60 号），明确税收征管分工和收入归属。

9 月 22 日　管委会副主任崔广志主持召开第 20 次主任办公会，会议原则通过《中新天津生态城绿色建筑管理暂行规定》、《中新天津生态城绿色施工管理暂行规定》，决定组建生态城建设管理中心，先期按 3—5 人配置工作人员。

9 月 26 日　管委会副主任崔广志和新加坡国家发展部副常任秘书蒋财恺共同主持召开第 3 次双方工作会议，就道路断面等有关问题进行了研究，并初步达成一致意见。

9 月 28 日　中共中央政治局常委、国务院总理温家宝会见新加坡国务资政吴作栋，共同出席生态城开工奠基仪式。温家宝说，建设生态城是中新两国共同应对全球气候变化、实现可持续发展的一个创举，具有重要的示范作用；中方愿与新方加强在人才培养方面的合作，促进双边关系取得更大发展。吴作栋表示，新方愿进一步加强两国在教育、人才培训等领域的合作，推动新中友好合作深入发展。中共中央政治局委员、市委书记张高丽，市长黄兴国，住房城乡建设部部长姜伟新，新加坡国家发展部部长马宝山等出席。

同日　《中新天津生态城管理规定》正式施行。

同日　彩虹大桥改造维修提升工程完工。

10 月 9 日　市委常委、滨海新区工委书记、管委会主任苟利军到生态城调研，对开展学习实践科学发展观活动、水环境综合治理、供电模式、轻轨和污水处理厂建设等提出要求。

10 月 13 日　管委会副主任崔广志主持召开第 21 次主任办公会，会议原则通过《天津生态城空气质量自动监测站建设方案》。

10 月 22 日　管委会副主任崔广志和新加坡国家发展部副常任秘书蒋财恺共同主持召开双方工作会议，就总体规划指标、公屋建设、产业规划和经济定位、绿色建筑管理规定和导则等进行研究，并达成一致意见。

11 月 11 日　市委常委、滨海新区工委书记、管委会主任苟利军和副市长任学锋带队走访国家有关部委，就中新合资公司审批事宜进行协商。

同日　管委会副主任崔广志和新加坡国家发展部副常任秘书蒋财恺共同主持召开双方工作会议，就居住用地、起步区建设、城市设计、产业用地优惠政策、综合配套设施管理等进行协商，并达成一致意见。

11 月 12 日　生态城召开"奋战 100 天、加快推进起步区开发建设"动员大会，市委常委、滨海新区工委书记、管委会主任苟利军出席并讲话。

11 月 14 日　管委会副主任崔广志主持召开专题会,会议原则通过道路、雨污水、管网综合布局方案。

同日　管委会副主任崔广志主持召开专题会,会议原则确定起步区生活垃圾气力输送系统建设方案,即:起步区全部建公共管网,部分区域实施进户试点;公共管网敷设到小区红线外,其余管网由开发商负责建设。

11 月 24 日　共青团中央书记处第一书记陆昊率团中央直属机关考察团到生态城考察,市长黄兴国陪同。

同日　管委会副主任崔广志主持召开第 24 次主任办公会,会议原则通过《中新天津生态城综合配套改革实施方案》(2008—2010)。

11 月 27 日　管委会与中国建筑科学研究院签订战略合作协议。

本月　国税局、地税局 8 名工作人员进驻服务中心办公。

12 月 8 日　管委会副主任崔广志主持召开第 26 次主任办公会,会议原则通过《中新天津生态城绿地系统专项规划》、《中新天津生态城给水专项规划》、《中新天津生态城雨水专项规划》、《中新天津生态城污水专项规划》、《中新天津生态城中水专项规划》。

12 月 10 日　管委会副主任崔广志和新加坡国家发展部副常任秘书蒋财恺共同主持召开双方工作会议,就生态用地、城市设计、产业促进政策、合资公司地块工程计划等进行了研究,通报了"百日会战"主要任务进展情况。

12 月 15 日　在津出席首届津台投资合作洽谈会的中国国民党荣誉主席连战到生态城视察,中共中央政治局委员、市委书记张高丽陪同。

12 月 18 日　中共中央政治局委员、市委书记张高丽在生态城近期工作情况报告上批示:中新生态城要进一步规划好,要尽快启动发展绿色生态产业、节能环保产业、现代物流和高科技项目,同时建设适合人居住的小区,所有建筑应采取新型节能环保材料,一开始就要起点高、高水平,要加强与新加坡的协调合作,预祝明年是生态城关键年、发展年、亮点年。随后,市委常委、滨海新区工委书记、管委会主任苟利军批示:明年是中新生态城全面开工建设之年,生态城管委会要进一步落实市委、市政府要求,起步区 4 平方公里全部开工建设,要精心筹划,认真学习借鉴新加坡方面的成功经验,干出一流水平。

12 月 24 日　管委会第 1 号令颁布《中新天津生态城产业发展促进办法》。

12 月 25 日　中共中央政治局委员、市委书记张高丽在《认真落实高丽书记批示精神　又好又快推进生态城开发建设》的专报上批示:这一年是滨海新区和生态城顽强拼搏、真抓实干、开拓创新的一年,谢谢同志们辛勤的工作,并希望明年在保增长、渡难关、上水平上带好头,创造新的业绩,这对全市至关重要。

12月29日　管委会副主任崔广志主持召开第29次主任办公会,会议原则通过《中新天津生态城政府采购协议供货管理办法》。

12月30日　管委会副主任崔广志主持召开专题会,会议原则通过《中新天津生态城环境卫生专项规划》。

2009 年

1月9日　生态城召开2009年工作会议,确定全年工作思路为:以全力推进起步区建设为中心,抓住新型产业发展、环境治理、基础设施和生态住宅建设三个重点,把握创新、水平、速度、细节四个环节,做好规划设计、开发建设、环境治理、产业促进、管理服务、体制机制、中新合作、党的建设八项工作。

1月12日　管委会和南开大学合作建立的"城市可持续发展法制创新工作站"挂牌运行。

1月20日　管委会副主任崔广志主持召开专题会,会议原则通过"三水景观"规划设计方案。

1月29日　市委常委、滨海新区工委书记、管委会主任苟利军听取生态城关于积极争取国家动漫产业综合示范园区落户方案汇报。

本月　市编办下发《关于成立中新天津生态城建设管理中心和中新天津生态城城市管理综合执法大队的批复》(津编事字[2009]21号),批准成立上述两个事业单位。

2月3日　文化部副部长欧阳坚和市委常委、滨海新区工委书记、管委会主任苟利军就国家动漫产业综合示范园区选址生态城事宜进行会谈。

2月4日　管委会副主任崔广志和新加坡国家发展部副常任秘书蒋财恺共同主持召开双方工作会议,就绿色建筑标准、城市设计竞赛、合资公司地块规划、环境与水务合作、公屋建设等议题进行协商。

2月6日　管委会和市政府信息化办公室签署共同推进生态城数字化城市建设合作备忘录。

2月9日　市委常委、滨海新区工委书记、管委会主任苟利军带队到生态城建设一线工地和企业,进行对口帮扶服务。

2月10日　市委常委、滨海新区工委书记、管委会主任苟利军会见住房和城乡建设部城乡规划司司长唐凯,就生态城申请国家政策支持事宜进行研究。

2月12日　中共中央政治局委员、市委书记张高丽,市长黄兴国会见来津考察国家动漫产业综合示范园区选址的文化部副部长欧阳坚。市领导肖怀远、苟利军、段春华、张俊芳、李泉山参加会见或陪同考察。

2月19日　管委会副主任崔广志主持召开专题会,会议原则通过南部产业园和首批公屋规划设计方案。

2月22日　市委常委、滨海新区工委书记、管委会主任苟利军与文化部文化市场发展中心主任梁钢进行会谈,介绍我市对争取国家动漫产业综合示范园区选址天津的有关支持政策。

2月27日　国家发展和改革委员会核准天津生态城起步区项目。

本月　市编委下发《关于中新天津生态城管委会增加内设机构和处级领导职数的批复》(津编机字[2009]1号),同意管委会增设法制局、财政局。

3月4日　市政府与文化部在北京签署文化发展战略合作框架协议,确定在天津合作建设国家动漫产业综合示范区,标志着该项目正式落户生态城。

3月15日　建设公寓一期项目开工。该项目可满足7000名建筑工人的住宿及生活配套需求。

3月16日　管委会副主任崔广志主持召开第4次主任办公会,会议原则通过《中新天津生态城城市基础设施大配套费管理办法》《中新天津生态城大额专项资金使用管理办法》。

3月23日　生态城开展首次全员义务植树活动。

3月26日　中共中央政治局委员、市委书记张高丽对生态城工作做出批示:中新生态城要创新,要加大工作力度,尽快取得实际效果,千万不要偏离方向。

同日　管委会和皇明太阳能集团公司签订合作框架协议。中共中央政治局委员、市委书记张高丽和市长黄兴国会见皇明太阳能集团公司董事长黄鸣一行,市领导苟利军、段春华出席签约仪式或参加会见。

3月27日　管委会副主任崔广志主持召开水利工作专题会,会议原则通过管委会与市水利局就生态城段蓟运河、永定新河堤岸改造相关协议。

3月30日　管委会副主任崔广志主持召开第5次主任办公会,会议原则通过《中新天津生态城市政公用设施大配套费管理办法》。

4月1日　市委常委、滨海新区工委书记、管委会主任苟利军赴文化部,与文化部副部长欧阳坚就共同推进国家动漫产业综合示范园建设、中国动漫集团公司组建等进行沟通。

4月3日　《中新天津生态城市政公用设施大配套费管理暂行办法》、《中新天津生态城大额专项资金使用管理办法》正式实施。

4月5日　外交部党组书记、副部长王光亚到生态城考察。

4月10日　副市长崔津渡率市环保局、市财政局、市金融办、市金融创新小组、市排放权交易所有关负责人到生态城调研。

4月13日　中共中央政治局委员、市委书记张高丽和市长黄兴国会见来津访问的新加坡吉宝企业董事会主席林子安一行。市委常委、滨海新区工委书记、管委会主任苟利军出席。

4月16日　市长黄兴国率市有关部门负责人到起步区施工现场考察调研。

4月21日　市委教卫工委、科技工委书记陈超英到天津生态城调研"天津市自主创新重大产业化示范项目"进展情况。

4月30日　区内唯一完整保留的建筑——营城中学改造项目开工，改造后作为城市管理服务中心。

5月1日　污水库治理工程开工。

同日　起步区生活垃圾气力输送系统启动建设，这是国内首套实现干湿分类的生活垃圾气力输送系统，也是世界上最先进的垃圾传输系统。

5月5日　管委会副主任崔广志主持召开第7次主任办公会，会议原则通过2009年收支预算、《中新天津生态城地名规划》、《中新天津生态城工程建设项目招标投标监督管理规定》。

同日　管委会第2号令颁布《中新天津生态城工程建设项目招标投标监督管理暂行规定》。

5月11日　管委会副主任崔广志主持召开专题会，会议原则通过《中新天津生态城绿色建筑管理暂行规定》。

5月13日　市委副书记、滨海新区工委书记、管委会主任何立峰到生态城调研。

5月15日　管委会副主任崔广志主持召开专题会，会议原则同意由投资公司对生态城区域以及小区红线内能源基础设施(电力设施除外)进行一体化的投资、建设、运营和管理。

5月16日　智利前总统里卡多·拉戈斯率社会党国际代表团到生态城考察。

5月18日　生态城投资开发有限公司(中新合资公司)合同和章程获得商务部正式批复。按照章程，合资公司投资总额为120亿元，注册资本为40亿元。主要经营范围涵盖基础设施和市政工程的投资与建设、房地产开发、园林绿化工程、酒店、餐饮旅馆及娱乐服务业等，经营期限为70年。

5月20日　中共中央政治局委员、市委书记张高丽在当日《人民日报》所刊文章"中新携手走出国际合作示范路——苏州工业园区15年主要经济指标年增30%"上做出批示:中新生态城是国家级的合作,务必加大各项工作推进力度,真正体现循环、生态、可持续发展。

同日　管委会副主任崔广志、国家住房和城乡建设部城乡规划司司长唐凯和新加坡国家发展部副常任秘书蒋财恺共同主持召开三方会议,研究联合工作委员会第四次会议筹备工作。

5月22日　管委会与加拿大Intertec公司签署合作备忘录,并联合召开"绿色建筑、绿色生活"专题研讨会。

5月31日　管委会与汉沽区政府联合发文《关于推进营城污水处理厂项目建设的意见》(津生发[2009]17号,汉政发[2009]13号),明确由生态城正式接手污水厂项目的建设。

6月3日　中新天津生态城联合工作委员会第四次会议在生态城举行。市长黄兴国出席会议并致辞。新加坡国家发展部部长马宝山、中国住房城乡建设部副部长仇保兴主持会议。会议听取并审议由市委副书记、滨海新区工委书记、管委会主任何立峰所作的生态城工作情况报告,研究城市设计方案。期间,生态城与新加坡有关企业签署合作备忘录,并举行科技园开工奠基仪式。

同日　全长1.3公里的首条生态示范道路——和旭路建成通车。

6月4日　财政部党组副书记廖晓辉一行到生态城考察。

6月10日　管委会副主任崔广志主持召开专题会,会议原则通过《中新天津生态城基础设施运营服务体系设计工作框架方案》。

6月15日　市委副书记、滨海新区工委书记、管委会主任何立峰听取管委会关于合资公司筹建情况的汇报。

6月19日　中国人民银行副行长胡晓炼到生态城考察。

6月23日　市委副书记、滨海新区工委书记、管委会主任何立峰主持召开专题会,听取管委会关于全面加快开发建设情况的汇报。

6月24日　市委副书记、滨海新区工委书记、管委会主任何立峰,市委常委、市委教育工委书记苟利军带队赴文化部,与文化部副部长欧阳坚就加快国家动漫产业综合示范园建设进行协商。

7月1日　国家动漫产业综合示范园开工奠基。中共中央政治局委员、市委书记张高丽会见嘉宾并宣布开工。文化部部长蔡武、市长黄兴国致辞。市人大常委会主任刘胜玉、市政协主席邢元敏、市委副书记何立峰出席。奠基仪式由市委常委、市委宣传部部长肖怀远主持。

7月2日 副市长熊建平率市有关部门负责同志到生态城调研,听取规划设计情况汇报,并对做好项目方案设计工作提出要求。

7月5日 原中共中央政治局常委、国家副主席曾庆红到生态城视察,市长黄兴国陪同。

7月6日 门区景观工程竣工,成为展现生态城全新形象的一个窗口。

7月10日 管委会举行全面加快开发建设会战誓师大会。

7月11日 国家电监会党组书记、主席王旭东到生态城考察。

7月13日 管委会副主任崔广志主持召开第10次主任办公会,会议原则通过首批公屋的建设模式,即:公屋的建设主体为生态城管委会,实行政府投资、企业代建的运作方式,房屋所有权属于政府,建成后由政府按程序向社会特定群体销售。

7月15日 管委会副主任崔广志和新加坡国家发展部副常任秘书蒋财恺共同主持召开双方工作会谈,通报了联合协调理事会第二次会议工作报告提纲,就城市设计竞赛、公屋政策和模式、绿色建筑优惠政策、轻轨建设、指标体系以及生活垃圾气力输送系统建设情况进行了协商。

7月16日 管委会分别与天津大学、天津医科大学签署教育、医疗合作协议。市委常委、市委教育工委书记苟利军出席签约仪式。

7月23日 中国国际经济交流中心常务副理事长郑新立、秘书长魏建国等会见滨海新区管委会副主任郑伟铭、生态城管委会副主任张彦发一行,就开展战略合作的内容与方式进行探讨。

7月24日 市委副书记、滨海新区工委书记、管委会主任何立峰主持召开专题会,会议原则通过国家动漫产业综合示范园的概念规划方案,并就园区建设提出具体要求。

7月28日 管委会副主任崔广志主持召开第11次主任办公会,会议原则确定加快国家动漫园项目的建设方案,并决定成立动漫园建设专项工作组,与投资公司动漫园项目建设指挥部进行工作对接。

8月3日 中共中央政治局委员、市委书记张高丽在管委会工作简报《中新天津生态城将积极推进与中国国际经济交流中心开展全方位战略合作》上做出批示:衷心感谢培炎副总理和国经中心对天津工作的关心支持,滨海新区和生态城管委会要加大工作力度,搞好各项衔接,使生态城又好又快发展。

8月4日 市委副书记、滨海新区工委书记、管委会主任何立峰到生态城调研推动重点工程建设。

8月6日　管委会副主任崔广志和新加坡国家发展部副常任秘书蒋财恺共同主持召开双方工作会谈,就联合协调理事会第二次会议工作报告、公屋建设、开展水资源循环利用合作等议题进行了协商。

8月12日　生态城投资开发有限公司挂牌运营。中共中央政治局委员、市委书记张高丽,市长黄兴国会见来津出席公司揭牌仪式的新加坡吉宝企业有限公司董事会前任主席林子安、现任主席李文献一行。国务院特区办主任胡平、市委副书记何立峰、市政府秘书长李泉山参加会见并出席揭牌仪式。

8月16日　市长黄兴国主持召开会议,听取管委会副主任崔广志关于联合协调理事会第二次会议筹备情况的汇报,市委副书记、滨海新区工委书记、管委会主任何立峰和市政府秘书长李泉山出席。

同日　生态城首批市政泵站设施——起步区青坨子雨水泵站、生态谷污水泵站、雨污水合建泵站同时开工建设。

8月17日　中共中央政治局委员、国务院副总理王岐山主持召开中新联合协调理事会中方成员会议,听取有关会议筹备情况汇报,要求国家有关部委给予生态城政策支持,市长黄兴国、市委副书记何立峰代表天津市出席。

8月19日　市委常委、市委教育工委书记苟利军到生态城调研,听取教育规划情况汇报。

8月20日　环境保护部副部长李干杰一行到生态城调研。

8月24日　中新天津生态城联合协调理事会第二次会议在新加坡召开。国务院副总理、协调理事会中方主席王岐山和新加坡副总理、协调理事会新方主席黄根成共同主持会议并讲话。市长黄兴国率天津代表团出席会议并发言。会议听取了市委副书记、滨海新区工委书记、管委会主任何立峰所作的生态城工作报告。会议期间,黄兴国、何立峰随中国政府代表团参加与新加坡总统纳丹、总理李显龙、国务资政吴作栋、内阁资政李光耀的会见。黄兴国出席由中国外交部主持召开的中外媒体吹风会,回答记者提出的问题。天津代表团还先后考察新加坡南洋理工大学、吉宝集团、新科工程控股集团等,并就开展合作办学、引进新加坡实力企业、深化水资源循环利用合作等进行交流。

8月31日　管委会与中国国际经济交流中心签署战略合作协议和产业规划课题研究合作协议。市委副书记、滨海新区工委书记、管委会主任何立峰会见中国国际经济交流中心常务副理事长郑新立一行,并共同出席签字仪式。

同日　管委会副主任崔广志主持召开第13次主任办公会,会议原则通过《中新天津生态城行政事业单位工作人员差旅费管理办法》。

9月4日　副市长崔津渡主持召开专题会议,协调推动生态城争取国家财税支持政策。

9月9日　蓟运河口风电工程首台风机成功吊装就位。

9月14日　市长黄兴国在市政府办公厅《信息专刊》中《吴资政与温家宝相约明年同去考察天津生态城》上做出批示,要求生态城认真抓好落实。

9月16日　市政府组织召开生态城开工一周年新闻发布会。

9月21日　管委会副主任崔广志主持召开第14次主任办公会,会议就供热及能源类基础设施配套费收取、建设公寓运营方案、住宅项目中水入户和担架电梯配置等进行了研究部署。

9月24日　管委会副主任崔广志和新加坡国家发展部副常任秘书蒋财恺共同主持召开双方工作会谈,就轻轨线位、修建性详规、中水入户等议题进行了协商。

10月5日　市长黄兴国到生态城察看施工现场,听取建设情况汇报,并做出重要指示。市领导杨栋梁、崔津渡和李泉山等陪同调研。

10月12日　管委会与中英贸易协会共同举办"中英绿色节能、可持续建筑技术研讨会"。

同日　管委会副主任崔广志主持召开第16次主任办公会,会议原则通过《中新天津生态城动漫产业发展促进办法》。

10月13日　管委会与加拿大卡纳姆集团签署合作签约。

10月14日　首批公屋项目开工。市委副书记、滨海新区工委书记、管委会主任何立峰会见新加坡国家发展部兼教育部高级政务部长傅海燕一行,并共同出席开工奠基仪式。

同日　尼泊尔联合尼共(毛)党主席普拉昌达一行到生态城视察。

10月15日　故道河示范段绿化景观工程正式开工。项目全长约2公里,绿化面积约22万平方米。

10月21日　市委副书记、滨海新区工委书记、管委会主任何立峰会见新加坡环境与水源部常任秘书陈荣顺一行,就共同推进生态城环境建设进行交谈。

10月24日　管委会与华漫兄弟互动娱乐有限公司在北京签署合作协议。

10月25日　"国际生态城市"高层论坛在生态城举行。副市长任学锋出席并致词。

同日　由管委会倡议发起的绿色产业协会举行发起人签字仪式。

10月26日　管委会副主任崔广志主持召开第17次主任办公会,会议原则通过基础设施配套收费标准。

10月28日　管委会第3号令颁布《中新天津生态城动漫产业发展促进办法》。

11月4日　起步区首个商业配套项目——商业街开工。项目总建筑面积7.8万平方米，按照国家绿色建筑最高等级三星级进行设计。

11月6日　生态城合资公司与环球教育集团（GWAS）——世界最大k-12（幼儿园至12年级）教育供应商签署合作协议，共同建设天津环球教育国际学院（BWA）。

11月11日　原中共中央总书记、国家主席、中央军委主席江泽民到生态城视察。

11月12日　中共中央总书记、国家主席、中央军委主席胡锦涛会见新加坡总理李显龙，并就深化中新互利合作关系提出六点建议，其中第三条提出：继续做好苏州工业园区和天津生态城两个政府间合作的旗舰项目。

同日　胡锦涛在会见新加坡国务资政吴作栋时表示：从苏州工业园区项目到生态城项目，无论是合作理念还是合作模式都是首创，为两国人民带来了实实在在的利益。中方赞成把环境保护和生态建设作为中新合作的重要领域，愿同新方加强天津生态城项目合作，搞好科学论证和可行性研究，突出重点，加大投入，总结经验，逐步推广。

11月16日　管委会与日本株式会社三井住友银行、株式会社日本综合研究所举行"对日招商引资合作签字仪式"。

同日　管委会副主任崔广志主持召开第18次主任办公会，会议原则通过生态城环卫管理模式和起步区环卫保洁实施方案；原则同意由投资公司作为污水处理厂一级A提升和再生水项目的工程建设主体，对工程建设进行立项和投资。

同日　中央大道、国家动漫园、产业园三个太阳能光伏发电项目申报国家"金太阳示范工程"获得财政部等部委批准。

11月19日　中共中央政治局委员、中央宣传部部长刘云山到生态城视察，市长黄兴国陪同。

11月26日　管委会副主任崔广志、新加坡国家发展部副常任秘书郑林兴共同主持召开双方工作会谈，就社会发展政策框架、指标体系分解、中水入户等议题进行协商，并研究加快建设进度、开展招商合作等具体事宜。

11月27日　由新加坡吉宝集团投资建设的季景华庭项目开工奠基。市委副书记、滨海新区工委书记、管委会主任何立峰会见到访的吉宝集团董事长李文献一行，并共同出席开工仪式。

11月28日　由世茂集团投资建设的酒店项目开工奠基。市委副书记、滨海新区工委书记、管委会主任何立峰会见香港世茂集团董事局主席许荣茂一行，并共同出席开工仪式。

同日　市委副书记、滨海新区工委书记、管委会主任何立峰会见新加坡南洋理工大学校长徐冠林一行，就双方在生态城开展合作办学相关事宜进行会谈。

12月3日　国家安全部党委书记、部长耿惠昌到生态城考察。

12月13日　市委副书记、滨海新区工委书记、管委会主任何立峰带队赴北京，与中国国际经济交流中心秘书长魏建国等就共同筹办"国际生态城市论坛"相关事宜进行沟通。

12月30日　由台湾远雄集团投资的远雄U-City项目开工奠基。市委副书记、滨海新区区委书记何立峰会见台湾远雄集团董事长赵藤雄一行，并共同出席远雄集团及北部产业园开工奠基仪式。

同日　首个新建桥梁工程——中生大道跨故道河桥梁工程开工。该项目是国内首座采用鱼腹式变截面连续箱梁结构的桥梁。

本月　首个商品房项目——嘉铭红树湾开始桩基施工。

2010 年

1月7日　《人民日报》社长张研农、总编辑吴恒权带队到生态城考察，市长黄兴国，市委常委、市委宣传部部长肖怀远陪同。

1月12日　生态城召开2010年工作会议，要求全面加快推进起步区建设，年底起步区初具规模、产业园区初具形象。

1月13日　中国首个民间自愿组建的减排联合组织——"绿色产业协会"在生态城正式成立。

1月14日　市政协副主席曹小红到生态城考察。

同日　管委会副主任崔广志主持召开专题会，会议原则通过生态岛城市设计方案。

1月22日　中共中央政治局常委、中央精神文明建设指导委员会主任李长春到生态城视察。中共中央政治局委员、市委书记张高丽，市委常委、市委宣传部部长肖怀远等陪同。

2月2日　管委会副主任崔广志和新加坡国家发展部副常任秘书郑林兴共同主持召开双方工作会谈，就公屋政策、科研领域合作、第五次联委会筹备工作等进行协商。

2月4日　住房城乡建设部主持召开中新联合工作委员会中方成员座谈会，会议听取生态城开工建设以来工作情况和指标体系分解情况的报告，并进行了讨论。

2月8日　管委会副主任崔广志主持召开第3次主任办公会,原则通过2010年财政收支预算。

2月22日　"解难题、促转变、上水平,大干300天,加快起步区开发建设"誓师大会召开。

2月23日　滨海新区"十大战役"首场现场推动会在生态城举行。市委副书记、滨海新区区委书记何立峰主持会议并讲话。

2月24日　市委副书记、滨海新区区委书记何立峰赴新加坡出席合资公司第一届董事会第三次会议。访新期间,何立峰会见新加坡副总理黄根成,并出席生态城与百益胜水务、晶宏太阳能、美食城等项目合作签约仪式。

2月25日　国家发展和改革委员会副主任徐宪平到生态城考察。

2月26日　中央外宣办主任王晨到生态城考察。

2月27日　保监会主席吴定富到生态城考察,副市长崔津渡陪同。

3月1日　管委会副主任崔广志主持召开第4次主任办公会,会议原则同意财政局关于2010年预算调整的方案;原则同意筹建社会局,负责对生态城的社会事业、民政、物业等进行统一管理。

3月2日　管委会副主任崔广志主持召开专题会,原则通过投资公司提出的基础设施管理及运用平台建设方案,同意投资公司作为信息化网络和无线基站的投资和建设主体,并尽快与运营商对接探讨合作经营的模式;原则同意污水处理厂采取分期回购的BOT企业化运作模式。

3月17日　市委副书记、滨海新区区委书记何立峰会见到生态城进行投资考察的新加坡第一家企业集团董事长魏成辉一行。

3月23日　管委会副主任崔广志和新加坡国家发展部副常任秘书郑林兴共同主持召开第十四次双方工作会谈,就公屋政策、指标体系分解、联合工作委员会第五次会议议程等进行了协商。

3月24日　全国政协副主席、中央统战部部长杜青林到生态城视察。

3月25日　市委副书记、滨海新区区委书记何立峰带队赴财政部,与财政部副部长廖晓军就生态城争取国家财税政策支持事宜进行会谈。

3月26日　中央人民广播电台台长王求到生态城考察。

3月27日　中共中央政治局委员、北京市委书记刘淇,市长郭金龙到生态城视察,中共中央政治局委员、市委书记张高丽,市长黄兴国,市委副书记、滨海新区区委书记何立峰陪同。

3月29日　市委副书记、滨海新区区委书记何立峰会见新加坡环境与水源部部长雅国一行,双方就在生态城水资源领域开展合作交换意见。

本月　市政协主席邢元敏率31名在津全国政协委员,联名向十一届全国政协三次会议提交关于恳请国家进一步加大支持生态城建设发展力度打造转变发展方式新城区的提案,为生态城多方争取国家支持政策。

4月2日　市政协副主席陈质枫带队到国家动漫园调研。

4月7日　中新天津生态城智能电网综合示范工程开工。市委副书记、滨海新区区委书记何立峰会见国家电网公司总信息师吴玉生一行,并出席项目签约和开工奠基仪式。

同日　管委会副主任崔广志主持召开专题会,会议原则通过城管大队关于数字化城市管理服务平台建设方案。

4月12日　市委常委、常务副市长杨栋梁率市发改委、市环保局等部门负责人到生态城调研,现场解决工作中遇到的实际问题。

4月13日　日本驻华大使宫本雄二一行到生态城考察。

4月20日　原中共中央政治局常委、全国政协主席李瑞环到生态城视察,中共中央政治局委员、市委书记张高丽,市长黄兴国,市委副书记、滨海新区区委书记何立峰陪同。

同日　市委常委、市委宣传部部长肖怀远带队实地考察国家动漫园和起步区基础设施建设。

5月5日　中新天津生态城联合工作委员会第五次会议在生态城召开。会议听取生态城工作情况报告,研究指标体系分解方案。中共中央政治局委员、市委书记张高丽,市委副书记、滨海新区区委书记何立峰会见与会嘉宾。新加坡国家发展部部长马宝山、住房和城乡建设部副部长仇保兴主持会议,副市长熊建平出席会议并致辞。国家发展部兼教育部高级政务部长傅海燕、新加坡驻华大使陈燮荣、中新联合工作委员会各部委成员出席。

5月7日　吉林省委书记孙政才一行到生态城考察,市长黄兴国,市委副书记、滨海新区区委书记何立峰,副市长任学峰,市政府秘书长李泉山陪同。

5月7日、10日　管委会副主任崔广志主持召开第6、7次主任办公会,会议原则通过《中新天津生态城基本建设资金管理办法》和2010年市政景观养管方案;原则确定垃圾气力输送系统物业网建设模式。

5月8日　国家动漫园主楼封顶。

5月11日　管委会与市民政局签署合作框架协议,就老年社区、老龄产业基金、老年科技产业基地建设等达成合作意向。

5月12日　市委副书记、滨海新区区委书记何立峰会见到生态城考察的台湾远雄企业团董事长赵藤雄一行。

5月13日　由原营城中学改造而成的城管中心大楼获法国《时代建筑》杂志在2010上海世博会评选的"生态建筑奖"。

5月18日　读者新媒体大厦开工奠基。市委副书记、滨海新区区委书记何立峰会见到访的甘肃省委常委、宣传部部长励小捷，市委常委、市委宣传部部长肖怀远出席开工仪式。

5月21日　全国人大常委会副委员长王兆国一行到生态城视察，市长黄兴国，市委副书记、滨海新区区委书记何立峰，市人大常委会副主任邢明军陪同。

5月27日　国家广电总局与天津市签署战略合作框架协议，中国天津3D影视创意园区项目落户生态城。中共中央政治局委员、市委书记张高丽会见来宾。市长黄兴国、国家广电总局副局长赵实出席签字仪式并揭牌。市领导肖怀远、段春华、曹小红、李泉山等参加会见或出席签字仪式、陪同考察。

5月28日　河北省省长陈全国一行到生态城考察，市长黄兴国、市委副书记何立峰、副市长熊建平、市政府秘书长李泉山等陪同。

同日　国家广电总局党组副书记、副局长赵实到生态城考察。

同日　生态城城市资源公司正式成立。

5月30日　中共中央政治局常委、全国政协主席贾庆林到生态城视察，市长黄兴国、市人大常委会主任刘胜玉、市政协主席邢元敏、市委副书记何立峰陪同。

5月31日　首个雨水泵站——青坨子雨水泵站投入使用。

6月5日　中共中央政治局委员、中央组织部部长李源潮到生态城视察，市长黄兴国，市委副书记、滨海新区区委书记何立峰陪同。

6月9日　南开中学校党总支书记孙海麟与滨海新区政府、生态城管委会有关负责同志，就南开中学生态城学校选址等有关事宜进行协商。

同日　管委会副主任崔广志主持召开专题会，会议原则确定蓟运河口风电、停车棚光伏、污水厂光伏等可再生能源项目建设计划。

6月13日　国家电网公司总经理刘振亚到生态城考察，副市长王治平等陪同。

同日　新加坡国家发展部常任秘书陈继豪到生态城考察。

6月18日　新加坡副总理黄根成到生态城视察。中共中央政治局委员、市委书记张高丽，市委副书记、滨海新区区委书记何立峰会见黄根成一行。新加坡驻华大使陈燮荣一同来津。副市长任学锋及有关方面负责人参加会见或陪同考察。

6月29日　管委会副主任崔广志主持召开专题会,会议原则同意生态谷南部片区段景观方案、小轻轨规划方案和中部片区立体交通方案。

7月8日　管委会副主任崔广志、新加坡国家发展部副常任秘书郑锦宝共同主持召开第十五次双方工作会谈,会议听取双方工作小组关于近期工作进展情况的汇报,并就轻轨规划建设、指标体系分解实施等进行了研究会商。

7月9日　三方联席会议在生态城服务中心召开。管委会副主任崔广志、住房和城乡建设部城乡规划司司长唐凯和新加坡国家发展部副常任秘书郑锦宝出席。会议就联合协调理事会第三次会议相关筹备工作进行研讨。

7月15日　中共中央政治局委员、中央政法委副书记王乐泉一行到生态城视察。

7月16日　中共中央政治局委员、国务院副总理王岐山主持召开联合协调理事会中方成员会议,听取住房城乡建设部副部长仇保兴和天津市市长黄兴国、市委副书记何立峰的工作汇报,要求国家有关部委研究支持生态城高水平开发建设的扶持政策。会议原则同意将生态城作为转变经济发展方式综合示范区,要求天津方面积极与国家发改委对接并按程序报批,国家发改委积极支持。

7月18日　福建省委书记孙春兰一行到生态城考察,市长黄兴国,市委副书记、滨海新区区委书记何立峰陪同。

同日　中国驻日本特命全权大使程永华到生态城考察。

7月21日　国务院副秘书长毕井泉主持召开会议,明确国家部委支持生态城的政策方向和操作方式,明确专项补助、发行企业债券、创建转变经济发展方式示范区、绿色建筑专项奖励等八个方面的具体政策。

同日　苏州工业园区工委书记马明龙来访。

7月23日　中新天津生态城联合协调理事会第三次会议在北京召开。会议由国务院副总理、理事会中方主席王岐山和新加坡副总理、理事会新方主席黄根成共同主持。住房城乡建设部部长姜伟新、国家质检总局局长王勇、市长黄兴国、中新两国政府有关方面负责人出席。会议审议通过由天津市委副书记何立峰所作的生态城工作报告。会议要求双方务实合作,加快生态城开发建设。

8月4日　管委会第4号令颁布《中新天津生态城绿色建筑管理暂行规定》,旨在规范生态城绿色建筑管理工作,引导绿色建筑健康发展,实现生态城总体规划和指标体系关于绿色建筑的目标。

同日　管委会副主任崔广志主持召开专题会,会议原则通过社区管理体制方案。

8月5日　山西省委书记、省人大常委会主任袁纯清一行到生态城考察,市长黄兴国,市委常委、市委秘书长段春华,市政府秘书长李泉山陪同。

8月9日　原中共中央政治局委员、国务院副总理吴仪到生态城视察,市长黄兴国、常务副市长杨栋梁等陪同。

同日　管委会副主任崔广志主持召开第13次主任办公会,会议原则同意民警办关于生态城保安公司的筹建方案。

8月12日　市委宣传部、生态城管委会与深圳华强集团有限公司签署合作协议,共同在生态城合作建设3D影视创意园。市长黄兴国会见华强集团董事长、总裁梁光伟一行。市领导肖怀远、张俊芳、李泉山及国家广电总局有关方面负责人参加会见或出席仪式。

8月17日　市委副书记、滨海新区区委书记何立峰会见到生态城考察的台湾东元集团会长黄茂雄、台湾远雄集团董事长赵藤雄、香港世茂集团主席许荣茂一行。

8月18日　中共中央总书记、国家主席、中央军委主席胡锦涛会见到访的新加坡总统纳丹。胡锦涛表示,天津生态城作为标志性项目,起到良好的带动和示范效应。纳丹表示,相信在双方共同努力下,天津生态城等合作项目将取得新的进展。

8月22日　江西省委书记、省人大常委会主任苏荣率江西省党政代表团到生态城考察,市长黄兴国、市委副书记何立峰、市人大常委会副主任左明、市政协副主席王文华等陪同考察。

8月24日　市委副书记、滨海新区区委书记何立峰主持召开会议,听取生态城争取国家政策支持进展情况汇报,对下一步工作提出具体要求。

同日　管委会副主任崔广志和新加坡国家发展部副常任秘书郑锦宝共同主持召开双方工作会谈,就公屋政策、防止"空城"问题、轻轨规划建设等问题进行了沟通协商。

8月29日　日本外务大臣冈田可也到生态城考察。

9月6日　市委常委、常务副市长杨栋梁率市委理论中心组读书会暨"解促上"现场交流推动会的与会领导到生态城考察。

9月12日　中共中央政治局常委、国务院总理温家宝在达沃斯论坛期间视察天津,对生态城建设给予关注和支持。他表示,支持和希望生态城能够创建国家转变发展方式综合示范区。

9月14日　全国社会保障基金理事会党组书记、理事长戴相龙到生态城考察。

同日　首批采用风光互补技术的新能源路灯全部建成,涵盖道路总长度近10公里。

9月20日　中共中央政治局委员、国务院副总理王岐山到生态城实地考察。他指出:生态城在短短两年时间里取得很大成绩,今后的任务更加艰巨。要在抓好硬件建设的同时,更加注重软件建设,引领健康的生活方式,营造绿色环境。生态城的产业定位起点要高,突出特色,打造节能环保、文化创意等产业亮点。要充分发挥与新加坡合作的优势,更加注重引进人才、技术和管理经验。中共中央政治局委员、市委书记张高丽,市长黄兴国,市委副书记、滨海新区区委书记何立峰陪同。商务部副部长高虎城、国务院副秘书长毕井泉、住房和城乡建设部副部长仇保兴等随同考察。

9月25日　派出所、交警中心、消防站等三个项目同期开工。

同日　管委会副主任崔广志主持召开16次主任办公会,会议原则通过生态城公屋管理办法。

9月28日　由国家住房和城乡建设部、国家发展和改革委员会、中国国际经济交流中心、天津市人民政府共同主办,滨海新区承办的中国(天津滨海)·国际生态城市论坛暨天津滨海生态城市博览会在滨海新区开幕。国家副主席习近平发来贺信。全国人大常委会副委员长桑国卫、中国国际经济交流中心理事长曾培炎、市长黄兴国、新加坡国家发展部部长马宝山在论坛开幕式上致辞。住房和城乡建设部部长姜伟新出席。市委副书记、滨海新区区委书记何立峰主持论坛开幕式。

本月　首个住宅项目——红树湾一期开盘销售。上市房屋共418套,均价10828元/平方米。

10月15日　市委宣传部部长肖怀远率天津市文化体制改革工作会议参会代表到生态城考察国家动漫园建设情况。

10月27日　管委会副主任崔广志和新加坡国家发展部副常任秘书郑锦宝共同主持召开第十七次双方工作会谈,会议听取了水处理、环境、公屋和经济促进小组的工作汇报,通报了中国领导人近期对生态城建设的重要指示和生态城有关重点工作。

本月　生态城污水处理厂开始通水调试。

本月　指标体系课题组编撰的《导航生态城市——中新天津生态城指标体系实施模式》出版发行。该书对中新两国政府确定的26项指标进行了详细的解读和细致的分解,确立了政府、企业、居民共同参与实施的主体,搭建了以碳排放、废弃物、水、空气、噪声等全环境要素的监控体系,覆盖了规划、建设、运营各个阶段和经济、社会、环境、建设、招商等各个领域,形成了以量化目标为导向,多级多层、可操作、可统计的分解实施路线图,为实现生态城建设目标奠定了坚实的理论基础和初步的实践经验。

11月10日　市委副书记、滨海新区区委书记何立峰到生态城调研,实地考察了国家动漫园、商业街、公屋、滨海家园、世贸酒店、慧风溪、蓟运河故道等项目建设情况。

11 月 11 日　全国总工会党组书记王玉普到生态城考察。

11 月 19 日　日本驻华大使丹羽宇一郎到生态城考察。

11 月 21 日　水利部部长陈雷到生态城考察,副市长崔津渡、天津警备区司令员董泽平陪同。

11 月 22 日　管委会副主任崔广志主持召开第 18 次主任办公会,会议原则通过《中新天津生态城国民经济和社会发展第十二个五年规划纲要》。

11 月 23 日　管委会副主任崔广志和新加坡国家发展部副常任秘书郑锦宝共同主持召开第十八次双方工作会谈,会议就举办新加坡招商会、轻轨规划建设、完善双方合作机制等进行了会商。

11 月 24 日　管委会副主任崔广志主持召开专题会,明确污水处理厂项目目前由生态城财政代垫项目投资建成转固后,资产由企业进行收购,并以企业化模式运行回收投资和运行成本。

11 月 26 日　管委会第 5 号令颁布《中新天津生态城公屋管理暂行办法》。

11 月 28 日　原中共中央政治局常委、中央纪律检查委员会书记尉健行到生态城视察,中共中央政治局委员、市委书记张高丽陪同。

12 月 2 日　生态城被评为全国首批"光伏发电集中应用示范区"。

12 月 4 日　国家外汇管理局副局长邓先宏到生态城调研。

12 月 10 日　文化部副部长欧阳坚到生态城考察,实地了解国家动漫园建设、公共技术服务平台搭建进展情况。市委副书记、滨海新区区委书记何立峰陪同。

12 月 15 日　污水处理厂开始试运行。

12 月 21 日　管委会副主任崔广志主持召开专题会,会议原则通过 2011 年财政收支预算。

12 月 29 日　管委会召开生态城 2011 年工作会议。会议确定,全年工作以"全面加快推进起步区建设"为中心,以低碳产业和生态宜居的全新理念为统领,牢牢抓住高端产业发展和生态住宅建设两个重点,全面加快建设速度,打造新型产业,突出生态特点,加强中新合作,年底使起步区粗具规模、产业区粗具形象。

2011 年

1 月 7 日　由管委会和新加坡国际企业发展局、国家发展部联合主办的招商推荐会在新加坡召开。新加坡国家发展部兼教育部高级政务部长傅海燕出席会议并致辞。

1月24日　新加坡国家发展部部长马宝山率五位部长到访天津,向天津市通报新加坡政府为支持生态城建设专门成立部长级委员会并召开第一次会议等情况。在津期间,马宝山实地考察滨海新区和生态城公屋、国家动漫园、污水厂等项目,并出席有关合作协议签署仪式。

1月25日　管委会副主任崔广志主持召开信息化建设专题会,会议原则同意启动信息资源中心和起步区公安技防网项目建设,并同意城市综合管理服务平台具备条件后正式投入试运营。

1月28日　生态城首座国际学校——天津环球教育国际学院项目封顶。

1月31日　市委常委、市委组织部部长史莲喜带队到天津生态城调研慰问,实地考察生态城及国家动漫园,对生态城建设取得的成绩给予充分肯定。

2月17日　中共中央政治局委员、市委书记张高丽会见来访的新加坡吉宝企业董事长李文献。市委副书记、滨海新区区委书记何立峰出席。

2月23日　管委会副主任崔广志主持召开专题会,会议原则同意南部片区生态谷景观设计方案,原则同意轻轨与生态谷的空间布局方案。

2月29日　起步区首个住宅项目——红树湾小区燃气通气点火。

本月　经滨海新区编委会2010年第7次会议研究并报请市编委批准,同意成立生态城房地产登记发证交易中心。

3月1日　生态城世茂生态展馆荣膺"新加坡建设局绿色标识"金奖。

3月4日　滨海新区区委中心组学习读书会暨互比互看现场交流推动会在生态城举行。市委副书记、滨海新区区委书记何立峰带队实地考察,听取工作情况汇报,对生态城建设进展情况给予充分肯定。

3月8日　管委会副主任蔺雪峰、新加坡国家发展部副常任秘书郑锦宝共同主持召开双方工作会谈,会议听取了建设局、投资公司、合资公司工作进展情况和下一步工作重点汇报,并就规划交通、能源源头供应等事宜进行了会商。

3月14日　管委会副主任崔广志主持召开专题会,会议原则确定景观绿化补水水源的基本方案。

3月22日　中共中央政治局常委、中央政法委书记、中央综治委主任周永康到生态城视察,市长黄兴国、市委副书记何立峰陪同。

3月24日　中共内蒙古自治区党委书记胡春华到生态城考察,市长黄兴国、市委副书记何立峰陪同。

3月28日　商业街获住房和城乡建设部颁发的"三星级绿色建筑"标识。

同日　管委会副主任崔广志主持召开专题会,会议原则同意管委会与日本亚洲投资株式会社、滨海创投引导基金共同出资设立日亚(天津)创业投资基金(暂定名)的设立方案。

本月　215万立方米的污水库污水完成处理。

4月6日　管委会副主任崔广志主持召开第4次主任办公会,会议原则通过《中新天津生态城管委会机构设置方案》。

同日　通过污水库治理,生态城取得首个发明专利——一种重金属污染淤泥的处理方法。

4月8日　华强3D影视基地项目开工奠基。市人大常委会主任肖怀远出席奠基仪式并宣布开工。该基地系天津市和国家广电总局合作建设的"中国天津3D影视创意园区"重要项目之一,标志着园区建设正式启动。

4月13日　管委会副主任崔广志主持召开专题会,会议原则通过智能交通工程实施方案。

4月17日　新加坡国务资政吴作栋来访,出席生态城项目签约和吉宝季景新城项目开工奠基仪式。中共中央政治局委员、市委书记张高丽,市长黄兴国,市委副书记、滨海新区区委书记何立峰会见吴作栋一行,并就加快生态城建设、深化双方合作交换意见。新加坡驻华大使陈燮荣、新加坡国会议员兼吉宝企业董事长李文献一同来津。市领导段春华、李泉山、任学锋等参加相关活动。

同日　合资公司与新加坡建设局、新加坡国际企业发展局签署协议,共同在天津生态城建设"低碳体验中心"。

4月25日　管委会副主任崔广志主持召开第5次主任办公会,会议原则通过《中新天津生态城水务管理导则》和《中新天津生态城住宅装修管理暂行规定》。

4月26日　中纪委监察部副部长郝明金到生态城考察。

4月28日　管委会副主任崔广志主持召开专题会,会议原则通过中部片区新型交通模式方案。

4月30日　中共中央总书记、国家主席、中央军委主席胡锦涛到生态城视察。他对生态城建设进展和工作理念非常满意,并强调中新天津生态城是中国、新加坡两国经济技术合作的又一个亮点,希望生态城的建设者坚持生态文明理念,加快生态城建设步伐,努力探索出一条城市节能环保的良性发展路子。中共中央政治局委员、市委书记张高丽,市长黄兴国,市委副书记、滨海新区区委书记何立峰陪同。

5月2日　中共中央政治局委员、市委书记张高丽在外交部《新加坡国务资政吴作栋访问天津》、《温家宝总理会见新加坡国务资政吴作栋》来文上批示:中新生态城是两国领导人关心关注的合作项目,一定要高起点、高标准、高水平做好各项工作,成为新时期科学发展的新亮点。

5月9日　管委会副主任崔广志主持召开第6次主任办公会,会议原则同意成立生态城绿色建筑咨询研究院,原则通过水务投资建设有限公司成立方案。

5月18日　全国政协外事委员会副主任马秀红到生态城考察。

5月19日　管委会副主任蔺雪峰和新加坡国家发展部副常任秘书郑锦宝共同主持召开双方工作会谈,会议通报国家动漫园可再生能源利用、指标体系落实、起步区供热供电等情况,并就有关问题进行认真协商。

同日　管委会第6号令颁布《中新天津生态城住宅装修管理暂行规定》,旨在落实生态城100%绿色建筑的建设目标,规范生态城的住宅装修活动。

5月23日　山河智能装备集团董事长何清华到生态城考察,副市长王治平陪同。

5月25日　国家动漫园二号能源站正式启用。该能源站以光伏幕墙为主的微电网系统、三联供发电系统与市电系统相结合,实现了电力多元化联供,成为国内首例可再生能源和清洁能源多元化耦合的微网能源站。

5月26日　市委副书记、滨海新区区委书记何立峰主持召开专题会,会议听取生态城关于落实中共中央政治局委员、市委书记张高丽近日重要批示和争取转变经济发展方式示范区相关情况汇报,并对下一阶段工作提出要求。

5月27日　国家动漫产业综合示范园正式开园。中共中央政治局委员、市委书记张高丽,文化部部长蔡武,市人大常委会主任肖怀远,中纪委驻国家工商总局纪检组组长何昕,市委副书记、滨海新区区委书记何立峰,市委常委、常务副市长杨栋梁出席仪式。市委常委、秘书长段春华出席,市委常委、市委宣传部部长成其圣主持仪式。

5月30日　起步区一批公共服务设施项目开工奠基。市委副书记、滨海新区区委书记何立峰,市委常委、市委教育工委书记苟利军出席。该项目包括教育、医疗、文化、体育、社区、养老等17个民计民生子项目,总投资逾20亿元。

本月中旬　管委会就争取成为国家转变经济发展方式示范区事宜向国家发改委汇报。国家发改委认为,生态城规模较小,从零起步,既无存量问题,又无城乡统筹问题,不能完全承载转变经济发展方式的五项重点内容,改用"绿色发展示范区"替代"转变经济发展方式示范区",则更加符合生态城的发展定位,且此名称与国际接轨,并能完全承载生态城的政策诉求。

6月2日　中共中央政治局委员、中央宣传部部长刘云山到国家动漫园视察,市长黄兴国、市人大常委会主任肖怀远、市委宣传部部长成其圣和市政府秘书长袁桐利等陪同。

6月8日　管委会副主任崔广志主持召开专题会,会议原则同意生态城有轨电车总体策划方案和社区中心总体策划方案。

6月10日　管委会副主任崔广志主持召开专题会,会议原则同意中部片区燃气热源站项目建设方案。

同日　起步区天然气项目竣工,正式向居民家庭通气。

6月13日　管委会副主任崔广志主持召开第7次主任办公会,会议原则通过《中新天津生态城国家专项补助资金使用管理办法》。

6月14日　副市长熊建平率市重点项目建设相关人员到生态城考察调研。

6月16日　管委会副主任崔广志和新加坡国家发展部副常任秘书郑锦宝共同主持召开双方工作会谈,会议分别听取了建设局、投资公司、合资公司关于生态城建设进展以及规划、公屋、经济促进小组关于合作进展情况的汇报,并就中部片区交通模式进行了研究协商。

6月19日　原中共中央政治局常委、中央纪律检查委员会书记吴官正到国家动漫园视察,市长黄兴国、市委副书记何立峰、市纪委书记藏献甫、市委秘书长段春华陪同。

6月21日　市委副书记、滨海新区区委书记何立峰赴京,与国家发改委副主任解振华就天津生态城申报国家"绿色发展示范区"事宜进行沟通。解振华表示,积极支持天津生态城申报国家"绿色发展示范区",并要求进一步完善绿色发展示范区的内涵和指标。

6月27日　日亚(天津)创业投资企业揭牌成立。市委副书记、滨海新区区委书记何立峰出席揭牌仪式。

6月28日　中新合资的水务公司取得营业执照。其股份组成为:生态城投资开发有限公司占60%,(新加坡)吉宝组合工程有限公司占40%。

6月30日　起步区至污水处理厂的污水管线全面贯通。

7月15日　国家统计局副局长李强到国家动漫园考察。

7月19日　国务院副总理、生态城联合协调理事会中方主席王岐山在北京主持召开联合协调理事会中方成员会议,听取第四次会议有关筹备情况汇报。市长黄兴国、市委副书记何立峰代表天津市出席。会议要求生态城加强软环境建设,完善申报成为"绿色发展示范区"的具体政策措施,并请相关部门给予大力支持,按程序办理。会后,生态城管委会立即与国家发改委汇报,国家发改委同意天津方面按程序报批。

7月22日　市委常委、市委教育工委书记苟利军,副市长李文喜到生态城调研。

同日　污水库治理完成工程验收。

7月26日　生态城合资公司开展"生态城杯"大学生绿色创新大赛,此次大赛旨在大学生中推动绿色创新,提倡可持续发展。

7月27日　中新天津生态城联合协调理事会第四次会议在新加坡召开。国务院副总理、理事会中方主席王岐山和新加坡副总理、理事会新方主席张志贤共同主持会议。市长黄兴国、外交部副部长张志军、中国驻新加坡大使魏苇、国务院副秘书长毕井泉、住房和城乡建设部副部长仇保兴等出席会议。会议审议通过由市委副书记、滨海新区区委书记何立峰所作的生态城工作报告。

7月29日　首个生态景观公园——慧风溪公园建成。

8月8日　国务委员兼国防部长梁光烈到生态城视察。

同日　环保公司成为生态城首个国家级高新技术企业。

8月17日　管委会副主任崔广志主持召开专题会,会议原则通过生态城智能城市研究院组建方案。

8月22日　管委会副主任崔广志主持召开第10次主任办公会,会议原则同意成立生态城智能城市领导小组,由崔广志同志任组长,张彦发、蔺雪峰、孟群同志任副组长,管委会各部门主要负责同志及投资公司分管该业务的副总为小组成员。

同日　智能电网配电自动化一期主干网工程竣工。

8月24日　市委理论学习中心组成员到生态城考察,中共中央政治局委员、市委书记张高丽,市长黄兴国对生态城建设取得的成效给予充分肯定。市委书记张高丽指出,生态城开发建设三年来取得了很好的进展,中新双方高层领导都非常满意。市长黄兴国指出,生态城经过三年开发建设,一座粗具规模的生态城市雏形已经展现。

本月　滨海新区编委下发《关于中新天津生态城管委会增加管理机构和人员编制的通知》(津滨编字[2011]35号),同意生态城管委会增设社会局、人力资源和社会保障局、经济局。

9月1日　动漫园公司与国家超级计算天津中心签署合作协议。借助超级计算机"天河一号"运算能力,动漫园公共技术服务平台的渲染速度将达到顶尖水平。市委副书记、滨海新区区委书记何立峰出席签约仪式。

9月5日　市长黄兴国到生态城建设一线实地调研。他指出,生态城要进一步加大绿化力度,因地制宜,科学栽植,努力实现水清、地绿、天蓝的目标;要遵循市场规律,高度重视资金风险防范,进一步提升资产质量,提高盈利水平,做大做强生态城投资公司,为生态城开发建设提供强有力保障。副市长崔津渡、市政府秘书长袁桐利等陪同调研。

同日　原中共中央组织部部长张全景到国家动漫园视察,市委副书记、滨海新区区委书记何立峰陪同。

同日　国家动漫园创意空间开展首期培训讲座,日本著名漫画编辑松井荣元应邀作主题讲座。

9月13日　管委会副主任崔广志主持召开第12次主任办公会,会议原则通过《中新天津生态城可再生能源建筑应用专项资金管理办法》、《中新天津生态城可再生能源建筑应用中央财政拨款资金补贴方案》和《中新天津生态城产业发展促进办法(修订稿)》。

9月19日　生态城智能电网综合示范工程建成启用。这是目前国际上已建成的覆盖范围最广、功能最齐全的智能电网综合示范工程。市委副书记、滨海新区区委书记何立峰和国家电网公司副总经理栾军出席启用仪式。

9月22日　蒙古国总检察长丹木比·达尔利格扎布到生态城考察。

9月23日　第二届中国(天津滨海)国际生态城市论坛暨博览会在滨海新区开幕。全国政协主席贾庆林致贺信。全国政协副主席阿不来提·阿不都热西提宣布开幕并作主旨演讲。中共中央政治局委员、市委书记张高丽,市政协主席邢元敏,市委副书记何立峰会见与会嘉宾。国家发改委副主任解振华、住房和城乡建设部副部长郭允冲、中国国际经济交流中心秘书长魏建国、新加坡国家发展部兼贸易及工业部政务部长李奕贤、四川大学校长谢和平等出席并作主旨演讲。

同日　科技园吉宝新能源供热和制冷厂房封顶。新加坡贸工部兼国家发展部政务部长李奕贤出席封顶仪式。

9月24日　安徽省委书记张宝顺、省长王三运一行到国家动漫园考察。中共中央政治局委员、市委书记张高丽,市长黄兴国,市人大常委会主任肖怀远,市政协主席邢元敏陪同。

9月29日　越共中央对外部部长黄平君到国家动漫园考察,市委常委、常务副市长杨栋梁陪同。

10月3日　中共中央对外联络部副部长艾平到生态城考察。

10月4日　市委副书记、滨海新区区委书记何立峰到生态城调研,实地考察万通、远雄住宅和永定洲公园等在建项目。

10月11日　市政府向国家发展和改革委员会报送《关于恳请将中新天津生态城设为国家绿色发展示范区的函》(津政函〔2011〕147号)及调研论证报告。

同日　加拿大参议长诺埃尔·金塞拉到生态城考察。

10月13日　管委会副主任崔广志和新加坡国家发展部副常任秘书郑锦宝共同主持召开第二十三次中新双方工作会议,会议听取建设局、投资公司、合资公司关于生态城工程建设进展情况汇报,通报各专项工作小组工作进展情况,并就公屋、轻轨等进行了协商。

10月17日—25日　由文化部主办的"2011年国家原创动漫高级研修班(动画制作方向)"在国家动漫园举行。

10月19日　国务院南水北调办公室副主任蒋旭光到国家动漫园考察。

10月22日　外交部副部长宋涛到生态城考察,市委副书记、滨海新区区委书记何立峰陪同。

10月24日　国务院总理温家宝在天津考察工作时对生态城建设做出指示:生态城是一个具有标志性意义的战略合作项目,要通过创新发展低碳经济、绿色经济、循环经济和生态环保生活方式,着力构建现代智慧型、科技型、创造型、生态型产业基地和经济发展、社会和谐、环境友好、生态文明的新城区。

10月27日　国家审计署副审计长石爱中到生态城考察。

11月9日　经八路、纬四路道路工程开标,标志着中部片区开发建设正式启动。

11月12日　新华社副社长兼常务副总编辑周锡生到生态城参观采访。

11月21日　华金(天津)国际医药医疗创业投资基金落户生态城,成为滨海新区首只医药医疗领域专业投资基金。市委副书记、滨海新区区委书记何立峰出席签约仪式。

同日　管委会副主任崔广志主持召开第15次主任办公会,会议原则通过《中新天津生态城智能城市建设总体框架》和2011年收支预算调整方案。

11月22日　马来西亚双威集团开发建设的双威项目暨邻里中心项目开工奠基。

11月28日　市委副书记、滨海新区区委书记何立峰会见到访的新加坡国会议员马宝山一行。

12月1日　蓟运河口风电工程成功并网发电。该项目装设5台单机容量为0.9兆瓦的风力发电机组,预计年上网电量为522.5万千瓦时。

12月2日　国家动漫园创意空间12个民间工作室第一阶段创作成果首次公开展示。

12月5日　管委会副主任崔广志主持召开第16次主任办公会,会议原则通过《中新天津生态城城市建设档案管理暂行规定》。

12月6日　中共中央政治局常委、中央纪律检查委员会书记贺国强到国家动漫园视察。贺国强要求:认真贯彻落实党的十七届六中全会精神,充分发挥天津在教育、科技、文化等方面优势,大力发展文化事业,做大做强文化产业,为推动社会主义文化大发展大繁荣做出积极贡献。中共中央政治局委员、市委书记张高丽,市长黄兴国,市委副书记、滨海新区区委书记何立峰等陪同。

12月9日 国家动漫园被市科委、市教委、市科协联合认定为天津市科普教育基地。

12月12日 经专家评审,生态城智能电网综合示范工程12个子项中,有5项获"国际领先"、9项获"国际先进"。

12月16日 生态谷一期工程(起步区段)正式启动。

12月20日 全国人大常委会副委员长路甬祥到国家动漫园视察。

12月23日 中共中央政治局委员、市委书记张高丽在生态城情况专报上批示:祝贺取得的成绩,务必发展高端生态产业。

12月25日 起步区首个住宅项目——红树湾竣工交付,首批居民入住。

12月26日 管委会第7号令颁布《中新天津生态城城市建设档案管理规定》,旨在加强对生态城城市建设档案的管理、保护和利用,发挥城建档案在生态城城市规划、设计、建设和管理中的作用。

12月27日 由生态城参与承办的中国文化艺术政府奖首届动漫颁奖典礼系列活动在天津举行。中共中央政治局委员、市委书记张高丽会见文化部领导和各界嘉宾,并出席颁奖典礼。市长黄兴国、文化部部长蔡武致辞。市人大常委会主任肖怀远、市政协主席邢元敏、市委副书记何立峰参加会见。文化部副部长励小捷、工业和信息化部副部长杨学山、国家广电总局副局长李伟、国家新闻出版总署副署长孙寿山等出席。

同日 国家动漫园入选2011年度市级创意产业园区。

12月28日 南开中学滨海生态城学校项目开工。市委副书记、滨海新区区委书记何立峰和南开中学理事长孙海麟出席奠基仪式。该项目占地300亩,总建筑面积16.32万平方米,分两期建设。

12月31日 生态城首个企业博士后科研工作站在环保公司成立。

2012 年

1月4日 管委会副主任崔广志主持召开第1次主任办公会,会议原则确定公屋选址方案,并明确公屋的规划、建设、管理由生态城管委会统一负责,纳入全市保障性住房范畴,以争取融资方面的政策支持;公屋公司作为公屋的代建单位之一,按照管委会的建设计划,负责相关项目的工程代建及项目融资。

1月9日　管委会副主任崔广志主持召开专题会,会议原则确定围绕中部片区城市主中心进行共同沟的概念性实验,长度控制在1—2公里。

1月12日　卫生部副部长陈啸宏到生态城考察。

1月15日　新加坡美食城项目开工奠基。市委副书记、滨海新区区委书记何立峰会见新加坡英诺集团董事长、新加坡华侨商会天津会会长陈力萍一行,并出席开工奠基仪式。

1月17日　公用事业客服中心开始启用,居民服务热线电话66885890正式开通。

1月18日　管委会副主任崔广志和新加坡国家发展部副常任秘书郑锦宝共同主持召开中新双方工作会议,会议听取建设局、投资公司、合资公司关于工程建设进展情况的汇报,通报规划、公屋、环境小组工作进展情况,并就公屋规划建设事宜进行了协商。

2月6日　新加坡吉宝企业董事长李文献到生态城考察。中共中央政治局委员、市委书记张高丽,市长黄兴国,市委副书记、滨海新区区委书记何立峰会见到访客人。

2月8日　滨海新区区委理论学习中心组读书会暨互比互看现场交流推动会在国家动漫园举行。市委副书记、滨海新区区委书记何立峰主持会议并作总结讲话。

2月9日　中共中央党校副校长张伯里到国家动漫园考察。

2月13日　管委会副主任崔广志主持召开第2次主任办公会,会议原则通过《中新天津生态城管委会机关财务报销管理规定》。

2月20日　市委组织部部长尹德明到生态城调研。

2月22日　国务院参事室主任陈进玉到生态城考察。

2月24日　生态城《面向智能城市的空间数据平台构建机制与关键技术研究》荣获天津市科学进步奖二等奖。

2月27日　管委会副主任崔广志主持召开第3次主任办公会,会议就加快住宅项目开发建设做出部署。

2月28日　市人大常委会副主任史莲喜到生态城调研。

本月　管委会组织开展城市中心城市设计方案国际征集活动,邀请包括美国霍尔、德国GMP等7家国内外知名设计单位参与。

3月5日　管委会副主任崔广志主持召开第4次主任办公会,会议原则通过《中新天津生态城2012年财政收支预算》。

3月7日　国务院总理温家宝在全国"两会"期间参加天津代表团审议时指出:要加

快建立推广保护沿海环境的体制机制和生态技术,采取有效措施,降低能耗、水耗、物耗,提高单位土地面积产出率,增强可持续发展能力,把中新天津生态城建设成为生态型产业基地和环境友好、生态文明的新型城区。

同日　好乐买电子商务总部项目签约落户生态城。市委副书记、滨海新区区委书记何立峰出席签约仪式。

3月12日　中国驻新加坡大使魏苇到生态城考察。

3月15日　国家发展和改革委员会副主任彭森到生态城考察,副市长崔津渡陪同。

3月21日　国家动漫园与日本三大出版公司之一的日本小学馆及上海易元文化传播有限公司签订战略合作意向书,就动漫园在日本小学馆旗下的"梦想家园"网站刊载国家动漫园的原创漫画作品进行合作。这标志着国家动漫园的原创漫画作品将登陆全球动漫产业最为发达的日本市场。

3月26日　低碳体验中心开工建设。市长黄兴国、市委副书记何立峰分别会见新加坡贸易工业部兼国家发展部政务部长李奕贤一行。该中心将测试及展示绿色建筑特色、节能科技及可再生能源利用,并力争达到生态城绿色建筑评估标准及新加坡建设局绿色标识双白金奖。

3月29日　原中共中央政治局常委、国务院副总理李岚清到生态城视察。市长黄兴国、市委副书记何立峰陪同。

同日　市政府向国务院上报《关于恳请将中新天津生态城设为国家绿色发展示范区的请示》(津政报〔2012〕12号)和相关材料。4月初,国务院秘书二局将文件转交国家发改委办理,报国务院审批。

3月30日　滨海新区郊野公园和沿河绿化建设启动仪式暨全民义务植树活动在永定洲公园举行,市委副书记、滨海新区区委书记何立峰出席。

本月　《中新天津生态城常用园林植物》由上海科学技术出版社出版发行。该书结合生态城的绿化实践经验,介绍了适合于北方园林绿化的乔木、灌木、地被及各类草花等。

本月　《面向智能城市的空间数据平台构建机制与关键技术研究》荣获天津市科学技术进步奖三等奖。

4月7日　滨海广播2012公益植树活动在生态城举行。

4月12日　中央党校副校长孙庆聚率中央党校第51期研究专题班成员到生态城考察。

同日　首次入区企业与天津大专院校人力资源合作座谈会圆满召开。会议就已入区企业用人需求、工资待遇和医疗保险等问题进行了交流。元计算、英诺旺地、隆泰达等入区企业的20余位代表和近20家大专院校负责人出席会议。

4月24日 管委会副主任崔广志主持召开专题会,会议原则同意水系构建工程采用清净湖与蓟运河故道顺时针方向水流的大循环方案。

4月25日 管委会副主任崔广志和新加坡国家发展部副常任秘书郑锦宝共同主持召开中新双方工作会议,会议听取了生态城建设进展情况和中新双方规划、经济、公屋、水务、环境小组工作进展情况的汇报,就有关工作进行了研究协商。

同日 第四次直辖市人大常委会主任座谈会与会代表到国家动漫园考察。市人大常委会主任肖怀远,市人大常委会副主任史莲喜、苟利军陪同。

同日 全国政协科教文卫体委员会调研专题会与会代表到生态城考察,市政协副主席曹小红、田惠光、陈永川、高玉葆陪同。

4月27日 河北省委书记张庆黎、省长张庆伟率河北省党政代表团到国家动漫园考察,市长黄兴国,市委副书记、滨海新区区委书记何立峰陪同。

4月29日 由国家动漫园主办的第二届天津滨海动漫节在天津滨海国际会展中心开幕。

本月 经检测,生态城首个居民入住小区——红树湾花园小区进行了水喉水水质监测。该小区现有水喉水35项常规检测结果均达到并且部分指标优于国家《生活饮用水卫生标准》(GB 5749—2006)和世界卫生组织(WHO)的《饮用水水质规则》现行标准。

5月4日 管委会与博纳影业集团签署合作协议。市委副书记、滨海新区区委书记何立峰出席签约仪式。按照协议,该集团将依托生态城和动漫园完善的综合配套服务体系,全面开展立体影视制作、电影电视剧制作发行、影院建设与运营等影视产业上下游业务。

5月7日 管委会副主任崔广志主持召开第6次主任办公会,会议原则通过生态城实验中心组建方案,并原则同意组建资产管理公司。

5月8日 中央电视台新闻联播头条以“中新天津生态城示范效应初显”为题,报道天津生态城在开发建设、综合配套改革、污水库治理等方面取得的成绩。

5月9日 中共中央政治局常委、国务院总理温家宝在津会见出席国际行动理事会第三十届年会的新加坡荣誉国务资政吴作栋。他表示,生态城走出了一条有别于传统工业化和城镇化模式的新路。

5月10日 全国人大常委会副委员长李建国到国家动漫园视察,市人大常委会主任肖怀远、市委副书记何立峰、市委宣传部部长成其圣、市人大常委会副主任李润兰陪同。

　　同日　海峡两岸关系协会会长陈云林到生态城考察。

　　同日　管委会与新加坡公共服务学院签署"中新天津生态城社区工作人员赴新加坡社区管理与社区服务培训班"项目合作备忘录,启动首批社工赴新加坡培训的筹备工作。

　　5月15日　市人大常委会副主任苟利军、副市长张俊芳深入南开中学生态城学校建设现场调研。

　　5月18日　管委会副主任崔广志主持召开专题会,会议原则同意建设局提出的绿色建筑管理工作思路;决定启动总结回顾生态城开发建设历程书籍的方案策划工作,以迎接生态城开发建设5周年。

　　5月22日　中共中央政治局委员、市委书记张高丽在市第十次党代会上所作的工作报告中指出:中新天津生态城加快建设,8平方公里起步区初具规模;要增创生态环境新优势,加强生态功能区、生态廊道和生态组团建设,全面加快中新天津生态城建设。

　　5月31日　管委会召开重点工程项目突出贡献单位表彰大会,对在生态城污水库治理、景观建设方面做出突出贡献的管委会建设局、环境局和投资公司土地规划部、建设管理部、市政景观公司、环保公司进行表彰。

　　本月　经滨海新区编委研究并报请市编委批准,下发《关于成立中新天津生态环境监测中心的批复》(津滨编字〔2012〕23号)和《关于成立中新天津生态城社区服务中心的批复》(津滨编字〔2012〕24号),同意成立生态城生态环境监测中心和生态城社区服务中心。至此,生态城管委会内设9个行政管理机构和5个事业单位,分别为:办公室(党组办)、建设局、商务局、环境局、法制局、财政局、社会局、人力资源和社会保障局、经济局,执法大队、建设管理中心、房地产登记交易中心、环境监测中心、社区服务中心。

　　6月5日　管委会副主任崔广志主持召开第7次主任办公会,会议原则通过《中新天津生态城促进南部片区生活性商业发展暂行办法》和《中新天津生态城实践与探索策划》策划方案。

　　6月9日　原中央军委副主席曹刚川到国家动漫园考察,市委副书记、滨海新区区委书记何立峰陪同。

　　6月11日　管委会副主任崔广志主持召开专题会,会议原则同意专家关于城市中心城市设计竞赛方案的评审结果,确定方案五为优胜方案,同时拟将方案一、二、六设为最佳创意奖,并给予相应的奖励。

　　6月15日　能源公司"燃气远程数据管理系统V1.0"获得国家版权局计算机软件

著作权。

6月18日　市委副书记、滨海新区区委书记何立峰到生态城调研，听取管委会和投资公司关于生态城基本情况和近期工作进展情况的汇报。市委常委、滨海新区区委副书记袁桐利出席。

6月19日　国务院副秘书长毕井泉主持召开会议，听取联合协调理事会第五次会议筹备情况汇报。

6月20日　能源公司"能源管理信息系统 V1.0"获得国家版权局计算机软件著作权。

6月25日　国务院副秘书长毕井泉主持召开会议，就上次协调理事会所部署的工作和给予生态城支持政策的落实情况，逐一进行了解并提出具体要求。

6月26日　中共中央政治局委员、国务院副总理王岐山主持召开中新天津生态城联合协调理事会中方成员会议，听取住房和城乡建设部副部长仇保兴关于会议筹备和政策落实情况汇报，并原则同意给予生态城"创建国家绿色发展示范区、投资公司发行企业债券、绿色建筑群建设关键技术集成研究与示范项目出库实施"三项政策支持。市长黄兴国，市委副书记、滨海新区区委书记何立峰代表天津市出席。

6月27日　通用智能电动联网车全球首例道路试行项目正式落户生态城。按照双方签署的合作谅解备忘录，计划 2014 年将轻巧、便捷、智能、节能的电动联网车——EN-V 在生态城率先试行。

本月　描写生态城智能电网建设历程的长篇纪实文学《中国智能之城》由作家出版社出版发行。

本月　在巴西里约热内卢召开的联合国可持续发展大会（里约+20）专题会议上，天津生态城被全球人居环境论坛评为"全球绿色城市"，获评"面向未来的低碳城市"。一同入选的还有巴西库里蒂巴、法国南特等 6 个城市。

7月2日　管委会第 8 号令颁布《中新天津生态城促进南部片区生活性商业发展暂行办法》，旨在促进生态城南部片区生活性商业发展，加快形成区域生活配套能力，完善区域配套环境。

7月3日　市政府组织召开天津生态城开发建设新闻发布会，通报生态城开发建设进展情况。

同日　生态城合资公司与新加坡工商联合会及新加坡国立大学商学院联合发布可持续发展案例研究手册。

7月4日　中共中央政治局常委、国务院副总理李克强会见来访的新加坡副总理兼国家安全统筹部长和内政部长张志贤一行。他表示,中方愿同新方一道,不断增进政治互信,夯实民意基础,继续推进中新苏州工业园、天津生态城等的建设。

同日 中共中央政治局委员、市委书记张高丽会见张志贤一行。在津期间,张志贤一行到服务中心、国家动漫园、公屋等项目参观。市委副书记、市长黄兴国,新加坡国家发展部兼贸易及工业部政务部长李奕贤,新加坡贸易及工业部政务部长张思乐,新加坡财政部兼交通部政务部长杨莉明,市委副书记、滨海新区区委书记何立峰参加会见。市委常委、市委秘书长段春华,副市长任学锋参加会见或陪同考察。

7月6日 中新天津生态城联合协调理事会第五次会议在苏州召开。国务院副总理、理事会中方主席王岐山和新加坡副总理、理事会新方主席张志贤共同主持会议并讲话。市委副书记、滨海新区区委书记何立峰作生态城工作报告。住房城乡建设部副部长仇保兴、新加坡国家发展部兼贸易及工业部政务部长李奕贤在会上发言。

7月10日 中共中央政治局委员、市委书记张高丽在《关于中新天津生态城联合协调理事会第五次会议情况的报告》上批示:我们要认真贯彻岐山副总理指示要求,与新方一起,努力把生态城建设好。

7月11日 管委会副主任崔广志主持召开专题会,会议听取了城市主中心城市设计方案、部分单体建筑设计进展情况汇报,并就相关工作做出具体部署。

7月12日 甘肃省委副书记欧阳坚到国家动漫园考察,副市长李文喜陪同。

同日 管委会副主任崔广志主持召开专题会,会议听取了南部片区各地块开发情况汇报,对下一步加快推动住宅开发建设做出具体部署。

7月16日 《求是》杂志刊发中共中央政治局委员、市委书记张高丽题为《加快滨海新区开发开放当好科学发展的排头兵》的署名文章,文中对生态城开发建设专门作了描述:"着力推进中新天津生态城建设。积极借鉴国际先进生态城市的建设理念和成功经验,确立了'人与人、人与经济、人与环境和谐共存'和'能实行、能复制、能推广'的核心理念,不断创新投融资体制。累计完成固定资产投资400亿元,8平方公里起步区基本建成,一批重要公共服务设施加快建设或投入使用,初步形成以文化创意、科技研发、节能环保、现代服务等为显著特色的产业聚集态势,中新天津生态城正在成为国家绿色发展的示范区。"

同日 管委会副主任崔广志主持召开2012年第8次主任办公会,会议原则通过《中新天津生态城低碳示范园区建设实施方案(征求意见稿)》。

7月17日 新加坡国家发展部部长许文远到生态城考察。中共中央政治局委员、市委书记张高丽,市长黄兴国会见新加坡客人。市委常委、市委秘书长段春华,市委常委、滨海新区区委副书记袁桐利,市政府秘书长王宏江及市有关方面负责同志参加会见或陪同考察。

7月18日　天和·新乐汇商业街正式开街。这也是生态城首个投入使用的为入区企业和居民提供配套服务的商业项目。

同日　召开新闻发布会,正式对外发布《中新天津生态城促进南部片区生活性商业发展暂行办法》。该办法针对生活性商业提出了房租"两免三减"、物业费"一免一减"等有力度的扶持政策,于2012年8月1日起实施。

同日　网络文学"创作无忧"项目在国家动漫园正式启动,首批10名网络作家开始入住创作。

7月19日　由管委会副主任崔广志和新加坡国家发展部副常任秘书郑锦宝共同主持召开第二十六次中新双方工作会议,会议听取了生态城建设进展情况和双方规划、环境小组工作汇报,就有关工作进行了研究协商。

同日　首批居民办理落户手续。

7月24日　管委会副主任崔广志主持召开专题会,会议就加快公交公司筹备工作做出具体部署。

7月27日　管委会与星美传媒集团有限公司签署合作协议。市委常委、滨海新区区委副书记袁桐利出席。

8月2日　管委会副主任崔广志主持召开专题会,会议听取五周年主要成绩与经验总结回顾书稿策划方案汇报,正式启动《生态之路——中新天津生态城五年探索与实践》一书的编撰。

8月6日　甘肃省委书记、省人大常委会主任王三运,省委副书记、省长刘伟平率甘肃省党政代表团到国家动漫园考察,市长黄兴国,市委常委、滨海新区区委副书记袁桐利陪同。

8月15日　首批公屋正式交房。

8月17日　国际工会联合会总书记夏勒贝蒂一行到生态城考察。

同日　叙利亚总统特使、总统政治与新闻顾问夏班到生态城考察。

8月20日　管委会副主任崔广志主持召开第9次主任办公会,会议原则同意经济局关于自来水涨价的方案,即:居民每立方米4.90元,非居民每立方米7.85元。

8月28日　管委会副主任崔广志主持召开第10次主任办公会,会议原则同意成立国有资产管理公司,审议并原则通过《中新天津生态城行政规范性文件制定办法》。

同日　以美国俄勒冈州众议院共同议长、俄州民主党众议员阿尼·罗布兰为团长的美国俄勒冈州议会代表团与管委会在迎宾馆举行座谈。市人大常委会主任肖怀远会见代表团一行,副市长任学锋参加会见。

8月29日 管委会副主任崔广志主持召开专题会,会议原则同意智能视觉平台二期建设方案,并明确结合信息大厦项目建设生态城一级指挥管理平台,结合公安以及城市管理建设二级指挥管理平台,结合应急抢险建设三级指挥管理平台,逐步健全城市应急指挥管理体系,要求结合已建成的城市管理指挥中心,将涉及城市安全、市政能源管理、应急抢险等相关信息系统进行统一接入。

8月30日 原中共中央组织部常务副部长赵宗鼐到国家动漫园考察,市委副书记、滨海新区区委书记何立峰,市委常委、市委宣传部部长成其圣等陪同。

8月31日 朝鲜驻华使馆外交官代表团到生态城考察。

本月 由生态城企业卡通先生公司出品的《我爱灰太狼》票房成绩达到7000万元,成为本年暑期动画电影票房冠军。

9月2日 全国人大常委、全国人大教育科学文化卫生委员会副主任、原黑龙江省委书记宋法棠到国家动漫园考察,市委常委、滨海新区区委副书记袁桐利陪同。

9月3日 管委会副主任崔广志主持召开2012年9月份工作例会,会议听取了管委会各局室和投资公司工作情况汇报,并对下一步工作进行了研究部署。

同日 生态城首所公办学校——天津外国语大学附属滨海外国语学校正式开学,共有小学一年级和初中一年级学生100余名。

9月4日 中共中央总书记、国家主席、中央军委主席胡锦涛会见来访的新加坡总理李显龙。胡锦涛强调,要继续做好苏州工业园区和天津生态城两个政府间合作的旗舰项目。李显龙表示,新中关系发展很好。随着中国改革开放不断深化扩大,两国合作快速发展,取得丰硕成果,苏州工业园、天津生态园已成为两国互利合作的典范。

同日 中共中央政治局委员、市委书记张高丽会见李显龙一行。张高丽表示,中新生态城作为两国政府重大战略性合作项目,在双方的共同努力下,基础设施、高端产业、社会事业等方面建设取得显著进展,起步区粗具规模;要在已有基础上,密切双方合作,用新理念推进中新生态城建设,扩大各领域交流合作,不断取得更多成果。李显龙说,中新生态城建设有了良好开端,所见所闻令我们印象深刻。建设好中新生态城,任务仍然繁重。我们要加大支持力度,与中方密切配合,真正做到可借鉴、可复制、可推广。希望双方加强优势互补,把合作交流提高到新水平。

在津期间,李显龙一行参观了服务中心、国家动漫园、公屋等项目,并在永定洲公园植树留念。市长黄兴国、市委副书记何立峰参加会见并陪同考察。中国驻新加坡大使魏苇,市委常委、市委秘书长段春华,市委常委、滨海新区区委副书记袁桐利,副市长熊建平、任学锋,市政府秘书长王宏江及市有关方面负责同志参加会见或陪同考察。

9月6日　中共中央政治局常委、国务院总理温家宝与新加坡总理李显龙举行会谈。温家宝表示,要推动苏州工业园区和天津生态城项目建设达到更高水平,在投资、金融、绿色经济等领域不断探索有效的合作方式。

9月7日　世界领先的美国MTI电影公司在生态城注册成立MTI(中国)有限公司。公司将专注于电影胶片修复及电影后期制作等,使我国在胶片修复领域达到国际领先水平,并为电影及影像资料进行长久保存。

9月10日　中国宇航员景海鹏、刘旺、刘洋到国家动漫园考察。

9月11日　中共中央政治局常委、国务院总理温家宝在天津会见出席夏季达沃斯论坛的新加坡荣誉国务资政吴作栋。吴作栋表示,新方愿与中方加强交流合作,办好苏州工业园区、天津生态城等项目,加强金融合作,为新中关系注入新的活力。

9月12日　哥斯达黎加副总统利伯曼一行到生态城考察。

9月16日　《城市　空间　设计——中新天津生态城专刊》出版发行。专刊收录启建以来在绿色建筑、生态环境、能源利用、城市规划与管理、运营管理等领域的理论文章近40篇。

9月20日　首届中欧市长论坛在比利时布鲁塞尔欧盟总部召开。副市长熊建平出席,并就生态城规划建设情况作大会发言。

同日　新加坡审计署审计长林树平到生态城考察。

9月21日　第三届中国(天津滨海)国际生态城市论坛暨博览会开幕。中共中央政治局常委、全国人大常委会委员长吴邦国致信祝贺。中共中央政治局委员、市委书记张高丽,市人大常委会主任肖怀远会见出席论坛来宾。全国人大常委会副委员长乌云其木格出席开幕式并宣布开幕。市长黄兴国、新加坡国家发展部部长许文远致辞。市委副书记、滨海新区区委书记何立峰主持开幕式。

同日　"2012中新社会管理高层论坛"在新加坡举行。中共中央政治局常委、中央政法委书记周永康和新加坡副总理张志贤共同出席论坛开幕式并发表讲话。管委会副主任孟宪章出席开闭幕式并参加分组讨论。

同日　国家密码管理局局长魏允韬到生态城考察。

同日　澳门特区政府环境保护局局长张绍基到服务中心、二号能源站、智能电网营业厅、国家动漫园、清净湖等项目考察。

9月22日—23日　2012环中国国际公路自行车赛在生态城举行。副市长张俊芳出席城市绕圈赛并为比赛发枪、颁奖。该项赛事是生态城建区以来首次承办的国际大型赛事。

9月22日 环保公司联合南开大学组建"污染场地修复产业技术创新战略国际联盟"。

9月24日 管委会副主任崔广志主持召开第11次主任办公会,会议原则同意成立垃圾分类领导小组,请张彦发同志担任组长,各相关单位负责同志任成员。该小组可定期或不定期开会,原则上不设专职专岗。

同日 新加坡公用事业局总裁赵文良到生态城考察。

9月25日 收录50余篇生态城在绿色交通、桥梁建设、水资源利用等方面创新实践成果论文的《中国市政工程》(增刊)出版发行。

9月26日 管委会副主任崔广志主持召开管委会党组领导班子民主生活会。

9月27日 管委会副主任崔广志带队深入污水处理厂、清净湖、环保公司实验室进行了现场考察研究,原则确定由市政景观公司负责清净湖、故道河堤岸以上部分的道路建设、景观绿化;由水务公司负责水体的管理,落实水质的保障措施,特别是管控好藻类植物爆发等灾害性现象,保证水体清澈水面清洁;由环境局组织环保公司负责水体水质的监测工作,并由环保公司负责生态城水域及清净湖周边的环卫清扫工作。

9月28日 国务院台办副主任叶克冬一行到生态城考察。

同日 环保公司获批成立"天津市污染场地治理修复企业重点实验室"。

9月29日 管委会副主任崔广志率管委会各部门、总工会副处级以上干部到在建项目施工现场调研服务。

本月 由生态城管委会主编的《媒体聚焦中新天津生态城》一书由天津社会科学院出版社出版发行。该书精选了生态城启建以来国内外主要媒体的部分报道,涉及30多个国家、18个语种。

10月8日 管委会副主任崔广志主持召开10月份工作例会,会议听取了各有关部门近期重点工作情况汇报,并提出具体要求。

10月13日 北京市副市长夏占义率"2012年京津沪渝农村工作座谈会"与会人员到生态城考察,副市长李文喜等陪同。

10月15日 管委会副主任崔广志主持召开第12次主任办公会,会议对《天津生态城产业促进住房优惠办法》进行了研究审议。

同日 管委会与招商新能源集团签署项目合作框架协议。根据协议,招商新能源将在生态城设立其华北地区总部,并依托生态城平台运用在新能源领域投资、运营的优势,在华北地区投资建设分布式新能源等项目。预计到 2020 年年底，华北区域总部将完成 1000 亿元的合同总额。

10 月 16 日　管委会副主任崔广志和新加坡国家发展部副常任秘书郑锦宝共同主持召开第二十八次中新双方工作会议，会议听取了生态城工程建设进展情况和双方规划、公屋、水务、环境小组工作情况汇报，并就有关工作进行了研究协商。

同日　美好河山影业公司签约落户天津生态城。该公司将投资组建国际一流影视虚拟数字摄影棚和影视特效制作中心，并将获得美国电影协会（MPAA）国际电影制作机构资质认证，与好莱坞国际电影标准实现同一水准。

10 月 22 日　管委会副主任崔广志主持召开专题会，会议就当前住宅项目建设进展情况进行了分析研讨，就进一步加快住宅开发建设提出具体要求。

10 月 28 日　国家工商总局局长周伯华到生态城考察，副市长李文喜陪同。

10 月 29 日　管委会副主任崔广志主持召开第 13 次主任办公会，会议听取了进一步促进住宅开发建设有关措施情况汇报，审议并原则通过《中新天津生态城人才引进、培养与奖励的暂行规定（草案）》《中新天津生态城引进紧缺人才的优惠政策意见》《生态城环境监测中心建站方案》。

本月　污水库环境治理与生态重建关键技术研究及示范项目通过科技部组织的专家结项验收。该项目列入"十一五"国家科技支撑计划，是生态城承担的第一个国家级科研项目。自 2009 年 7 月立项以来，经过三年多的自主创新，开发了"湖库重污染底泥环保疏浚—土工管袋脱水减容—固化稳定化和资源化"等成套具有自主知识产权的污染场地治理修复核心技术体系。

11 月 2 日　管委会副主任崔广志会见来访的吉宝企业主席李文献一行，就加快生态城开发建设交换意见。

11 月 5 日　国家发改委副主任解振华率国家有关部委及生态领域专家到生态城智能电网、公屋展示中心、二号能源站考察，并主持召开生态城申报国家绿色发展示范区专家论证会。市委常委、滨海新区区委副书记袁桐利出席。

11 月 8 日　管委会副处级以上干部集中收看中国共产党第十八次全国代表大会开幕式。

11 月 16 日　管委会第 9 号令颁布《中新天津生态城人才引进、培养与奖励的暂行规定》和《中新天津生态城引进紧缺人才的优惠政策意见》，旨在更好地实施人才强区战略，加快引进国内外优秀人才和紧缺人才，构建可持续性发展的人才机制，促进生态城的经济社会发展。

11 月 19 日　《中新天津生态城公共交通网络与服务发展规划咨询服务项目》通过专家终期评审。

11 月 23 日　新加坡国会议员、原副总理黄根成一行到服务中心、国家动漫园互动展示中心、公屋展示中心、永定洲公园、智能电网等处考察,市委常委袁桐利会见新加坡客人。

11 月 26 日　管委会副主任崔广志主持召开管委会全体党员干部会议,学习贯彻落实党的十八大会议精神,并就年底相关工作进行部署。

11 月 29 日　管委会副主任崔广志主持召开专题会,会议就政府投资类公建项目造价控制工作提出具体要求。

11 月 30 日　管委会副主任崔广志主持召开 12 月份工作例会,研究确定 2013 年经济指标及相关重点工作。

同日　管委会副主任崔广志主持召开专题会,会议就生态城医院、信息中心、生态规划馆、图书档案馆等四个筹备组下一步工作开展情况进行研究部署。

本月　由住房和城乡建设部组织的第十九批绿色建筑三星级评价标识结果公布,国家动漫园主楼——动漫大厦入选。

本月　中宣部、文化部、国家广电总局、新闻出版总署联合评选国家动漫园为全国文化体制改革工作先进单位并给予表彰。

本月　《中新天津生态城智能城市 2013—2015 年行动计划》正式确定。

12 月 2 日　美国费城市长迈克尔·纳特一行到生态城考察。

12 月 8 日　《光明日报》副总编辑刘伟到生态城考察。

12 月 10 日　大连市市长李万才带队到生态城考察,副市长任学峰陪同。

12 月 16 日　原江苏省委书记梁保华率中组部考察组一行到生态城考察,市委副书记何立峰、市委常委袁桐利陪同。

12 月 18 日　管委会副主任崔广志主持召开专题会,会议原则同意 2013 年财政收支预算编制建议中的年度收入目标安排以及全年支出预算安排。

同日　按照滨海新区部署,管委会组织召开党的十八大会议精神宣讲活动。

12 月 19 日　管委会副主任崔广志主持召开信息园建设专题会,要求按照"三年时间全部建成信息园 51#地块"的原则,迅速启动信息园建设。

12 月 21 日　由生态城到天津站的 528 路公交线路正式开通。

12 月 23 日　中共中央政治局委员、天津市委书记孙春兰到国家动漫园视察,她对生态城注重生态修复、发展绿色产业、开发新型能源的做法表示肯定,希望生态城坚定不移走生态文明发展道路,推进绿色发展、循环发展、低碳发展,实现人与人、人与环境、人与经济活动和谐共存,打造能实行、能复制、能推广的样板和示范。市委副书记何立峰、市委常委袁桐利参加调研。

12月24日　管委会副主任崔广志主持召开第14次主任办公会。会议听取关于北京市促进文化创意产业发展经验调研报告和促进楼宇经济发展初步研究等情况汇报,并提出具体要求。

同日　组织召开领导干部会议,传达贯彻中央关于改进工作作风、密切联系群众的八项规定和习近平同志的重要讲话。

12月25日　管委会副主任崔广志主持召开专题会,会议审议并原则通过环卫规划方案。

同日　首个综合性的便民综合菜市场——商业街多美隆便民菜市场开业。

12月31日　管委会副主任崔广志主持召开2013年1月份工作例会,会议通报了全年主要经济指标预计完成情况,听取了有关单位关于2013年80项重点项目情况汇报,并提出具体要求。

本月　开通解困救助和医疗服务热线,接受居民求助咨询。解困救助服务热线:66328893,66328957;医疗服务咨询热线:66328039,66328919。

本年　生态城共有两部动画电影在院线播出,2135分钟动画片在省级以上电视台播出,动画片年产量达2311分钟。

2013 年

1月5日　国家动漫园被任定为2012年天津市"海河创意奖"优秀园区。

1月6日　管委会组织召开2013年工作座谈会。与会人员围绕近5年开发建设历程中"最难忘的事、最遗憾的事、下一步最希望干的事"等主题进行演讲。管委会副处级以上干部和新加坡国家发展部、合资公司有关领导出席。

1月10日　生态城获得中国智慧城市论坛评选的"中国智慧新城奖"。

1月15日　管委会副主任崔广志主持召开第1次主任办公会,会议审议并原则通过《中新天津生态城2013年工作要点》《2013年度100项重点工程和重点工作》《关于改进工作作风、密切联系群众的具体办法》。

1月16日　生态城首个国际学校——杰美司国际学校举行开放日活动。

1月18日　召开"2012年度企业答谢会"。

1月23日　管委会副主任崔广志主持召开专题会,会议分别听取了南部中心混合用地、6号地块和10A地块住宅项目方案汇报并提出具体要求。

1月24日　生态城2013年工作会议召开,会议确定了年内基本建成南部片区和创建国家首个绿色发展示范区的工作目标。

1月30日　生态城入选由住房和城乡建设部组织的首批国家智慧城市试点。试点城市经过3—5年建设后,由该部组织评定等级。而国家开发银行也将与住建部合作,在"十二五"后三年投资800亿元用于智慧城市建设,并根据已签订的合作协议扎扎实实稳步推进项目遴选、调查、放款等工作。

同日　公屋1A项目正式荣获中国三星级绿色建筑(住宅项目)标识。

2月4日　管委会副主任崔广志主持召开2月份工作例会,会议听取了管委会各部门、总工会、投资公司关于工作进展、春节后工作安排等情况汇报,并对下一步工作进行了部署。

2月5日—6日　春节前夕,管委会领导带队深入各住宅小区,走访慰问入住居民。

2月12日　国家发展和改革委员会副主任杜鹰到生态城考察。

2月17日　管委会副主任崔广志主持召开领导班子碰头会,研究节后重点工作安排。

2月19日　市长黄兴国会见到访的新加坡吉宝企业董事长李文献一行。

2月21日　副市长宗国英会见来访的新加坡国家发展部副常任秘书郑锦宝。

同日　管委会副主任崔广志和新加坡国家发展部副常任秘书郑锦宝共同主持召开中新双方工作会议,会议听取了生态城建设进展情况和双方规划、环境、水务、社会小组工作情况汇报,就有关工作进行了研究协商。

同日　首届居民联欢茶话会成功举办,共吸引了近500名居民参加。

2月26日　中国第一职场节目《非你莫属》播出生态城专场,6家落户企业的高层领导登台现场招聘人才。

2月27日　滨海新区区委理论中心组读书会暨互比互看互学现场交流推动会在生态城召开。市委常委、区委书记袁桐利,副市长、区长宗国英出席并讲话。与会人员先后考察了公屋展示中心、天津外国语大学附属滨海外国语学校、艾毅幼儿园、华强3D影视基地等项目。

本月　环保公司获批成立天津市污染场地治理修复技术工程中心。

本月　管委会与水务公司签订"天津生态城污水处理厂一级A、再生水项目建设运营服务协议",正式启动污水厂二期项目建设。

3月2日　国务院正式批复天津生态城建设首个国家"绿色发展示范区",并要求国家发展和改革委员会、天津市人民政府会同有关部门组织编制实施方案,加强指导服务、加大扶持力度,共同促进天津生态城优质高效建设国家绿色发展示范区。

3月4日　管委会副主任崔广志主持召开3月份工作例会,会议传达了天津市和滨海新区进一步加快推进滨海新区开发开放动员大会、新区互查互看互学现场交流推动会的会议精神,听取了管委会各部门、总工会、投资公司工作情况汇报,并对下一步工作进行了研究部署。

3月6日　全国"两会"期间,由55名在津全国政协委员联名递交的第0730号《关于支持中新天津生态城探索城镇化新路的提案》,列入会议首批协商办理提案。

3月11日　管委会副主任崔广志主持召开专题会,会议听取了投资公司相关工作情况汇报,并对下一步工作提出具体要求。

3月12日　市委常委、滨海新区区委书记袁桐利带队到生态城考察,实地查看永定洲公园、故道河、生态谷等项目。

3月13日　管委会副主任崔广志主持召开专题会,会议听取了合资公司总体工作进展及需要协调解决的问题等情况汇报,并就下一步工作提出要求。

3月15日　管委会副主任崔广志主持召开专题会,会议听取了生态岛概念规划和第三社区中心布局等方案汇报。

3月20日　开展2013年全员义务植树活动。

3月21日　召开新提拔干部集体座谈会。管委会副主任崔广志从"正确对待自己、正确对待同志、正确对待权力、正确对待荣誉、正确对待挫折"五个方面,对全体干部进行了任前思想教育。

3月22日　污水处理厂光伏发电项目成功并网。该项目总装机容量780千瓦,年发电量88.7万千瓦时。

本月　开始对生态城内符合条件的入园幼儿推行"两免一补"新政策:所有入园的孩子可享受免费校车接送服务;免费三餐,且全部为营养搭配;为在生态城内购房且已入住居民的入托子女每人每月补贴1000元。

4月1日　管委会副主任崔广志主持召开4月份工作例会,会议原则同意对《公屋销售政策》进行适度调整,原则通过《政府投资项目代建费率》。

4月3日　原全国政协副主席郑万通到生态城参观考察,市政协副主席李文喜陪同。

4月4日　《人民日报》头版主要位置对生态城作了题为《天津生态城:探路可持续

发展》的报道。文章从"资源约束:生态指标主导城市建设;人文尺度:软件管理成为中枢神经;产业先行:生态城不是'空城'、'睡城'"三个层面介绍了生态城开发建设取得的初步成效。

4月6日　市委副书记、市长黄兴国带队到生态城调研,现场考察永定洲公园、生态城小外(天津外国语大学附属滨海外国语学院校)、清净湖、华强3D影视基地等项目。他指出:建设资源节约型和环境友好型社会,是实现科学发展的必然要求,也是中央赋予滨海新区探索新的发展模式的重要内容。要切实加快生态城开发建设,达到"三能、三和"要求,努力打造国际化生态宜居示范之城。市委常委、常务副市长崔津渡,市委常委、滨海新区区委书记袁桐利,副市长王宏江,副市长、区长宗国英等陪同。

4月10日　辽宁省委常委、大连市委书记唐军率党政代表团到生态城考察。市委常委、滨海新区区委书记袁桐利,副市长尹海林陪同。

4月11日　管委会副主任崔广志主持召开专题会,会议听取生态城水系和生态谷轨道交通道路开口设计方案汇报。

4月12日　管委会正式成立综合党委。

4月14日　内蒙古自治区人大常委会副主任赵忠到生态城考察。

4月15日　试开通南部片区便民公交环线,沿途设16个站点,全线乘车免费。发车时间为早7点30分至晚6点30分,发车间隔约15分钟。

4月16日　市委常委、滨海新区区委书记袁桐利听取生态城关于创建国家首个绿色发展示范区相关工作情况汇报。

同日　广西壮族自治区代主席陈武一行到生态城考察。市委常委、滨海新区区委书记袁桐利,副市长、滨海新区区长宗国英陪同。

同日　正式启动"四点钟儿童托管"服务,面向生态城小学一至三年级、父母为双职工且无人接的学生提供公益托管服务。当日托管学生17名。

4月19日　中央人民广播电台台长王求到国家动漫园考察。

4月22日　管委会副主任崔广志主持召开第2次主任办公会,会议审议并原则通过2013年财政收支预算。

4月25日　市委副书记王东峰到国家动漫园考察。市委常委、滨海新区区委书记袁桐利,副市长、滨海新区区长宗国英陪同。

同日　智利前总统弗雷一行到生态城参观考察。

本月　生态城首个篮球俱乐部正式成立。

本月中旬　国家动漫园原创孵化平台——创意空间签约的新锐漫画家肖新宇,在日本集英社漫画周刊《YOUNG JUMP》举办的漫画新人选拔赛中荣获"新人期待奖",首次实现了中国漫画家在日本当红杂志获奖的突破。

5月6日　管委会副主任崔广志主持召开专题会,会议原则确定生态规划馆、信息大厦、图书档案馆、生态城医院的竣工开业日期,原则同意各筹备组关于定位、体制、管理和发展等方面的初步方案。

5月7日　福建省政协副主席、民建福建省委主委郭振家一行到生态城参观考察。市政协副主席王治平陪同。

同日　市政协副主席李文喜、魏大鹏率本市区县政协主席专题研讨班一行到生态城智能电网参观考察。

5月8日　中国保监会副主席陈文辉一行到生态城参观考察。

本月上旬　公用事业运行维护中心投入使用。该中心可实现对道桥、绿化、排水、污水、给水、燃气、供热、新能源、夜景、环卫、交通、通信等城市设施维护管理的集中调度、维护维修、应急抢险。

5月12日　管委会与南开大学签署合作协议,将在环境工程、新能源等方面加强战略合作。

5月13日　管委会副主任崔广志主持召开专题会,会议听取第三社区中心室内设计、儿童公园和青年公园景观设计、建设公寓室外铺装、清净湖岸景观设计等方案汇报,审议并原则通过建设公寓运营管理方案。

5月14日　中共中央总书记、国家主席、中央军委主席习近平到生态城视察。他听取了生态城规划建设情况介绍,察看了规划实景沙盘和建设展板,考察了智能电网综合示范服务中心,对生态城建设取得的成绩表示肯定。他指出,生态城要兼顾好先进性、高端化和能复制、可推广两个方面,在体现人与人、人与经济活动、人与环境和谐共存等方面作出有说服力的回答,为建设资源节约型、环境友好型社会提供示范。中共中央政治局委员、市委书记孙春兰,市委副书记、市长黄兴国,副市长宗国英等陪同。

同日　河北省石家庄市市长王亮一行到生态城参观考察。

同日　出席生态城供水安全专家评审会的中新两国专家一致认为,生态城供水安全工作已走在全国前列。

同日　国家动漫园建筑屋顶光伏发电项目并网。该项目总装机容量0.5兆瓦,每年可发电56万千瓦时。

5月17日　中共中央政治局委员、市委书记孙春兰在市委常委扩大会议上,就贯彻落实习近平总书记讲话提出明确要求。她强调:要高标准推进中新天津生态城建设,大力推广生态、环保、节能技术,完善城市载体功能,成为可实行、可复制、可推广的样板,为建设资源节约型、环境友好型社会提供典型示范。

5月16日　管委会副主任崔广志主持召开专题会,会议审议并原则通过北部和东北部片区控制性详细规划、中部片区城市设计导则和生态城路名方案。

5月19日　广东省副省长许瑞生一行到生态城参观考察。

5月20日　管委会副主任崔广志主持召开生态城领导干部会议,学习贯彻中共中央总书记、国家主席、中央军委主席习近平在生态城视察时的重要指示精神,就下一步工作作出具体部署。

5月21日　天津生态城投资促进会在新加坡举行,4家新加坡企业与合资公司(中新天津生态城投资开发有限公司)签订协议,将入驻科技园。

5月24日　原中央纪委副书记王德瑛一行到生态城参观考察。

5月27日　内蒙古自治区人大常委会民族侨务外事委员会副主任云小明一行到生态城参观考察。市人大常委会副主任王宝弟陪同。

同日　生态城小外(天津外国语大学附属滨海外国语学校)2013年秋季招生报名工作圆满结束。本次招生涵盖小学一、二、三年级和初中七、八年级,共招得新生300余名。连同目前在校的107名在校学生,今年秋季生态城小学、初中在校学生可达到400余名。

5月28日　市委常委、滨海新区区委书记袁桐利,副市长、滨海新区区长宗国英到生态城实地察看全市工作检查活动点位情况。

5月29日　管委会副主任崔广志和新加坡国家发展部副常任秘书郑锦宝共同主持召开第二十九次双方工作会议。会议听取生态城工程建设、中新科技合作进展和各工作小组情况汇报,通报了生态城五周年系列活动方案,并就有关工作进行会商。

5月30日　市委副书记、市长黄兴国会见新加坡国家发展部兼贸易工业部高级政务部长、新津理事会新方副主席李奕贤一行。黄兴国说,在两国政府的支持下,中新天津生态城建设进展顺利,已成为在可持续发展和环保领域合作的成功典范。希望在节能减排、产业发展、社区管理等方面深化务实合作,共同把中新天津生态城建设成"三和三能"的示范样板。李奕贤表示,将与天津加大合作力度,切实发挥中新天津生态城示范作用,推动新津交流合作实现更大发展。

同日　"天津生态城文化创意产业协会"正式成立。该协会由已入驻生态城的盛大文学、光线传媒、读者新媒体等十余家全国知名的文化类企业共同发起,将充分发挥地方协会纽带、协调、服务职能,为会员单位提供优质服务保障,打造文创类企业绿色生态圈。

5月31日　新加坡华侨中学与生态城小外签署合作备忘录。按照协议,双方将加强教师培训、学生交流、教师交流,并积极协调相关部门给予政策支持,尽快实现"国际教育直通车",探索更加多样化的合作途径。

同日　由生态城企业——青青树动漫科技有限公司出品的《魁拔2:魁拔之大战元泱界》上映。该影片作为国内首部以青年为观众的动画电影,首周末票房突破2000万。

本月　中生大道跨故道河桥梁工程被中国市政工程协会授予"中国市政金杯示范工程奖"。

本月　国家动漫园展示中心正式对市民开放。该中心展区内汇集环保水流墙、手机裸眼3D、模拟F1赛车、手机在线对抗等先进的动漫电子设备,为参观者提供集影视娱乐、动漫消费品、互动媒体等于一体的一站式动漫休闲体验。

本月末　由生态城注册企业——光线传媒投资发行的《致青春》已达到6.9亿元票房。

6月3日　管委会副主任崔广志主持召开专题会,会议原则通过生态规划馆设计方案。

6月4日　广西壮族自治区政协副主席刘君一行到生态城参观考察。

6月5日　在42个世界环境日到来之际,生态城举办了主题为"生态家园,低碳生活;生态家园,绿色办公"的系列宣传活动,共吸引了近千人参加。

同日　原全国政协副主席、民建中央第一副主席、中华职业教育社董事长张榕明一行到生态城参观考察。

6月6日　管委会副主任崔广志会见住房和城乡建设部城乡规划司司长孙安军,就联合协调理事会第六次会议相关筹备工作进行沟通。

同日　管委会与创业邦、天津电视台联合主办的"2013创新中国·文化创意专场"在生态城圆满落幕。本次活动共有10家文化创意领域的初创企业登台展示。

6月7日　泰国前国会主席、副总理,泰党战略委员会主席颜钦·蓬拉军一行到生态城参观考察。

6月8日　全市工作检查活动在生态城小外进行。市委书记孙春兰,市委副书记、市长黄兴国,市人大常委会主任肖怀远,市政协主席何立峰,市委副书记王东峰出席。

6月10日　滨海新区区委召开常委扩大会议,传达学习全市工作检查活动总结会精神,对抓好贯彻落实作出具体部署。市委常委、滨海新区区委书记袁桐利强调:要在新区范围内复制推广天津生态城的经验做法。

6月13日　正式实施对已入住居民的免费体检活动。体检项目根据不同的年龄和性别分成四类,居民可预约选择合适的体检时间和医院。

6月16日　动漫园公司与天津师范大学、加拿大谢尔丹学院签署三方合作备忘录。按照备忘录，天津师范大学将在动漫园正式挂牌设立"天津师范大学人才培养实习基地"，加拿大谢尔丹学院将就以国际化方式调整专业课程布局展开合作。

6月18日　世界银行亚太区副行长阿克塞尔·冯·托森伯格一行到生态城考察污水厂建设运营情况。

6月19日　市委常委、市委宣传部部长成其圣，市委常委、滨海新区区委书记袁桐利到生态城调研，实地参观天津建卫600年雕塑园建设情况。

同日　管委会与人保远望产业投资管理（天津）有限公司签署合作协议，人保远望落户生态城。人保远望注册资金为1000万元，将受托管理规模10亿元人民币的兵器基金。副市长、滨海新区区长宗国英会见了人保资本投资管理有限公司总裁白宏波一行。

同日　亚太经济委员会委员、柬埔寨工矿能源部副国务秘书恒苏坤及出席"第五届东亚商务论坛"嘉宾到生态城参观考察。

6月27日　全国政协副主席、国家民委主任王正伟一行到生态城参观考察。

本月　中央财政向生态城拨款5000万元，专项用于补助生态城绿色示范城区项目建设。

后　记

2012年5月,生态城管委会副主任崔广志倡议,在生态城开工建设5周年之际,出版《生态之路》一书,完整记录生态城的创业历程,系统总结既往成就与基本经验,初步回答什么是生态城以及如何建设生态城这一重大课题,以与其他城市交流借鉴;并通过这本书的编写,促使全体建设者深入思考、提升能力,为今后推进生态城开发建设再上水平提供宝贵的经验。

随后,生态城成立了由管委会领导和各部门主要负责人组成的编委会,由管委会各部门、投资公司、合资公司专人组成的编写组,编写工作迅即展开。

整个编写工作历经篇目设定、初稿拟写、分纂修稿、合成统稿、最终审定等五个阶段,历时1年有余。其间,管委会多次召开主任办公会议和专题会议,明确编写指导思想、工作步骤、撰写标准、责任分工、进度要求,不断推动编写工作向纵深发展。编写组多次召开编撰会议,组织文稿撰写,不断提升文稿质量。编写人员广收博采写作素材,精心步列写作提纲,反复推敲文字表述,夙兴夜寐,数易其稿,力求客观、准确、深刻、精炼地表文达意。《生态之路》凝聚了全体生态城人的心血。

本书设21章,全面反映了生态城的工作条线;正章前设综述,概括生态城的基本情况、发展历程、主要成就和实践经验;篇后设大事记,勾勒出生态城的发展脉络。

在编写过程中,孙义兴、冯竺、徐国平、梁晓文、王柏秋、李洪忠、刘长海等提供了诸多富有价值的建议,王建民为本书提供了丰富图片,人民出版社对本书出版给予了大力支持,在此一并致谢。

囿于编者水平有限,错漏之处在所难免,敬请提出宝贵批评。

2013年6月

责任编辑:王　萍
封面设计:肖　辉

图书在版编目(CIP)数据

生态之路:中新天津生态城五年探索与实践/崔广志 主编. -北京:人民出版社,2013.9
ISBN 978－7－01－012345－5

Ⅰ.①生…　Ⅱ.①崔…　Ⅲ.①生态城市-城市建设-研究-天津市　Ⅳ.①X321.221

中国版本图书馆 CIP 数据核字(2013)第 159390 号

生 态 之 路

SHENGTAI ZHILU

——中新天津生态城五年探索与实践

崔广志　主编

人民出版社 出版发行
(100706　北京市东城区隆福寺街 99 号)

北京彩虹伟业印刷有限公司印刷　新华书店经销

2013 年 9 月第 1 版　2013 年 9 月第 1 次印刷
开本:787 毫米×1092 毫米 1/16　印张:20.25　插页:8
字数:386 千字

ISBN 978－7－01－012345－5　定价:98.00 元

邮购地址 100706　北京市东城区隆福寺街 99 号
人民东方图书销售中心　电话 (010)65250042　65289539